無機・有機ハイブリッド材料
Development and Application of Inorganic-Organic Hybrid Materials

監修：梶原鳴雪

シーエムシー出版

普及版の刊行にあたって

　無機・有機ハイブリッド材料は，無機化合物と有機化合物とが分子レベルで組み組み合わさったもので，開発が活発であります。無機・有機のナノスケールでの複合化は有機物，無機物の特性を生かすのみならず，それぞれの素材とは全く異なった高機能性材料を創出する新しい技術として期待されております。

　無機成分の硬さ，有機成分の柔軟さを生かしたコーティング材料への応用，自然界に存在する典型的なハイブリッド材料である貝殻・骨・歯を目指した歯科材料・人工骨への応用，セラミックスの優れた工学特性を生かした透明で屈折率の高い光学材料への応用，光電子材料，分離材料，触媒材料，防カビ剤など，さまざまな分野で旺盛な応用開発が行われています。

　本書初版は，無機成分，有機成分のナノコンポジットテクノロジーをまとめるべく，梶原鳴雪先生にご監修をお願い致し，『無機・有機ハイブリッド材料の開発と応用』として，2000年6月に発行されました。

　ゾル-ゲル法，インターカレーション技術，合成法など無機・有機ハイブリッド材料を網羅するとともに，材料開発・応用開発20例が収載されました。

　なお，本書普及版の発行にあたり，内容は初版のままで，加筆修正は加えられておりませんことをご了承下さい。

2006年4月

シーエムシー出版　編集部

執筆者一覧（執筆順）

梶原 鳴雪	愛知学院大学　客員教授
原口 和敏	㈶川村理化学研究所　材料化学研究室　室長
出村 智	大日本インキ化学工業㈱　高分子研究室　主任研究員
	(現) 大日本インキ化学工業㈱　記録材料技術本部　主任研究員
藤本 恭一	㈱常盤電機　新素材事業部　研究室　主任研究員
	(現) グランデックス㈱　研究室　取締役研究室長
横地 陽子	㈱常盤電機　新素材事業部　技術グループ　無機合成担当
	(現) グランデックス㈱　技術グループ　無機合成担当
若村 和幸	ユニチカ㈱　機能樹脂事業本部　樹脂開発技術部　主席
藤本 康治	ユニチカ㈱　機能樹脂事業本部　樹脂開発技術部
倉地 育夫	コニカ㈱　MG材料システム開発センター　主幹研究員
	(現) コニカミノルタビジネステクノロジーズ㈱　生産技術センター先行デバイス技術部　第3デバイスグループ長
本間 至	工業技術院　電子技術総合研究所　エネルギー基礎部　主任研究官
	(現) ㈱産業技術総合研究所　エネルギー技術研究部門　ナノエネルギー材料　グループ長
渡辺 博之	三菱レイヨン㈱　中央技術研究所　高分子合成研究グループ
	(現) 三菱レイヨン㈱　富山事業所　樹脂工場生産技術課　アクリライト担当課長
松山 博圭	旭化成工業㈱　研究開発本部　住環境システム・材料研究所　主査
	(現) 旭化成㈱　研究開発センター　主幹研究員
J. Francis Young	イリノイ大学　セメント複合材料研究センター　所長，教授
長谷川 直樹	㈱豊田中央研究所　材料2部　機能高分子合成研究室
臼杵 有光	㈱豊田中央研究所　材料2部　機能高分子合成研究室　室長
荒川 源臣	オリエント化学工業㈱　第1開発部
	(現) 帝人テクノプロダクツ㈱　産業資材技術センター
須方 一明	オリエント化学工業㈱　第2開発部　部長
	(現) オリエント化学工業㈱　法務部　特許室　主任部員
島田 雅之	大阪市立工業研究所　プラスチック課
	(現) 大阪市立工業研究所　有機材料課　研究主任

上利 泰幸	大阪市立工業研究所　プラスチック課　研究主任
	（現）大阪市立工業研究所　有機材料課　研究副主幹
古薗　勉	厚生労働省　国立循環器センター研究所　生体工学部
	生体情報処理研究室　室長
玉田　靖	農林水産省　蚕糸・昆虫農業技術研究所　機能開発部　室長
	（現）㈱農業生物資源研究所　昆虫新素材開発研究グループ
	生体機能模倣研究チーム長
阪上 俊規	JSR㈱　スペシャリティ事業部　事業企画部　主査
	（現）JSR㈱　高分子研究所　機能製品開発室　主査
山内 淳一	㈱クラレ　メディカル事業本部　学術主管
	（現）クラレメディカル㈱　歯科材料事業部
	開発担当シニアスタッフ
長谷川 良雄	㈱化研　機能材料研究所　主幹研究員
	（現）㈱アート科学　研究開発部　主幹研究員
細川 輝夫	昭和電工建材㈱　開発技術部　主席
	（現）㈱KRI　技術戦略部　主任コンサルタント
大関 真一	住友デュレズ㈱　工業樹脂研究所　主任研究員
	（現）Durez Corporation Market Development Manager
湯浅 茂樹	㈱トクヤマ　つくば研究所　研究開発センター　所長
風間 秀樹	㈱トクヤマ　つくば研究所　研究開発センター　主任研究員
	（現）㈱トクヤマデンタル　つくば研究所　所長
合田 秀樹	荒川化学工業㈱　研究所　化成品部　主任
宇加地 孝志	JSR㈱　筑波研究所　主任研究員
	（現）JSR㈱　知的財産部　部長
大野 泰晴	東亞合成㈱　名古屋総合研究所　高機能材料研究所
	第5研究グループ　主事
森本　剛	旭硝子㈱　中央研究所　特別研究員
	（現）森本技術士事務所　代表
米田 貴重	旭硝子㈱　中央研究所

執筆者の所属は，注記以外は2000年当時のものです。

目　　次

序　　　梶原鳴雪

【Ⅰ　材料開発編】

第1章　新しい無機・有機ハイブリッド材料開発とその用途
原口和敏，出村　智

1　無機・有機ハイブリッド材料 ……… 9
2　フェノール樹脂／シリカ系ハイブリッドの開発と用途 ……………………… 12
  2.1　合成 ……………………………… 12
  2.2　モルフォロジー ………………… 12
  2.3　物性 ……………………………… 14
3　界面重合法によるハイブリッドの合成 …………………………………… 15
  3.1　粘土鉱物共存下での In Situ 界面重縮合による調製 …………………… 15
  3.2　ハイブリッド化の機構 ………… 16
  3.3　ヘクトライト／ナイロン66系ハイブリッドの特性 …………………… 17
    (a)　ヘクトライトの分散状態 ……… 17
    (b)　電子顕微鏡観察 ………………… 17
    (c)　フィルムの引っ張り特性 ……… 17
    (d)　動的固体粘弾性 ………………… 18
4　ナイロン樹脂／シリカ系ハイブリッドの開発と用途 ……………………… 19
  4.1　ナイロン樹脂／シリカ系ハイブリッドの開発 …………………………… 19
  4.2　モルフォロジー ………………… 20
  4.3　基本特性 ………………………… 20
    (a)　寸法安定性 ……………………… 20
    (b)　熱および吸湿に対する安定性 … 21
  4.4　抄紙シートへの応用 …………… 22

第2章　コロイダルシリカとイソシアネートの反応と応用
藤本恭一，横地陽子

1　はじめに ………………………………… 25
2　コロイダルシリカについて …………… 25
3　ポリイソシアネートについて ………… 26
4　HDIポリイソシアネートとの直接反応 …………………………………………… 27
5　ブロック型での反応 …………………… 29

6	二段反応による形成 …………… 31	11	水系での反応 ……………………… 35
7	皮膜の違い …………………………… 33	11.1	コロイダルシリカについて …… 35
8	表面特性の違い ……………………… 34	11.2	水溶性ポリイソシアネート …… 35
9	皮膜の密度の向上 …………………… 34	12	反応 ………………………………… 36
10	耐熱特性 ……………………………… 35	13	塗料としての応用 ………………… 37

第3章　ナノコンポジットナイロンの生成と材料物性，その用途

若村和幸，藤本康治

1	はじめに ……………………………… 38	5	「ナノコンポジットナイロン6」の特徴 … 45
2	「ナノコンポジットナイロン」とは …… 39	5.1	基本物性 …………………………… 46
3	「ナノコンポジットナイロン」の開発 … 40	5.2	結晶化特性 ………………………… 47
3.1	重合法 …………………………… 40	5.3	溶融粘度特性 ……………………… 48
3.1.1	有機処理法 ………………… 40	5.4	バリア性 …………………………… 48
3.1.2	In-Situ重合法 ……………… 41	5.5	リサイクル性 ……………………… 49
3.1.3	界面重合法 ………………… 41	5.6	耐クリープ性 ……………………… 50
3.2	コンパウンド法 ………………… 41	6	「ナノコンポジットナイロン6」の用途 … 50
4	「ナノコンポジットナイロン」の生成過程	7	今後の展開 ………………………… 51
	……………………………………… 42		

第4章　無機・有機複合ラテックス薄膜の物性とその用途

倉地育夫

1	はじめに ……………………………… 54	3.2.2	感材の帯電防止性能評価技術 … 61
2	無機・有機複合ラテックス ………… 56	3.2.3	PET用帯電防止処理下引きのバインダー検討 ……………………… 63
3	電気物性と応用例 …………………… 57	4	力学物性と応用例 ………………… 64
3.1	薄膜材料の電気特性 …………… 57	4.1	無機・有機複合薄膜の力学物性 … 64
3.2	帯電防止薄膜の例 ……………… 59	4.2	無機・有機複合ラテックスを用いたゼラチン膜の物性 ……………… 69
3.2.1	SnO_2ゾルに含まれる粒子の結晶性と導電性 …………………… 60		

II

| 4.2.1 実験方法 …………………… 70 | 5 まとめ ……………………………… 71 |
| 4.2.2 結果と考察 …………………… 70 | |

第5章 無機・有機ハイブリッド化とメソポーラス材料合成
本間　格

1 はじめに ……………………………… 74	4 ブロックポリマーテンプレートによるメソ構造物質合成 ……………………… 76
2 機能分子ドープメソポーラス物質の合成 …………………………………… 75	5 まとめ ……………………………… 77
3 メソ構造薄膜の合成 ……………… 76	

第6章 ポリメタクリレートとテトラアルコキシシラン縮合物との複合体の合成とその性質
渡辺博之

1 はじめに ……………………………… 79
2 ポリメタクリレート／テトラアルコキシシラン縮合物系複合体の合成および性質 …………………………………… 79
  2.1 テトラアルコキシシランのゾルゲル反応挙動とメタクリレートモノマーへの相溶性 ……………………… 80
  2.2 PMMA/TEOS縮合物系複合体 …… 80
    2.2.1 物性 ……………………………… 80
    2.2.2 有機・無機界面の補強 ………… 82
    2.2.3 シリカ骨格の形成 ……………… 83
  2.3 PHEMA/TEOS縮合物系複合体 …… 84
3 ポリメタクリレート／テトラアルコキシシラン縮合物系複合体の応用 ……… 85
  3.1 構造材 ……………………………… 85
  3.2 被覆材料 …………………………… 85
  3.3 光学材料 …………………………… 85
  3.4 接着剤 ……………………………… 85
  3.5 多孔質ガラス前駆体 ……………… 86
4 おわりに ……………………………… 86

第7章　珪酸カルシウム水和物／ポリマー複合体の合成と評価

松山博圭，J.Francis Young

1 はじめに ………………………………… 88
2 セメント系材料と珪酸カルシウム水和物
　（C-S-H：Calcium-Silicate-Hydrate） …… 88
　2.1　セメント系材料 ……………………… 88
　2.2　珪酸カルシウム水和物(C-S-H：
　　　Calcium-Silicate-Hydrate) ………… 89
3 C-S-H／ポリマー複合体の合成 ………… 90
　3.1　実験方法 ……………………………… 90
　　3.1.1　水溶性ポリマー ………………… 90
　　3.1.2　水溶液からの析出による合成
　　　　　……………………………………… 91
　　3.1.3　高反応性 β-C$_2$S の水和による合成
　　　　　……………………………………… 92
　　3.1.4　解析方法 ………………………… 92
　3.2　C-S-H／陰イオン性ポリマー複合体
　　　　……………………………………… 92
　3.3　C-S-H／陽イオン性ポリマー複合体
　　　　……………………………………… 98
　3.4　C-S-H／非イオン性ポリマー複合体
　　　　……………………………………… 102
4 まとめと今後の展望 …………………… 103

第8章　機能性クレイナノコンポジット材料
－液晶クレイナノコンポジットの開発－

長谷川直樹，臼杵有光

1 はじめに ………………………………… 106
2 機能性クレイナノコンポジット ……… 106
3 液晶クレイナノコンポジット ………… 107
　3.1　合成 …………………………………… 107
　3.2　クレイの分散性 ……………………… 109
　3.3　光散乱効果 …………………………… 110
　3.4　メモリ効果 …………………………… 110
　3.5　電場でのメモリ性光スイッチング
　　　　……………………………………… 111
　3.6　液晶とクレイのぬれ性と電気光学特
　　　　性の関係 …………………………… 114
　　3.6.1　液晶とクレイのぬれ性 ………… 114
　　3.6.2　メモリ性との関係 ……………… 115
4 まとめ …………………………………… 116

第9章　ポリカーボネート／シリカハイブリッド材料の作製とその機能発現　荒川源臣，須方一明，島田雅之，上利泰幸

1　はじめに …………………………… 118
2　PC／シリカハイブリッド材料の作製 … 119
　2.1　両末端にシリル基を有するPCの合成
　　　……………………………………… 119
　2.2　シリカ架橋PCおよびPC／シリカハイブリッド材料の作製 ……… 119
3　PC／シリカハイブリッド材料の特性 … 120
　3.1　モルフォロジー ………………… 120
　3.2　耐熱特性 ………………………… 123
　3.3　表面硬度 ………………………… 125
　3.4　機械的特性 ……………………… 126
　3.5　酸素バリアー性 ………………… 126
4　PC／シリカ成分傾斜ハイブリッド材料
　　……………………………………… 126
5　おわりに …………………………… 127

第10章　MPCおよびアパタイトとのシルクハイブリッド材料の開発　古薗勉，玉田靖

1　はじめに …………………………… 129
2　MPCシルクハイブリッド材料 …… 130
　2.1　MPCハイブリッドシルク …… 130
　2.2　MOIによる化学修飾 ………… 130
　2.3　MPCによるグラフト重合 …… 131
　2.4　血小板粘着試験 ………………… 133
3　アパタイトシルクハイブリッド材料 … 134
　3.1　アパタイトハイブリッドシルク … 134
　3.2　アパタイト複合体の調製 ……… 134
　3.3　X線回折（XRD）分析 ………… 136
　3.4　フーリエ変換赤外（FT-IR）分光法 … 137
　3.5　X線光電子分光法（XPS） …… 138
4　まとめ ……………………………… 140

【Ⅱ　応用編】

第1章　無機・有機ハイブリッドコート材の開発と応用　阪上俊規

1　はじめに …………………………… 145
2　有機－無機ハイブリッド体の合成 … 145
　2.1　側鎖修飾型 ……………………… 146
　2.2　ハイブリッド型 ………………… 146
3　有機－無機ハイブリッド体の特性 …… 148
　3.1　ブレンド体とハイブリッド体の比較

……………148	……………153
3.2 側鎖修飾型とハイブリッド型の特性	5 応用 ……………154
……………150	6 おわりに ……………156
4 水系有機−無機ハイブリッド体の開発	

第2章 歯科材料の無機・有機ハイブリッドの応用　　山内淳一

1 はじめに ……………157	3.3.2 2元配合ハイブリッド型 ……161
2 歯科用コンポジットレジンとは ……158	3.3.3 3元配合ハイブリッド型 ……161
3 歯科用コンポジットレジンのフィラー配合による分類 ……………160	4 ハイブリッドセラミックスへの発展 … 162
3.1 従来型 ……………160	4.1 ハイブリッド型コンポジットレジンの限界 ……………162
3.1.1 マクロフィラー配合型 ……160	4.2 ハイブリッドセラミックスの基本技術と組成 ……………163
3.1.2 微粉砕フィラー配合型 ……160	
3.2 有機複合フィラー配合MFR型 ……161	4.3 ハイブリッドセラミックスの特性 ……………165
3.3 ハイブリッド型 ……………161	
3.3.1 セミハイブリッド型 ……161	5 おわりに ……………167

第3章 無機・有機ハイブリッド前駆体のセラミックス化とその応用　　長谷川良雄

1 はじめに ……………169	……………175
2 有機−無機ハイブリッド熱分解法 ……170	3.1 プロセス ……………175
2.1 有機物基材の効果 ……………171	3.2 比表面積と細孔径の制御 ……………176
2.2 セラミックス前駆体 ……………172	4 応用例 ……………177
2.3 含浸，焼結方法 ……………173	5 まとめ ……………178
3 有機−無機ハイブリッド熱分解法の特徴	

第4章 ポリマー－粘土鉱物のナノコンポジット　　細川輝夫

1 はじめに …………………………… 180
2 ポリマーナノコンポジットの分類 …… 180
　2.1　Intercarated hybrids ……………… 180
　　2.1.1　ポリスチレン（PS）……………… 180
　　2.1.2　ポリアクリルアミド（PMA）… 181
　　2.1.3　ポリピロール（PPY）…………… 181
　　2.1.4　キトサン複合体 ………………… 182
　2.2　Delaminated hybrids ……………… 183
　　2.2.1　ポリアミド（PA）………………… 183
　　2.2.2　エポキシ樹脂 …………………… 183
3 ブレンドによる方法 ………………… 184
　3.1　層間化合物のキャラクタリゼーション
　　　　………………………………………… 185
　3.2　有機カチオンから見た分散性 …… 188
　3.3　ポリマーの結晶性が耐熱性能に及ぼす影響 ……………………………… 189
　3.4　ポリマーの種類による分散性への影響 ………………………………… 191
　3.5　ブレンドによる分散のメカニズム（モデル）………………………… 194

第5章 シリコーンゲル変性フェノール樹脂の性能とその用途開発
　　　　　　　　　　　　　　　　　　　　大関真一

1 はじめに …………………………… 197
2 摩擦材の概要 ……………………… 198
3 摩擦材の要求特性とフェノール樹脂への品質展開 …………………………… 199
4 シリコーンゲル変性樹脂の特長 …… 200
　4.1　樹脂特性，および硬化特性 ……… 200
　4.2　柔軟性，および振動吸収性 ……… 201
　4.3　撥水性 ……………………………… 203
　4.4　機械的特性 ………………………… 203
5 今後の課題 ………………………… 204

第6章 歯科用コンポジット材料　　湯浅茂樹，風間秀樹

1 はじめに …………………………… 205
2 歯科用コンポジットレジン ………… 205
　2.1　コンポジットレジンと構成成分 … 205
　2.2　市販のコンポジット材料 ………… 208
　　2.2.1　直接充填修復材料 …………… 208
　　2.2.2　間接修復材料 ………………… 213
3 歯科用セメント ……………………… 213
　3.1　歯科用レジンセメント …………… 213
　3.2　市販のレジンセメント …………… 216
　3.3　レジン強化型アイオノマーセメント
　　　　………………………………………… 216
4 おわりに …………………………… 218

第7章 セグメントポリウレタン－シリカハイブリッド材料

合田秀樹

1 セグメントポリウレタン ……………… 219
2 ゾル-ゲルハイブリッド ………………… 220
3 位置選択的ゾル-ゲルハイブリッド …… 220
4 位置選択的ゾル-ゲルハイブリッドの形成
　……………………………………………… 221
5 ハイブリッドドメイン ………………… 222
　5.1 ハイブリッドフィルムの作成 …… 222
　5.2 ドメインの観察 …………………… 222
　5.3 ドメインの変形 …………………… 222
6 ハイブリッドドメインを持つポリウレタン
　の特性 …………………………………… 225
　6.1 柔軟性保持・高弾性率 …………… 225
　6.2 耐寒性保持・超耐熱性 …………… 226
　6.3 耐光性 ……………………………… 227
　6.4 親水性, 耐水性 …………………… 228
　6.5 密着性 ……………………………… 228
7 まとめ …………………………………… 229

第8章 UV硬化型無機・有機ハイブリッドハードコート材

宇加地孝志

1 はじめに ………………………………… 231
2 ハイブリッド化の試み ………………… 232
3 ハイブリッド体への光硬化性付与 …… 234
4 デソライトUV硬化型無機・有機ハイブ
　リッドハードコート材の特性 ………… 235
　4.1 鉛筆硬度 …………………………… 238
　4.2 耐摩耗性 …………………………… 240
　4.3 密着性 ……………………………… 240
　4.4 耐候性 ……………………………… 241
　4.5 硬化収縮率 ………………………… 241
　4.6 塗膜の靭性 ………………………… 242
　4.7 不燃性 ……………………………… 242
5 応用と今後の展開 ……………………… 242

第9章 無機・有機ハイブリッド防カビ剤

大野康晴

1 はじめに ………………………………… 244
2 カビノンとは …………………………… 244
3 カビノンのグレードと各種性能 ……… 245
　3.1 物性 ………………………………… 245
　3.2 防カビ・抗菌性能 ………………… 245
　3.3 安全性 ……………………………… 246
4 カビノンの特長 ………………………… 247
　4.1 耐熱性 ……………………………… 247

4.2 耐候性 …………………………… 247	5.3 ABS樹脂成形品 ………………… 251
4.3 持続性 …………………………… 247	5.4 接着剤 …………………………… 251
5 カビノンの応用例 ………………… 249	5.5 シーリング材 …………………… 252
5.1 不織布 …………………………… 250	6 今後の展開 ………………………… 252
5.2 粉体塗料 ………………………… 250	

第10章　ゾル－ゲル法によるガラスへの撥水コーティング

森本　剛，米田貴重

1 はじめに …………………………… 253	4 実用化技術 ………………………… 259
2 撥水性の発現 ……………………… 253	5 撥水ガラスの特性 ………………… 262
3 転落性の発現 ……………………… 258	6 おわりに …………………………… 265

序

梶原鳴雪[*]

"Composit Materials", "Intercalation" あるいは "Hybrid Materials" などの用語がある。前者は複合材料と訳され，その例を表1に示した。

表1 複合材料の例

マトリックス		分散強化材	名　　称	用　　途
プラスチックス		ガラス繊維，炭素繊維	強化プラスチックス	各種構造材料
ゴ　　ム		有機繊維，ガラス繊維	繊維強化ゴム	タイヤ，ホースなど
金属	Al, Ca	鉱物繊維（B, W, SiO_2）	繊維強化金属	航空機部品 エンジン部品 人工衛星部品
	Ag, Ta	ウイスカー（Al_2O_3, Ta）	ウイスカー強化金属	
	Al, Ni, Ag	酸化物粉（Al_2O_3, ThO_2）	分散強化金属	
	Co, Ni	酸化物粒，炭化物粒	サーメット	
炭　　素		金属粉 合成樹脂	REカーボン 不浸透性カーボン	エンジン材料 耐食材料
セメント，セッコウ		石綿，ガラス繊維 木毛	石綿スレートなど 木毛セメント板など	構築材料 軽量構築材料
コンクリート		合成樹脂	樹脂含浸コンクリート	耐食コンクリート

表1に示したように，異質材料を組み合わせることによって，それらの特性を生かしたもので，1942年にアメリカでガラス繊維布をポリエステル樹脂による積層板がすばらしい強度と弾性率をもつことが発見されて以来，この分野の研究開発が活発になった。すなわち，ポリエステル樹脂をマトリックスとし，ガラス繊維で強化する方法で，これを "Fiber Reinforce Plastices" と言い，その頭文字をとって，FRPと略称している。通常良く利用されている，FRP用繊維を表2に示したように，ガラス繊維，炭素繊維あるいはウイスカーなどで，合成樹脂はじめゴム，金属あるいはセメントなどの強化にも使用されている。マトリックスが金属あるいはセメントのようなセラミックスで，強化方法に繊維が使用されるならば，前者は "Fiber Reinforce Metals"（FRM）

[*]　Meisetsu Kajiwara　愛知学院大学　客員教授

表2 鉱物繊維とウイスカーの性質

分類	種類	融点(軟化点)[℃]	密度[g/ml]	引張り強さ[kg/mm^2]	弾性率E[kg/mm^2]	断面直径[μ]
連続繊維	ガラス	700	2.55	350	7,350	10
	石英ガラス	1,660	2.19	590	7,350	35
	Al$_2$O$_3$	2,040	3.15	210	17,500	—
	C(黒鉛)	3,650	1.50	150	21,000	5
	鋼鉄	1,400	7.74	420	20,300	13
	B	2,300	2.36	280	38,500	115
ウイスカー	Al$_2$O$_3$	2,040	3.96	2,100	43,400	3〜10
	C(黒鉛)	3,650	1.66	1,990	71,400	—
	Fe	1,540	7.83	1,330	20,300	—

また後者は"Fiber Reinforce Ceramices"(FRC)と略称されていることは周知の通りである。また微粒子による強化法もあるが,この場合は主として金属の強化に用いられ,金属内の転位の移動を妨げることによって,金属が強化されるといわれている。ナノメーターサイズの粒子を有機物質に導入することによって,有機物質の強度あるいは耐摩耗性の向上を目的とした研究も報告されている。この概念はChung[1]によって最初にその研究が開始され,その後種々の改良法が提案され研究開発が続けられている。とくに加熱による硬化方法よりも,工業的に利用しやすいUV照射硬化法が有利とされている。これらの方法は物質相の大きさをパラメーターとしている。たとえば,連続相の大きさがマイクロ以下であれば,新しい効果つまり新機能が生じる。相の大きさが小さくなると,モレキュラーあるいはナノコンポジットとよばれ,それらに相当する材料として"ORMOCER^{R}"がある。この材料は図1に示した工程でつくられている。どちらかといえば,ゾル・ゲルを基にした方法である。またFRCの他の例とし,コンクリートを減圧にしてスチレンなどのプラスチックスモノマーを含浸させたのち,加熱重合あるいは放射重合し,複合材料を得る方法もある。これをレジンコンクリートとも言う。

一方"Hybrid Materials"は日本語に訳されずそのまま使用されている。この分野の研究は20年前から開始されている。歴史的には,低コストで有機高分子の弾性率や引張強度の向上を目的としていた。すなわち,合成有機高分子に無機化合物であるケイ灰石を加えることからはじまっている。しかしながら,得られた材料はもろくしかも透明性を失う結果であった。Du pontは6・6ナイロンにケイ灰石40%を充填させ,Hybrid Materialsをつくり,その材料の弾性率,引張強度あるいは伸引度などを調べるとともに,Hybridによってつぎのことが生じることを確認している。そのひとつは充填されたケイ灰石のドメインの大きさが,充填前よりも100mmあるいはそれ以下に減少していることと,充填したケイ灰石がHybridによって,明確な相として検知され

序

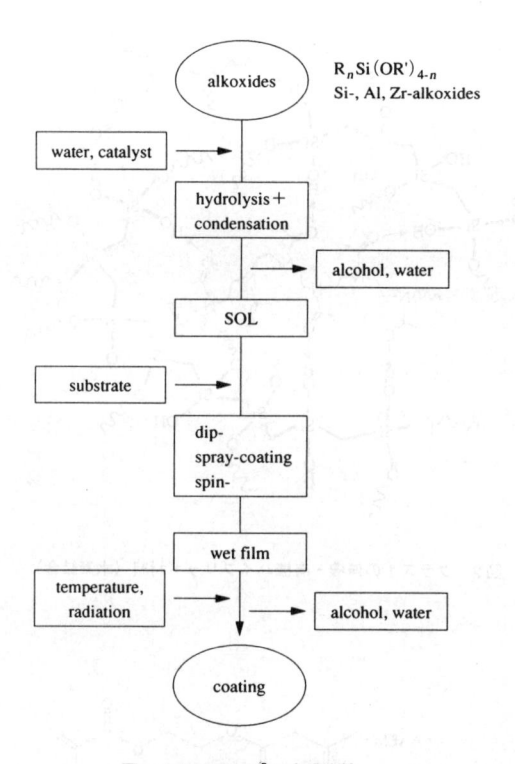

```
alkoxides         R_nSi(OR')_{4-n}
                  Si-, Al, Zr-alkoxides
    ↓
water, catalyst →
    ↓
hydrolysis + condensation
    ↓        → alcohol, water
   SOL
    ↓
substrate →
    ↓
dip-
spray-coating
spin-
    ↓
wet film
    ↓
temperature, radiation →
    ↓        → alcohol, water
  coating
```

図1　ORMOCER®の合成方法

ない量子効果が生じることもあることを見出している。Schmidt [2]，Mark [3] や Wilkes [4] などの研究はこれらの分野のパイオニア的なものである。"Hybrid"の分類は"Hybrid Materials"に対して提案されている。その分類は簡単なものでクラスⅠとクラスⅡで，クラスⅠは有機物質と無機物質の間に共有結合あるいはイオン結合などが全く存在しないで，van der Waals力や水素結合のような弱い結合から成っているものである。その典型的な例を図2に示した。クラスⅡは少なくても有機化合物と無機化合物が共有結合やイオン結合などの強い結合から成っているもので，その典型的な例を図3に示した。

　Hybrid Materialsの目的あるいはその応用は光電子材料，分離材料，導伝材料，触媒あるいは生物分野の材料であり，すでに実用化に成功しているものもある。たとえば，デソライト "De Solite" はコロイダルシリカにアクリル基を導入したもので，UV硬化型無機・有機ハイブリッドコート材である。エステニアの名称で市販されている歯科材料は無機物質92%をマトリックス

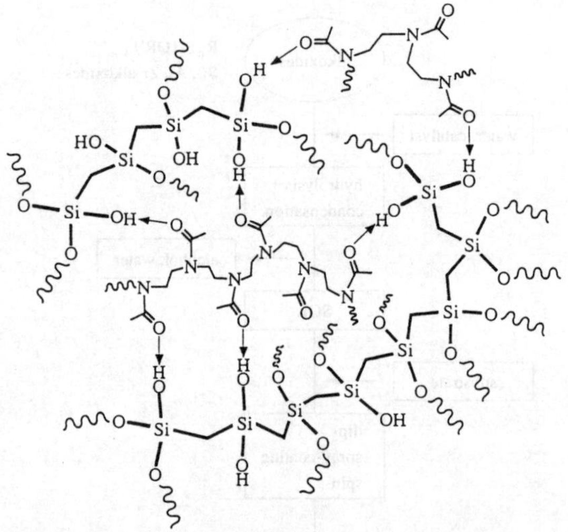

図2 クラスIの無機・有機ハイブリッド材料（水素結合）

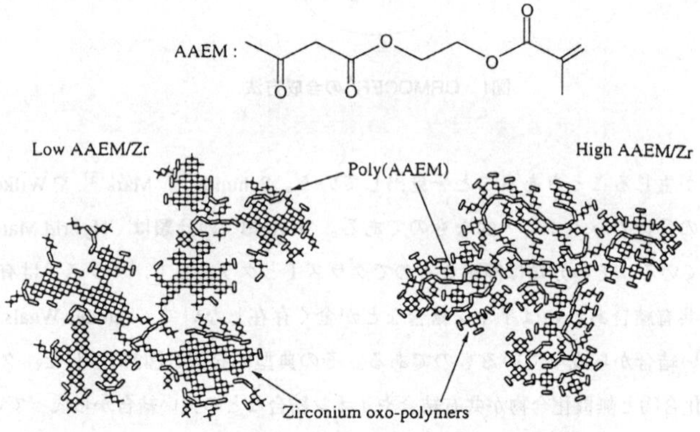

図3 クラスIIの無機・有機ハイブリッド材料（共有結合）

序

とし，これにアクリルモノマーをバインダーとしたもので，ハイブリッドセラミックスともいわれている。またエポキシ樹脂の硬化剤であるアミンをモンモリロナイト層間にインターセレートさせ，VTRのダイカスト代替部品に使用している例もあるし，ナイロン・クレーハイブリッド（NCH）なども市販されている。無機・有機ハイブリッドの関心は年々高まってきているし，また無機・有機ハイブリッドの図書の必要とする声も多くなってきている。そこで本書を監修する企画をし，各位にその著筆をお願いしたところ，快く引受けて頂くことができたこと，また出版に対してご協力を頂いたシーエムシー小林取締役および高木豊子氏に深く感謝する。本書がHybridに関心を持っている方々，またこれからこれらの分野の研究開発を開始する方々にお役立つことを心から願っている。

文　献

1) US. Pat., 4,478,876 (1984)：Process Coating Substrate with an Abrasion-resistant Ultraviolet-curable Composition.
2) H. Schmidt, *J. Non-Cryst. Solids*, 73, 681 (1985)
3) J. E. Mark, Y. P. Ning, *Polym. Bull*, 12, 413 (1984)
4) H. H. Huang, R. H. Glaser, G. L. Wilkes, *Adv. Chem. Ser., Inorg. Org. Polym. Ed.*, 360, 354 (1987)

Ⅰ　材料開発編

I 林野問題文献

第1章　新しい無機・有機ハイブリッド材料開発とその用途

原口和敏[*1], 出村　智[*2]

1　無機・有機ハイブリッド材料

　人を含む動物の骨は無機物か, 有機物かとの質問に対しては, 無機・有機ハイブリッドと答えるのが最も適切であろう。即ち, アパタイト(無機)とコラーゲン(有機)が緻密な複合構造を形成することで, 軽くて強靭な骨が作り上げられている。また, プラスチック製スキー靴が10年以上経つと劣化して壊れてしまうのに対して, 骨が100年近くの長きにわたって機能を保持できるのは, カルシウムなどの構成成分の供給をうけ, 常に新しいものに再生を繰り返しているためである。このような骨の構造と仕組みは, プラスチック材料の開発と機能化に携わっている我々にとって驚きであると同時に, 無機・有機ハイブリッドの優位性と一つの究極目標を示しているように思われる。

　近年, プラスチック系複合材料において, 無機成分をナノスケールで有機高分子マトリックス中に分散させた無機・有機ハイブリッド材料の研究が盛んになっており, 無機成分の優れた特徴を効率よく引き出したり, 相乗効果的な特性を発現させるべく検討が行われている。無機成分としては, 金属アルコキシドを原料とし加水分解重縮合(いわゆるゾル-ゲル反応)による低温合成が可能な金属酸化物と, 交換性カチオンを層間に有する層状粘土鉱物が最も良く用いられる。金属アルコキシド(例：テトラアルコキシシラン)の加水分解・重縮合反応を式(1)に, また層状粘土鉱物の構造例(ヘクトライト)を図1に示す。後者ではトリメチルアルキルアンモニウムのような有機カチオンを層間に導入して, 溶媒や高分子に対する親和性を増した有機化粘土を用いる場合が多い。

$$Si(OR)_4 + 4H_2O \longrightarrow [Si(OH)_x(OR)_{4-x} + xROH]$$
$$\longrightarrow SiO_2 + 4ROH + 2H_2O \quad \cdots (1)$$

　無機・有機ハイブリッド材料の合成法には, *in-situ*重合法とブレンド法の二つがある。前者は種々のバリエーションが可能であり, 後者は単純だが上手くいけばより実用的である。*in-situ*重

---

* Kazutoshi Haraguchi　㈶川村理化学研究所　材料化学研究室　室長
* Satoshi Idemura　大日本インキ化学工業㈱　高分子研究室　主任研究員

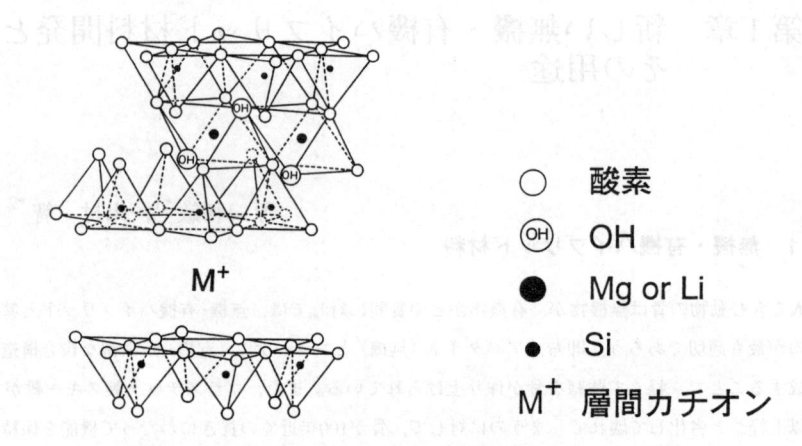

○ 酸素
OH OH
● Mg or Li
・ Si
M⁺ 層間カチオン

図1 ヘクトライトの構造

合反応としては，(1)式の反応を有機高分子共存下で行ったり〔金属酸化物系ハイブリッド〕，有機モノマーの重合を粘土鉱物共存下で行う〔粘土鉱物系ハイブリッド〕のが一般的である。またブレンド法では，金属酸化物ゾル溶液を用いた溶液混合法や，有機化された粘土を有機高分子と溶融混練する方法がある。

今，X／Y系ハイブリッドを考えると，in-situ重合の基本は有機物質（X）やその前駆体（X'）の存在下に無機の前駆体（Y'）を重合したり，逆に無機物質（Y）の存在下に有機の前駆体（X'）を重合するものである。その他，両成分とも前駆体を用い，X'，Y'のin-situ重合を同時または前後して行わせたり，X'として加水分解前のポリマーを用い，Y'のin-situ重合とX'のin-situ加水分解を同時に行わせること[9]もできる。表1にハイブリッド合成の具体例を示す。

X'のin-situ重合としては，溶融重合[1]，界面重縮合[2]，エマルジョン重合[18]が可能である。溶融重合としてはナイロン6／粘土鉱物ハイブリッドが良く知られている。

一方，界面重縮合反応をin-situで行う方法は，①無機粘土，有機化粘土が共に使用可能，②粘土鉱物以外の無機成分との複合化への適用が可能，③導入する粘土鉱物（無機成分）の高含有化が可能，④常温，短時間反応である，⑤高分子量のポリマー合成が可能，⑥他のAA-BB型ポリアミドへの展開が可能，⑦界面重縮合反応のためモノマー組成比が厳密である必要がない，⑧無機成分中のNaイオンの高効率除去が可能，⑨ハイブリッドの形態として粉末の他，フィブリル状，繊維状が可能など，多くの特長を有する。in-situ界面重縮合反応によるハイブリッドの合成を3節に示す。

第1章　新しい無機・有機ハイブリッド材料開発とその用途

表1においてXとYが全く異質で均一微細な複合化が困難な場合も，適切なX'，Y'を選択したり，相手成分との相互作用を高めるために予めこれらを変性処理したり[19]，さらに両成分と結合可能なカップリング剤（例：アミノプロピルトリエトキシシラン）を添加したりして[20]，良好なハイブリッドの合成が目指される。また，ブレンド法においても，Xおよび／またはYを相互に分散しやすいように予め化学変性しておくことは溶液混合と溶融混練いずれの場合も有効である。

現在，市場で求評されているハイブリッドを製品形態でみると，(a)液状（ハイブリッド塗料），(b)粉末状（熱硬化性ハイブリッド粉末），(c)ペレット状（熱可塑性ハイブリッドペレット），(d)ペーパー状（高無機含有ハイブリッドペーパー）がある。以下に成形材料分野でのハイブリッドとして(b)のフェノール樹脂／シリカ系，(d)のナイロン66／シリカ系について，特徴と用途可能性を示す。

表1　有機／無機ハイブリッドの合成

ハイブリッド 【合成法】	文献 (例)	有機成分 X	有機成分 X'	無機成分 Y	無機成分 Y'
【*in-situ*重合】					
Ny6／粘土	1)		ε-カプロラクタム	有機化粘土	
Ny66／粘土	2)		モノマーA,B	粘土	
PU／粘土	3)	モノマーA		有機化粘土＋モノマーB	
PDA／粘土	4)			モノマーによる有機化粘土	
PAn／粘土	5)	ポリマー		粘土原料	
PH／シリカ	6)	熱硬化性樹脂		金属アルコキシド	
PEK／シリカ	7)	変性ポリマー		金属アルコキシド	
PI／シリカ	8)		ポリアミック酸	金属アルコキシド	
PVA／シリカ	9)		ポリビニルアセテート	金属アルコキシド	
CT／シリカ	10)	変性キトサン		金属アルコキシド	
PS／シリカ	11)		スチレンモノマー	シリカ微粒子	
【溶融混合】（粘土鉱物）		SiR (12), PP (13), PS (14), PU (15)			
【溶液混合】（金属酸化物）		全芳香族PA (16), PUI (17), コーティング剤一般			

Ny6：ナイロン6，Ny66：ナイロン66，PU：ポリウレタンエラストマー，PDA：ポリジアセチレン，PAn：ポリアニリン，PH：フェノール樹脂，PEK：ポリエーテルケトン，PI：ポリイミド，PVA：ポリビニルアルコール，CT：キトサン，PS：ポリスチレン，SiR：シリコンゴム，PP：ポロプロピレン，PA：ポリアミド，PUI：ポリウレタンアイオノマー

2 フェノール樹脂／シリカ系ハイブリッドの開発と用途

2.1 合成

フェノール樹脂／シリカ系ハイブリッドは、シリコンアルコキシドのゾル-ゲル反応をフェノール樹脂共存下にて進めることで合成される[6]。合成法の概略は、フェノール樹脂のアルコール溶液に所定量のシリコンアルコキシドまたはその部分加水分解縮合物を混合し、さらに水、触媒を添加した均一溶液を調製した後、溶媒をキャストしつつゾル-ゲル反応を行い、最終的に150℃以上での熱処理によりハイブリッドを得るものである。フェノール樹脂としてはレゾール型、ノボラック型が、またシリコンアルコキシドとしては有機基を持つように変性したものが一部用いられる。本反応によるハイブリッドの特徴は、主にモルフォロジー制御とそれに基づく機械的物性の改良効果である。即ち、スタート時点で均一であった系（溶液）は、金属アルコキシドの重縮合による分子量の増大に伴いミクロ相分離を生じ、有機／無機の成分比率に応じて熱力学的に安定な相分離構造を形成しようとする。しかし本反応では、ゾル-ゲル転移による系全体のゲル化と引き続く重合反応を、溶媒を系から除去しつつ高粘度場で進めることによって、従来の相分離構造と異なる新たな非平衡モルフォロジーを発現させることができる。

2.2 モルフォロジー

ハイブリッドの光透過率は*in-situ*重合シリカの凝集の大きさに対応して透明から不透明まで大きく変化し、またこれはシリカ含有率とは独立に制御される（図2）。透明領域のハイブリッドの内部構造を透過型電子顕微鏡（TEM）で測定した結果を写真1に示す。数nm以下の微粒子（一次粒子）が球状ではなく、粗い（隙間のある）複雑な構造を形成しているのが観察された[21]。

近年、このような一見規則性のない構造に関するフラクタル理論と計算機シミュレーション研究が発展しており[22]、主に拡散律速過程での微粒子の凝集過程についていくつかのモデルが提唱され、そのモデルに基づく計算結果と実構造が比較検討されている。図3にクラスター・クラスター凝集（Cluster-Cluster Aggregation：CCA）モデルに基づくコンピューターシミュレーション結果を示す。図3の計算結果と写真1の類似性から、フェノール樹脂／シリカ系透明ハイブリッドのモルフォロジーは、初期重合反応によりシリカ微粒子が系全体において出現し、その後、微粒子およびそれが衝突してできたクラスターが共に同じ拡散律速条件下でランダム運動を行い、順次新たなクラスターを不可逆的に形成するという機構で発現すると推定された[23]。またこのモルフォロジーは、ボックスカウンティング法によるフラクタル次元解析（二次元）の結果、約1.6のフラクタル次元を持つことが明らかとなった。このようなフラクタル性を有する構造が、後述するように、平衡状態に近いモルフォロジーのものより優れた力学物性を示すことは非常に興味

第1章　新しい無機・有機ハイブリッド材料開発とその用途

深い。

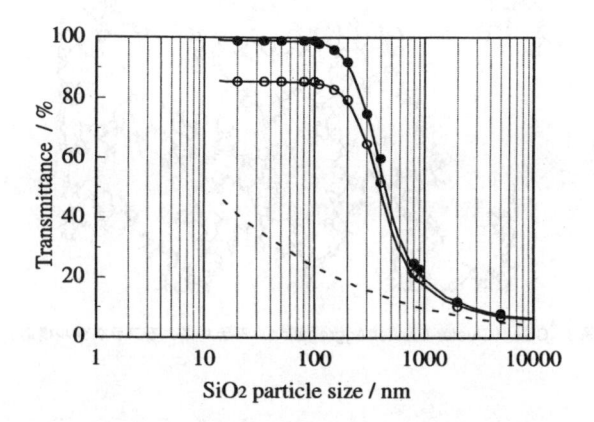

図2　ハイブリッドとガラス複合材の透明性
白丸，黒丸：ハイブリッド，点線：ガラス複合材
波長：(白丸，点線) = 600nm, (黒丸) = 750nm
シリカ含有量 = 10wt%, 試料厚さ = 100 μm

写真1　フェノール樹脂／シリカ透明ハイブリッドの透過型電子顕微鏡写真
(シリカ含有率 = 11wt%)

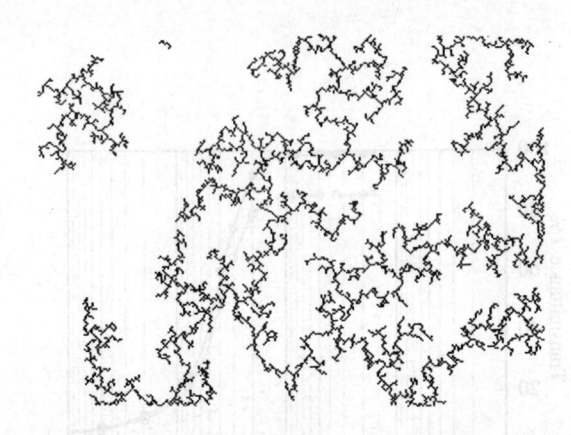

図3 CCA (Cluster-Cluster Aggregation) モデルによるフラクタル構造

2.3 物性

少量の金属酸化物が分散したハイブリッドでは，一般に弾性率と表面硬度は金属酸化物含有率に比例して向上する。しかし，その他の力学物性(強度，伸び，耐衝撃性など)は用いるマトリックス高分子やモルフォロジーによって変化し，低下する場合も多い。例えばポリジメチルシロキサンのようなゴム状物質では，強度，弾性率は向上するが破断伸びは大きく低下し，脆性的になる[24]。また，ポリイミド[25]やポリ塩化ビニル[26]のようにゴム状でない(T_gの高い)樹脂では弾性率のみ向上して強度，伸びが低下することがあり，変性処理やカップリング剤の併用によっても力学三要素全てを向上させるのは困難である場合が多い[8, 20, 27]。フェノール樹脂／シリカハイブリッドにおいては，強度，伸び，弾性率の全てが改良されること，また同時に表面硬度，平滑性，摺どう特性にも優れることが明らかとなった[6, 28]。表2に物性改良例を示す。このことはフェノール樹脂と in-situ 重合シリカとの強い相互作用および適切なモルフォロジー制御によると推定される。例えば，写真1のハイブリッドと同一組成だが合成温度を変化させて50nm程度の球状凝集をもつようにしたもの(写真2)や，シリカ含有率を20wt%以上にしてシリカのネットワークをより完全にしたものでは，伸びが低下し，補強効果が小さくなる。以上のことは，物性の改良のためには単なるnmスケールの分散に留まらず，目的に応じたモルフォロジー制御が必要であることを示している。

力学物性以外では，特に摩擦摩耗係数や限界PV値などの摺どう性が改良された[28]。従来のGFRPはガラス繊維が高硬度すぎて相手材を傷つけるため，摺動材料として用いられないのに対して，ハイブリッドでは in-situ 重合シリカの適度な硬度と微細分散性によって相手材を傷つけることなく優れた摺動性が発現される。ただし，他の金属酸化物系ハイブリッド系では必ずしも良

表2 フェノール樹脂／シリカハイブリッドの物性例

	シリカ含有率 （wt%）	曲げ強度 （MPa）	曲げ弾性率 （GPa）	破断伸び （%）	摩擦摩耗係数 （PV=500*での値）	限界PV値 （*）
フェノール樹脂	0	165	5.5	3.0	0.52	2500
ハイブリッド	13	252	6.7	4.2	0.12	6000

（*）単位は$kg/cm^2/m/min$

写真2 フェノール樹脂／シリカハイブリッドの透過型電子顕微鏡写真
（シリカ含有率＝11wt%）

好な摺どう性が発現されないことから，in-situ重合シリカとマトリックス樹脂の密着性（相互作用）も強い影響をもつと推定される。フェノール樹脂／シリカ系ハイブリッドは，これら機械的性質の他，耐熱性，表面物性などを生かした用途分野で求評されている。

3 界面重合法によるハイブリッドの合成

3.1 粘土鉱物共存下での In Situ 界面重縮合による調製

一般に，混合エントロピー効果の小さい剛直高分子や無機高分子は相溶性に乏しく，それらをマトリックス高分子に微細に分散させる，いわゆる微細な複合化としてのハイブリッド化は単なる物理的混合では実現困難である。その解決手段として相手成分の共存下でモノマー重合を行う，いわゆるin-situ重合法が知られる。例えば，有機系分子複合材料の先駆けとなったナイロン／剛直ポリアミド系ハイブリッドは共通溶液からの共沈法により得られるが[29]，その調製法にin-situ

重合を適用しナイロン共存下で剛直ポリアミド合成を行うことにより，より均一なハイブリッドが調製できる[30]。

ここでは，無機物質である粘土鉱物の共存下で，ポリアミドを界面重合法にて*in-situ*合成する例を紹介する。ヘクトライトと称される層状粘土鉱物は，層の間に陽イオンが存在する。ヘクトライトの親和性は層間イオン種に大きく依存する。ここでは，層間イオン種の異なる親水性Na－ヘクトライトおよび，親油性DMDOA（ジメチルジオクタデシルアンモニウム）－ヘクトライトを取り扱う。

3.2 ハイブリッド化の機構

塩化アジポイルを含むトルエン相と，1,6－ジアミノヘキサンを含む水相とを接触させナイロン66を界面重縮合反応で得る際に，反応系にヘクトライトを共存させてナイロン66／ヘクトライト系ハイブリッドを得た[2]。界面法は水を媒質とするため，粘土層間にNaイオンを有する水溶性のNa－ヘクトライトが直接使用可能である。図4に示す生成機構により，反応場にて層間イオン交換反応が重合場にて進行したものと考えられる。生成物中の無機重量分率を50%以上とすることも容易である。

一方，層間にジメチルジオクタデシルアンモニウムイオンを導入したDMDOA－ヘクトライトをトルエン相に共存させてもナイロン66とのハイブリッドが得られる。いずれの方法においても，ヘクトライト存在下で界面重縮合を行うとナイロン66のマトリックスにヘクトライトが取り込まれたハイブリッドが形成された。ハイブリッドの灰分値は合成時のヘクトライト濃度に依存し，溶液中のヘクトライト濃度によりハイブリッド中の灰分を容易に制御できる。なお，本稿では，ヘクトライトの骨格由来の灰分をヘクトライト含有率と定義する。

$$ClOC\text{-}(CH_2)_4\text{-}COCl + H_2N\text{-}(CH_2)_6\text{-}NH_2$$

↓ 界面重縮合

$$(Nylon\ 66)\text{-}NH_3^+ + Cl^-$$

↓ イオン交換　　　Na$^+$ ← Hectorite

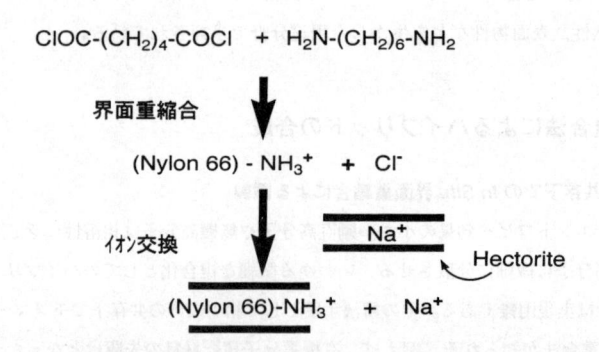

$$(Nylon\ 66)\text{-}NH_3^+ + Na^+$$

図4　ナイロン66／ヘクトライトハイブリッドの生成

第1章　新しい無機・有機ハイブリッド材料開発とその用途

3.3　ヘクトライト/ナイロン66系ハイブリッドの特性
(a)　ヘクトライトの分散状態

ハイブリッドを800℃で焼成してなる灰分は，焼成前の形状を保っており，このことはヘクトライト成分の均一な分散を示す。圧縮成形フィルムの光学顕微鏡観察によれば，物理的な溶融混練物は数十μmの粗分散を呈するが，*in-situ*界面法によるものはヘクトライト分散性に優れ，ナイロン66単独と同様の球晶様のパターンを与えるのみであった。

(b)　電子顕微鏡観察

Na-ヘクトライトおよびDMDOA-ヘクトライトから得た2種のハイブリッドの超薄切片の透過型電子顕微鏡写真を各々写真3に示す。ナイロン66のマトリックスにヘクトライト層が微分散している様子が見て取れ，なかには完全に単層に分散しているヘクトライトも存在する。

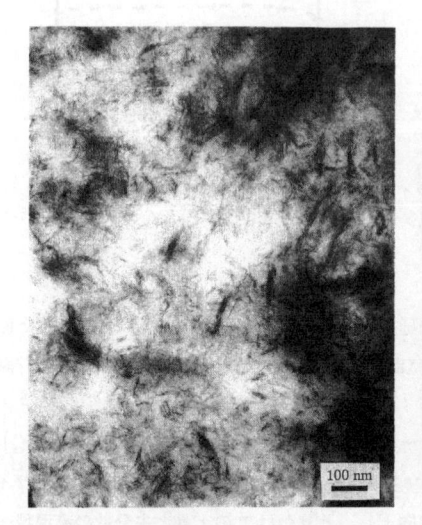

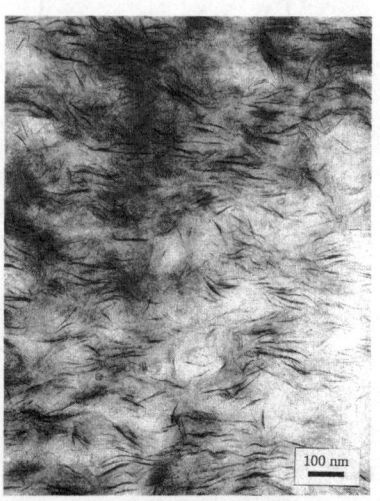

写真3　ナイロン66／ヘクトライトハイブリッドの透過型電子顕微鏡写真
　　　（左）ヘクトライト含有率＝11wt%，Na-ヘクトライト使用
　　　（右）ヘクトライト含有率＝10wt%，DMDOA-ヘクトライト使用

(c)　フィルムの引っ張り特性

分子複合材料の概念[29]によれば，高分散したヘクトライトは微量であっても有効な機械的補強材になると期待される。補強効果には両成分の界面での強い接着も重要であるが，上述のナイロン鎖末端と粘土層とのイオン結合による相互作用は十分な接着を発現するであろう。

17

Na－ヘクトライトを用いて得たハイブリッドのフィルムの引っ張り試験結果を図5に示す。ヘクトライト含有による弾性率および強度の向上が認められ，特に延伸フィルムでの効果が顕著である。延伸フィルムでは，灰分基準で4wt%のヘクトライトの導入で，ナイロン66の弾性率が約2GPaから4GPaに倍増し，強度も大きく上昇することがわかる。微分散したヘクトライト層が延伸方向に配向し，強化成分としてより有効に作用したことが理解できる。

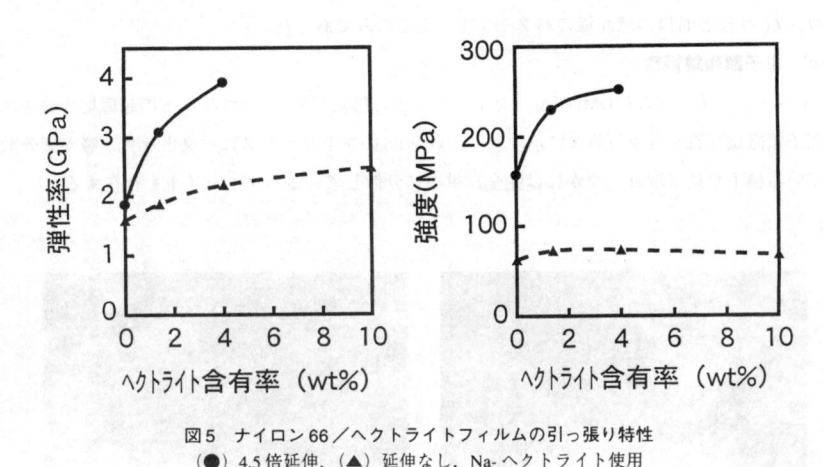

図5　ナイロン66／ヘクトライトフィルムの引っ張り特性
（●）4.5倍延伸，（▲）延伸なし，Na-ヘクトライト使用

(d) 動的固体粘弾性

Na－ヘクトライトから得たハイブリッドの未延伸フィルムの動的固体粘弾性の測定結果を図6に示す。ヘクトライト導入量の増大に伴い，室温〜250℃の測定温度範囲の全域において貯蔵弾性率（E'）が上昇した。ハイブリッド中のナイロン66成分のT_g（ガラス転移温度＝tan δ の極大値を与える温度で定義）は約75℃であり，ナイロン66自身と同じであるが，ヘクトライト導入により，力学分散（tan δ 曲線）が高温側に幅広となった。同様に，DMDOA－ヘクトライトを用いたハイブリッドにおいても，弾性率が向上し，とりわけT_gの上昇と主分散の高温域への幅広化が顕著に観測された。これらのガラス転移領域の変化は，剛直なヘクトライト層導入によるナイロン非晶相のミクロブラウン運動の抑制によると考えられる。このように，動的固体粘弾性からもヘクトライトとナイロン66との強い相互作用が認められた。特に均一な分散性を示すDMDOA－ヘクトライトを用いたハイブリッドでは，T_gが約20℃も向上しており，また150〜220℃には独立した幅広のtan δ ピークが存在する。ヘクトライトの微分散化により，これに強く束縛されるナイロン鎖の割合が増大し，独立ピークを与えたものと推察される。原料ヘクトライト種による分散性の相違は少なくとも弾性率の差としては現れておらず，Na－ヘクトライ

ト系の微分散状態においても十分な弾性率の向上が達成された。

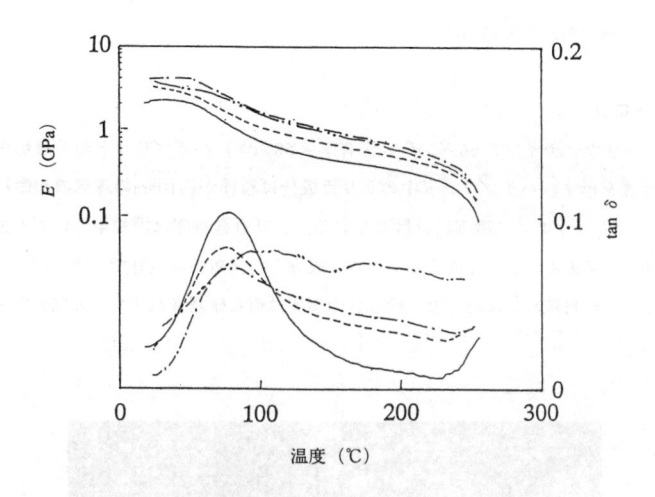

図6 フィルムの動的固体粘弾性

ナイロン66（―――――）
ナイロン66／ヘクトライトハイブリッド／Na-ヘクトライト使用［ヘクトライト含有率＝4wt%］（― ― ― ―）
　　　同上　　　／　　　同上　　　［ヘクトライト含有率＝17wt%］（―・―・―・―）
　　　同上　　　／DMDOA-ヘクトライト使用［ヘクトライト含有率＝10wt%］（―――――）

4　ナイロン樹脂／シリカ系ハイブリッドの開発と用途

4.1　ナイロン樹脂／シリカ系ハイブリッドの開発

　ここでは，無機成分として粘土鉱物に代えて，シリカの超微粒子を導入したハイブリッド材料の開発に関して述べる。その製法は，基本的には前節に記載の方法にて，シリカ成分として，珪酸塩やシリカゾルを用いることが異なる。前節にて取り扱った粘土鉱物は，その形状が板状であるため，その配向方向の補強効率が高く，少量の添加による改質が可能であったが，一方で異方性を生じてしまい，また吸湿による特性変化の抑制には限界があった。ここでは，直径約10nmの球状様シリカ微粒子の含有率を50wt%以上に高めた，異方性のないハイブリッド材料を取り扱う。このものは，無機的な特徴が一層顕著にあらわれ，表面硬度，寸法安定性，耐熱性に優れると同時に，ナイロンの大きな弱点である吸湿による特性劣化もほとんどない特長を有する。また，界面法ではフィブリッド（パルプ）形態のナイロンを合成し易く，これを直接抄紙原料とす

ることも可能であり，ハイブリッドパルプからなる熱機械特性に優れた抄紙シートに応用し易い。以上の点で，このハイブリッド材料は無機物の熱的，機械的な安定性を顕著に発現させた新素材であり，用途展開を検討している。

4.2 モルフォロジー

写真4に，シリカ／ナイロン66（シリカ含有率＝58wt%）ハイブリッドの超薄切片の透過型電子顕微鏡写真を示す。ハイブリッド中のシリカ成分は粒径が約10nmの球形の超微粒子としてナイロン66のマトリックスに微細に分散している。シリカ含有率は調製条件により5〜65wt%の範囲で制御可能である。シリカ成分とナイロン成分との接着性は良好で，例えば，走査型電子顕微鏡観察による材料破断面は均一で，両成分の境界は何ら確認されずシリカ成分領域を特定できなかった。

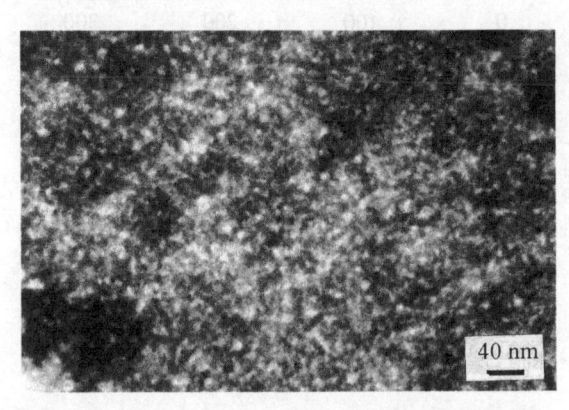

写真4　ナイロン66／シリカハイブリッドの透過型電子顕微鏡写真
（シリカ含有率＝58wt%）

4.3 基本特性

(a) 寸法安定性

線熱膨張性を図7に示す。一般に無機成分の導入によりナイロンの熱膨張は抑えられ，とりわけガラス繊維はその射出による流動配向方向に優れた膨張抑制効果を発現することが知られているが，本研究によるハイブリッドは同じ無機含有率で比較してガラス繊維強化ナイロン66に優る寸法安定性をもつことがわかる。さらに，繊維強化物は異方性が大で繊維配向と垂直な厚み方向では純ナイロンとの有意差は少ない。しかし，シリカ／ナイロン66系ハイブリッドでは異方

性が少なく，厚み方向の熱膨張も十分に抑制された。

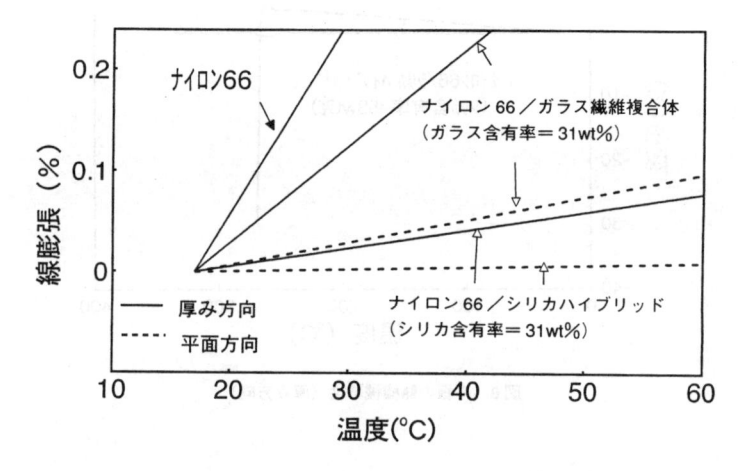

図7　ナイロン66／シリカハイブリッドの線熱膨張特性（平板）

(b) 熱および吸湿に対する安定性

　本ハイブリッドのガラス繊維強化物に対する耐熱性の優位は，高温域においてさらに顕著である。図8に示すように，ガラス繊維強化物は1℃/分の昇温速度で加熱すると260℃（ナイロン66の融点）で融解し完全に形状を失うが，本ハイブリッドはこうした融解挙動を示さず，形状を持したままであった。本ハイブリッドではシリカ含有率を大きく変化させることが容易で，高シリカ含有率（58wt%）のものは特に熱安定性に優れ，驚くべきことに450℃を超えてもその寸法変化はほとんど認められなかった。短時間とはいえ，かかる高温での耐久性能は従来の強化ナイロンでは認められない特異なものである。

　この材料は，温度および吸湿に対しても安定である（図9）。シリカ導入により，測定温度範囲の全域で貯蔵弾性率（E'）が上昇し，マトリックスナイロンのガラス転移温度以上に昇温してもE'の低下は僅かである。ナイロンは吸湿によりその機械的特性を大きく低下させる欠点をもつが，ハイブリッドでは，吸湿はするが，それによる弾性率低下（可塑化）がほとんど抑えられている。ナイロン66成分が加熱や吸湿により軟化しても連続性のシリカ成分がハイブリッド組織を構造的に支えることで機械特性が保持できることになる。一定体積分率を仮定した分散系では，粒子が微細なほど，粒子間距離が短縮され全表面積が増大するため，粒子とマトリックスの相互作用効果が大となり，より顕著な特性改善がなされたものと考えられる。

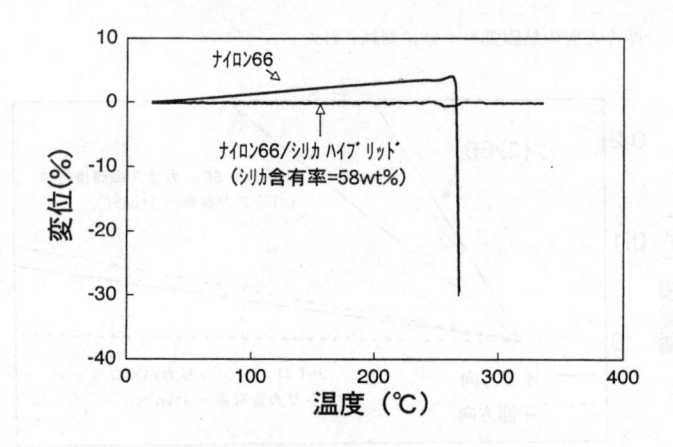

図8 平板の熱機械特性（厚み方向）

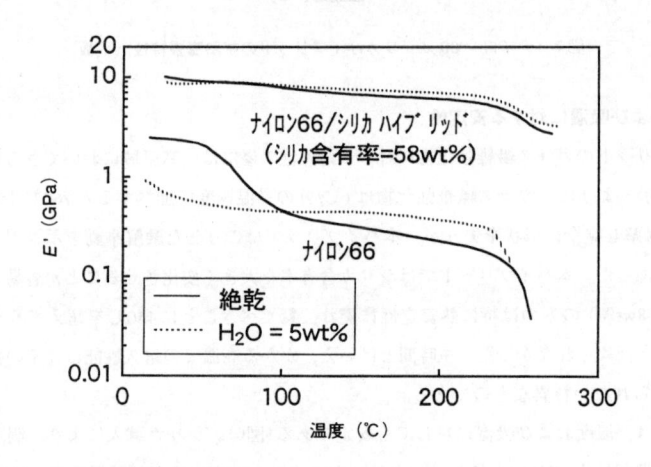

図9 平板の貯蔵弾性率（引っ張りモード）

4.4 抄紙シートへの応用

　以上，焼結成形による固体状態での材料物性を述べたが，ハイブリッドパルプ材から得た，抄紙物においても上記特性が発揮される。パルプは，フィブリッドとも称される開繊した状態に近い屈曲した形状を有する微繊維であり，繊維間の絡み合いにより，耐熱性，寸法安定性に優れる抄紙物となる。基本的には，ハイブリッドパルプの水分散液から慣用の抄紙設備を用いてシート状に加工可能であり，他の繊維質との混抄も自在である。

第1章　新しい無機・有機ハイブリッド材料開発とその用途

　純ナイロンのパルプから得た抄紙シートは，ガラス転移温度を越える温度域において，弾性率が一桁以上低下してしまうが，ハイブリッドの抄紙シートでは，こうした熱的な特性変化が大きく抑制され（図10），また水に浸積後のシートの強度低下も少ないことが判明した（図11）。

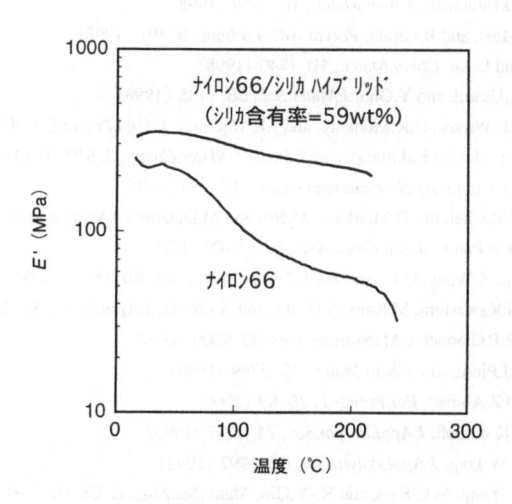

図10　抄紙シートの貯蔵弾性率（引っ張りモード）

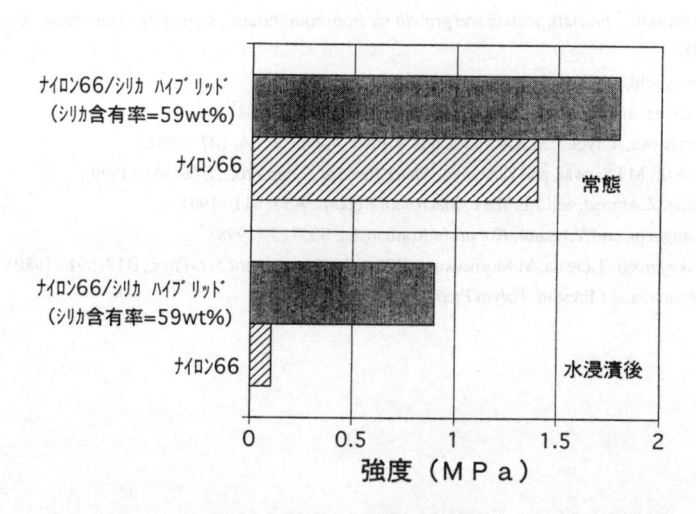

図11　抄紙シートの引っ張り強度

文　献

1) A.Usuki, M.Kawasumi, Y.Kojima, A.Okada, T.Kurauchi, O.Kamigaito, *J.Mat.Res.*, 8, 1174 (1993)
2) S.Idemura, and K.Haraguchi, *Polym.Prepr. Jpn.*, 46, 2835 (1997)
3) Z.Wang, and T.J.Pinnavaia, *Chem.Mater.*, 10, 3769 (1998)
4) T.Srikhirin, A.Moet, and B.Lando, *Polym.Adv.Technol.*, 9, 491 (1998)
5) K.A.Carrado, and L.Xu, *Chem.Mater.*, 10, 1440 (1998)
6) K.Haraguchi, Y.Usami, and Y.Ono, *J.Mater.Sci.*, 58, 1135 (1998)
7) J.L.W.Noell, G.L.Wilkes, D.K.Mohanty, and J.E.McGrath, *J.Appl.Polym.Sci.*, 40, 1177 (1990)
8) A.Morikawa, Y.Iyoku, M.Kakimoto, and Y.Imai, *J. Mater.Chem.*, 2, 679 (1992)
9) R.Tamaki, and Y.Chujo, *Appl.Organomet.Chem.*, 12, 755 (1998)
10) C.Perruchot, M.M.Chehimi, D.Mordenti, M.Bri, and M.Delamar, *J.Mater.Chem.*, 8, 2185 (1998)
11) W.T.Von, and T.E.Patten, *J.Am.Chem.Soc.*, 121, 7409 (1999)
12) S.Wang, C.Long, X.Wang, Q.Li, and Z.Qi, *J.Appl.Polym.Sci.*, 69, 1557 (1998)
13) N.Hasegawa, M.Kawasumi, M.Kato, A.Usuki, and A.Okada, *J.Appl.Polym.Sci.*, 67, 87 (1998)
14) R.A.Vaia, and E.P.Giannelis, *Macromolecules*, 30, 8000 (1997)
15) Z.Wang, and T.J.Pinnavaia, *Chem.Mater.*, 10, 3769 (1998)
16) M.I.Sarwar, and Z.Ahmad, *Eur.Polym.J.*, 36, 89 (2000)
17) N.-H.Park, and K.-D.Suh, *J.Appl.Polym.Sci.*, 71, 1597 (1999)
18) D.C.Lee, and L.W.Jang, *J.Appl.Polym.Sci.*, 68, 1997 (1998)
19) Y.Wei, D.Jin, C.Yang, M.C.Kels, and K.-Y.Qiu, *Mater.Sci.Eng.*, *C*, C6, 91 (1998)
20) Y.Chen, and J.O.Iroh, *Chem.Mater.*, 11, 1218 (1999)
21) K.Haraguchi, Y.Usami, K.Yamamura, S.Matsumoto, *Polymer*, 39, 6243 (1998)
22) Paul Meakin, "*Fractals, scaling and growth far from equilibrium*", Cambridge Univ.Press (Cambridge) (1998)
23) K.Haraguchi, and K.Kubota, to be submitted.
24) C.-Y.Jiang, and J.E.Mark., *Makromol.Chem.*, 185, 2609 (1984)
25) A.Morikawa, Y.Iyoku, M.Kakimoto, and Y.Imai, *Polym. J.*, 24, 107 (1992)
26) K.M.Asif, M.I.Sarwar, and Z.Ahmad, *Mater.Res.Soc.Symp.Proc.*, 576, 351 (1999)
27) S.Wang, Z.Ahmad, and J.E.Mark, *Macromol Reports*, A31, 411 (1994)
28) K.Haraguchi, and Y.Usami, *Kobunshi Ronbunshu*, 55, 715 (1998)
29) M.Takayanagi, T.Ogata, M.Morikawa, and Y.Aoki, *J.Macromol.Sci.-Phys.*, B17, 591 (1980)
30) S.Idemura, and J.Preston, *Polym.Prep.Jpn.*, 44, 2013 (1995)

第2章　コロイダルシリカとイソシアネートの反応と応用

藤本恭一[*1]，横地陽子[*2]

1　はじめに

コロイダルシリカは，塗料材料として多く用いられている。また，有機塗料の塗膜改良のための添加剤としての用途も多い。ここではシリカ粒子皮膜を形成する方法として，コロイダルシリカとポリイソシアネートの反応を用いる例を紹介したい。コロイダルシリカは通常は水中に分散されているが，用途によっては各種の有機溶剤に分散されて供給される。最初に，この有機溶剤分散のシリカゾルとポリイソシアネートの反応と応用を上げ，次に水分散シリカゾルとポリイソシアネートの反応と応用を取り上げる。以下はコロイダルシリカとポリイソシアネートの反応を実際に製品としているものを説明する。

2　コロイダルシリカについて

一般に，負に帯電し水中に分散した無定型シリカのことをいう。粒子の表面はSiOH基および-OHイオンが存在し，アルカリイオンにより電気二重層を形成している。粒子径は一般的には10 mμから20mμであるが，大きく1000mμのものも作製されている。分散液は水であるが，アルコールに置換した系などの有機溶剤タイプもある。ここで取り上げるのはキシロール置換のコロイダルシリカである。

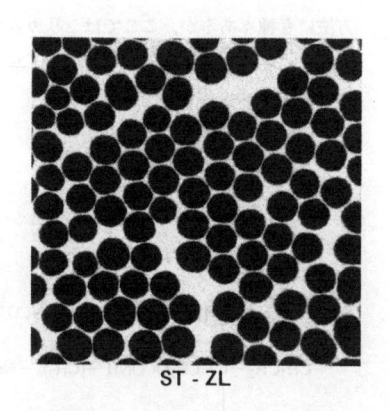

ST - ZL

写真1　コロイダルシリカSEM写真

---

* 1　Kyoichi Fujimoto　㈱常盤電機　新素材事業部　研究室　主任研究員
* 2　Yoko Yokochi　㈱常盤電機　新素材事業部　技術グループ　無機合成担当

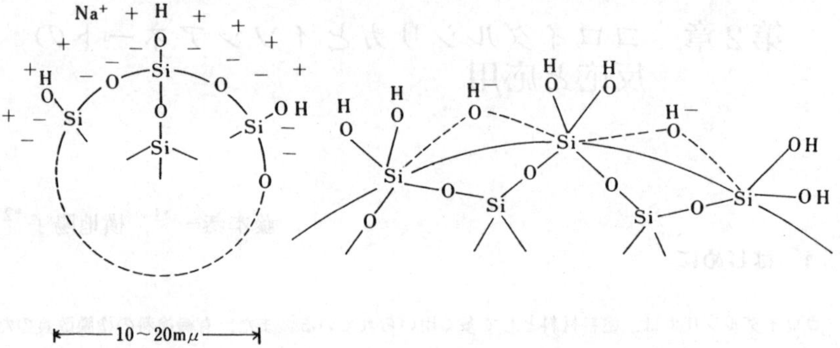

図1　コロイダルシリカ表面状態図

3　ポリイソシアネートについて

ポリイソシアネートはTDI，HDI，IPDI等の様々なタイプがあるが，ここで使用したものはTDI系およびHDI系である。また硬化の方法にも種々あるが，ここではシリカ表面のOH基をその目標とするためにTDI系とブロックタイプを使用する。

TDI系

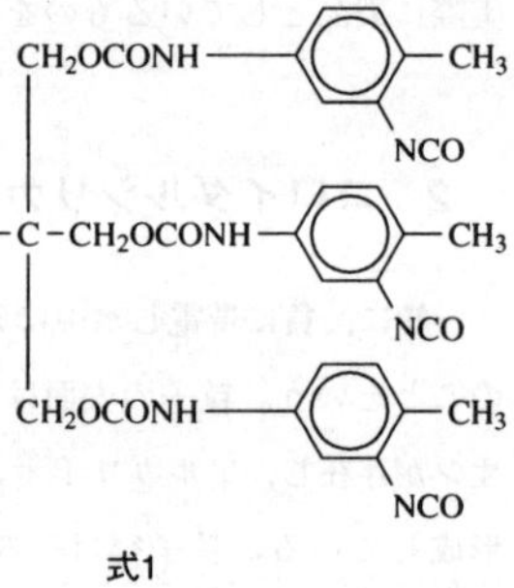

式1

HDI系

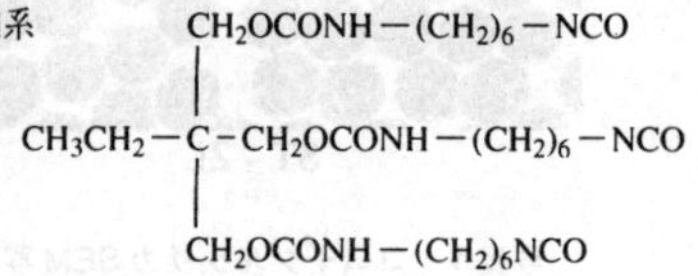

式2

HDI系

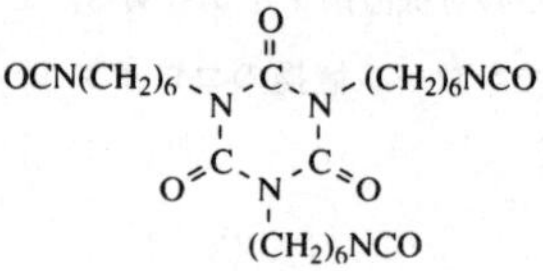

式3

4　HDIポリイソシアネートとの直接反応

ポリイソシアネートを有機溶剤分散シリカゾルと混合すると，副成物のCO_2を発生する反応ゲル体となる。その乾燥皮膜は脆く，塗膜としての強度と硬度を有しない。その反応はシリカゾルの形態によって種々考えられるが，キシロール分散シリカゾルの場合は付着水との反応，また分散媒助剤のアルコールとの反応が考えられる。

$$
\begin{array}{ll}
\text{水酸基との反応} & \text{R－NCO＋HO－R'} \longrightarrow \text{R－N(H)－C(=O)－O－R'} \\
\text{水との反応} & \text{R－NCO＋H}_2\text{O} \longrightarrow \text{〔R－NH－COOH〕} \\
& \text{〔R－NH－COOH〕} \longrightarrow \text{R－NH}_2\text{＋CO}_2 \\
& \text{R－NCO＋H}_2\text{N－R} \longrightarrow \text{R－N(H)－C(=O)－N(H)－R} \\
\text{アルコールとの反応} & \text{R－NCO＋R'－OH} \longrightarrow \text{R－NHCOO－R'} \\
& \longrightarrow \text{R－N(COO－R')－CONH－R}
\end{array}
$$

式4

イソシアネートの反応性において，速度的に遅いものを選択することでシリカゾルとの皮膜を形成することができる。TDIアダクトのポリイソシアネートを用いた場合は非常に反応が速く，CO_2の発生と共に得られる皮膜は脆く使用に耐えられない。しかし，HDI系を用いた場合は皮膜の脆さが改善される。この場合の皮膜の乾燥には，前記に対して10倍の時間を要している。反応自体に相違はないと考えられるが，その塗膜の皮膜の透明性からは発生するCO_2が揮発したための皮膜の改良と考えられる。ただ，塗膜の物性に差が認められるものである。

20ミクロンから30ミクロン厚さの実用的なシリカ皮膜を得るための混合の割合は，シリカ粒子（固形分）に対してイソシアネートが37％以上が必要である。これ以下の場合は皮膜を形成することができず，シリカ粒子が剥離脱落する。また，NCO基の含有率はTDIアダクトが13％，HDIアダクトは16.5％であるが，含有率では皮膜形成の差は認められない。

このようにHDIアダクトを使用することで皮膜形成が可能になるが，しかしその皮膜はまだシリカ粒子皮膜として十分な強度が得られない（鉛筆硬度1H以下）。これは皮膜の強度低下がイソシアネートと溶液中のアルコールや水との反応のみでなく，塗布後の塗膜乾燥中にシリカゾルが凝集ゲル化し皮膜をポーラスにしていることが原因と考えられる。シリカゾルとポリイソシア

表1 活性水素化合物とフェニルイソシアネートの反応速度

活性水素化合物	構造	速度定数*	相対速度
n-ブチルカルバニレート	RNCOR′ (H, ∥O)	0.02±0.02	1
n-ブチルアニリド	RNCR′ (H, ∥O)	0.28±0.05	14
ジフェニルウレア	RNCNR (H H, ∥O)	1.48±0.60	74
n-酪酸	RC–OH (∥O)	1.56±0.33	78
水	H–OH	5.89	295
n-ブタノール	R–OH	27.5	1375

* $k \times 10^4$ l/mole sec.　ジオキサン中80℃　反応モル比1:1
Morton *et al.*, "Degradation Studies on Condensation Polymers" US Dept. of Commerce Report PB-131795 March 31, 1957

ネートの溶液の溶媒が揮発していく過程で濃度が上昇すると，シリカゾルがゲルして脆い皮膜の構造となる。しかしその問題は両極性を有する高沸点溶媒（ブチルセロソルブ等）を添加することによって解決することができる。

固形分30％のシリカゾル100重量部と溶液中で反応を起こさせないための固形分75％のブロックタイプイソシアネート25重量部の混合液で，シリカの安定化剤にn-ブタノールを5重量部用いた混合溶液を，液温25℃で放置乾燥させたところ77％重量でゲル化した。これは元の溶液（固形分37.9％）の溶剤分の約63％に当たる。また，上記の組成でブタノールをブチルセロソルブに変えたところ60％でゲル化した。これは同36％に当たる。このように溶液を基板に塗布してから乾燥皮膜が形成する前にシリカゾルの安定剤が早期に揮発してしまう場合は，シリカゾルのゲル化が起こり皮膜の強度が上がらない。このようにして形成された皮膜はシリカ粒子皮膜としては満足できないものであるが，高温（170℃程度）での処理によりそのポーラスな構造を変更して強度を上げることができる。TDI系を使用した皮膜は鉛筆硬度で3HにHDI系を用いた場合は5Hまでそれぞれ向上するが，後で述べるブロックタイプのイソシアネートを用いたほどは向上しない。

第2章　コロイダルシリカとイソシアネートの反応と応用

表2　ゲル化の組成表

	固形分	固形分比率	ゲル化
シリカ	42.70	37.9	37.9
イソシアネート	26.25		
キシロール	106.05	62.1	39.1
n-ブチルアルコール	7.00		
合計	182.00	100.0	77.0

	固形分	固形分比率	ゲル化
シリカ	42.70	37.9	37.9
イソシアネート	26.25		
キシロール	106.05	62.1	22.1
ブチルセロソルブ	7.00		
合計	182.00	100.0	60.0

5　ブロック型での反応

コロイダルシリカとの反応にイソシアネート末端のNCO基をブロックしたものを使用すると良好な皮膜を形成できる。ここで使用したものはNCO基の含有率が11.6%で，末端をε-カプロラクタムでブロックし140℃から144℃で可逆的に解離するものである。

ブロック型イソシアネートの解離

$$R-OH + R_1-NCO \underset{\Delta}{\rightleftharpoons} R-O-\underset{\underset{O}{\|}}{C}-\underset{\underset{H}{|}}{N}-R_1$$

式5

皮膜を得るための混合の割合は，上記の非ブロックタイプと同様である。シリカ粒子比で35%を切るとシリカ粒子が剥離脱落する。加熱乾燥が必要であるが，170℃での加熱でクラックが入らないためには，シリカ粒子比で50%以上のイソシアネートが必要である。その場合170℃以上の加熱により9Hの表面硬度が得られ，且つ塗布基板である鋼板の折り曲げ加工に耐える。このように皮膜の形成が良好なのは，100℃以下の低温でイソシアネートとアルコールまた水との反応が起こらないからと考えられる。この点はシリカゾルの代わりにセピオライトを使用した場合も同様の現象が起こる。

セピオライトは300g/m²程度の表面積を有するが，150℃の加熱によって10%重量比の水分を放出する。乾燥中に100℃から150℃に至る時点でCO_2の発生を伴う反応が起こるが，ブロックタイプのイソシアネートの場合はこれが起こらない。この皮膜の破壊と脱落はセピオライトの水分との尿素反応と考えられる。前記で用いたキシロール分散シリカゾルは安定助剤にアルコールを使用しているが，セピオライトの場合はその必要がない。結果は写真の通りであるが，ポリイソシアネートに非ブロックタイプを用いたものはCO_2の発生により皮膜が破壊されて脱落するが，ブロックタイプでは150℃以上で反応をすすめるとセピオライトの良好な厚膜皮膜（100μ程度）を得ることができる。

写真2　セピオライト皮膜

同様のことはコロイダルシリカにおいても起こり，100℃程度の加熱によって塗布後の塗膜が白濁するのがみられる。これはシリカゾルの乾燥ゲルが150℃付近をピークとして付着水の揮発による5%の重量減少が起こることからと考えられる。したがってNCO基をブロックしたポリイソシアネートはシリカゾルのシリカ皮膜形成に有効であると考えられる。NCO基をε-カプロラクタムでブロックしたものは140℃からブロックを解離するため，シリカ粒子の安定剤のアルコールと反応しないばかりか，シリカゾルの付着水の揮発に影響されないために良好な皮膜となるものである。

ただし，塗装後の乾燥による塗膜濃度の上昇はシリカゾルのゲル化を招くので十分な注意が必要である。実際には150℃程度の加熱では5H程度の硬度しか得られない。これは有機系の塗料

第2章　コロイダルシリカとイソシアネートの反応と応用

としては高い値だが，シリカ粒子としてはその特性を発揮できていない。これはシリカゾルの比率を増しても同様であるので皮膜の構造に問題があるものと考えられる。

6　二段反応による形成

　皮膜の粒子分布が不均一な欠点は，溶液中でシリカ粒子をポリイソシアネートと反応させて粒子径を成長させることで解決できる。液中での反応が均一であることは皮膜のSEM写真によって確認できる。

　写真3，4のブロックイソシアネートタイプが100℃辺りの反応を避けて水分の放出をさせた後のものであるのに対して，この場合は二段反応ではイソシアネート量の約25％から75％範囲のイソシアネートをシリカ表面と液中で反応させている。当然最初にシリカの凝集が起こるが，それはブロックイソシアネートタイプに比べて2倍から3倍の粒子径に止まり，しかも均一な分散液となる。この場合は，ポリイソシアネートのNCO基の反応はHDI系よりTDI系の比較的に速い方が均一な凝集には有利である。

　粒子径の違いは皮膜を形成する場合にも現れる。曲げと硬度のバランスがとれたブロックタイプでの反応ではシリカ粒子に対して60％であるが，同じ皮膜を得るための二段反応体では37％となり，皮膜中のシリカの比率を上げることができる。これは皮膜の構造上の違いと考えられる。

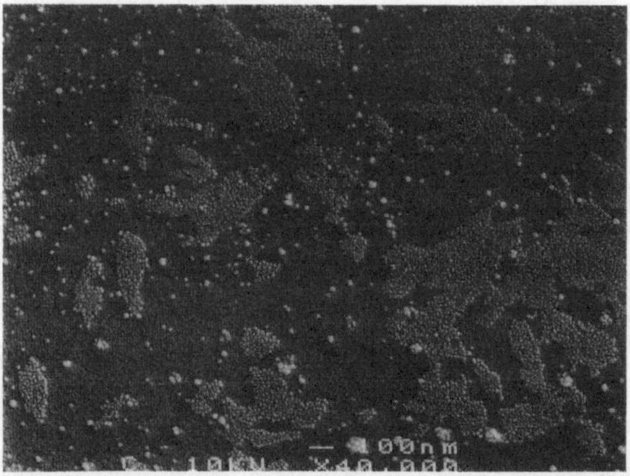

写真3　ブロックタイプの乾燥皮膜

写真4　二段反応の乾燥皮膜

温度特性グラフ

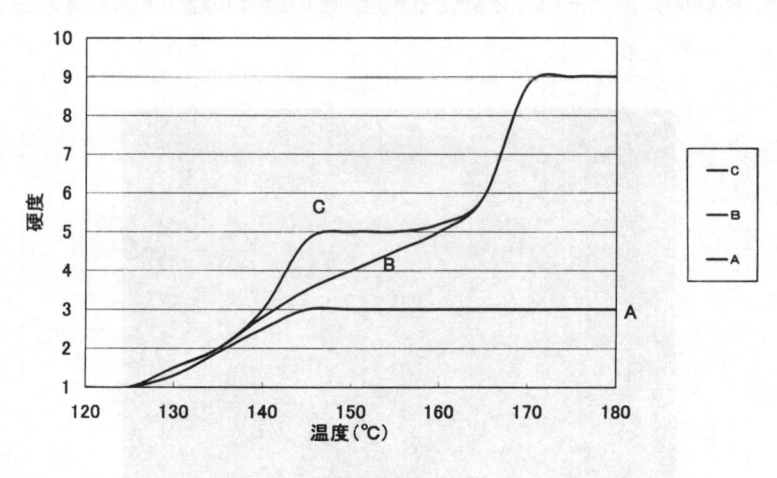

図2　加熱温度と硬度

A：HDI非ブロックタイプ
B：HDIタイプ
C：2段反応タイプ（TDI＋ブロックHDI）

第2章　コロイダルシリカとイソシアネートの反応と応用

7　皮膜の違い

　非ブロックイソシアネートタイプの反応では得られた皮膜は表面硬度が5Hまでとなる。同量の比率で比較した場合，鋼板に形成された皮膜を9Hが得られるまで加熱するとブロック型のも

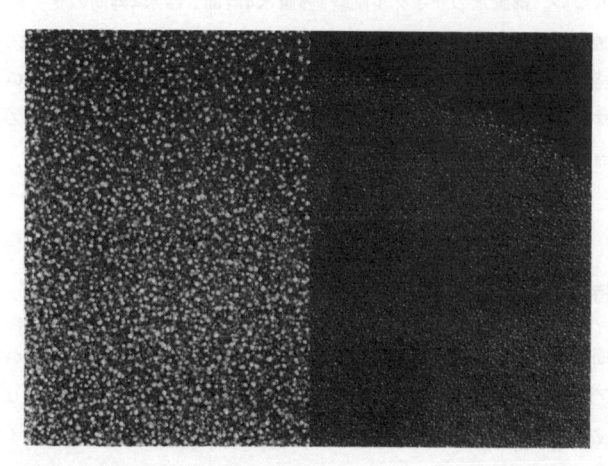

写真5　粒子径の違い
（左：二段反応　右：ブロックHDIタイプ）

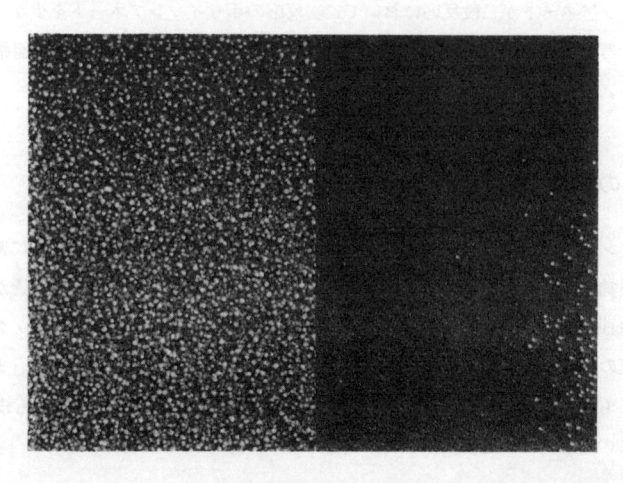

写真6　表面クラックの違い
（左：二段反応　右：ブロックHDIタイプ）

のは皮膜の一片が50nmから100nmの断片となるような細かいクラックが発生する。一方，二段反応体ではシリカ粒子間に隙間が発生するが，明瞭な皮膜のクラックは認められない。ブロックイソシアネートタイプの場合は，この断片面積が大きくなると皮膜自体が剥離脱落する。

　ブロックタイプと二段反応では，形状に断片とシリカの隙間という違いがあるものの強度での違いは認められない。沸騰水のサイクル試験（沸騰水4時間，冷水4時間のサイクル試験）でも，クラックに浸透した水による皮膜の脱落はみられない。これは有機塗料（メラミン，アクリル，エポキシ）の皮膜と比較した場合でも優れている。ただし皮膜表面の親水性に違いが認められるため，表面に露出しているシリカが二段反応の場合の方が大きいものと考えられる。またシリカ粒子の分布においてはブロックイソシアネートタイプではばらつきがみられるが，二段反応では皮膜全体で均一である。

8 表面特性の違い

　シリカは表面に多くの親水基を有するために，皮膜表面を親水性に保つことができる。非ブロックイソシアネートタイプの単純な混合系では，親水性を確保するためにはシリカ分が皮膜全体の65％以上必要である。その時の濡れ角度は30度である。この値はブロックイソシアネートを使用した場合は困難であるが，二段反応を利用することで得ることができる。ポリイソシアネートの比率がシリカに対して50％を切るところから表面がシリカの親水性に転じていく。これはポリイソシアネートが二段反応において二次反応のポリイソシアネートを少なくできたためであり，また写真5，6の通りシリカ粒子が表面に均一に並び結果的に大きな表面積を得るためと考えられる。

9 皮膜の密度の向上

　コロイダルシリカとポリイソシアネートの反応によって形成された皮膜は非常に密度の高いものとなる。視覚的にはクラックや隙間の発生が見られるが，実際には汚れ等の浸透が遅いものとなる。特に表面硬度が9Hとなるように170℃以上で加熱したものは，表面クラックの発生にも関わらず皮膜の収縮によるシリカの密度が高いことにより有利な特性が得られる。また耐薬品性試験においても良好な特性が得られ，5％塩酸水溶液に240時間浸漬した場合でも皮膜の剥離を起こさないものとなっている。

第2章　コロイダルシリカとイソシアネートの反応と応用

10　耐熱特性

　シリカ粒子による皮膜は耐熱特性にもすぐれている。下記のグラフは塗装基板を180℃で連続加熱した塗膜劣化の状態である。シリカ粒子皮膜は180℃での長期の使用に十分耐えることができるものとなっている。

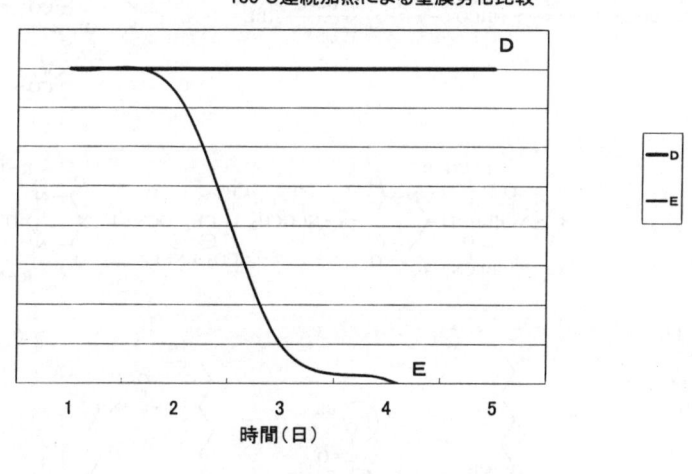

180℃連続加熱による塗膜劣化比較

図3　連続加熱
D：2段反応型シリカイソシアネート塗料
E：メラミン樹脂塗料

11　水系での反応

11.1　コロイダルシリカについて

　粒子径が10mμから20mμのコロイダルシリカから1000mμのものまで各種ある。また，形状も球状から棒状または鎖状まで各種作製されている。

11.2　水溶性ポリイソシアネート

　溶剤型のイソシアネートに親水性基を導入したもの，あるいは溶剤型のブロックイソシアネートに親水基を導入して水分散を可能としたもの，例えばHDIトリマーをオキシムで部分保護しカルボキシル基を導入したような製品がある。下記は住友バイエル社の資料によるものである。

アニオン性　　　水性
ブロックイソシアネート　エポキシ樹脂

式6

12 反応

ポリイソシアネートの選択によって穏やかな反応を得ることができる。粒子径による反応の差は，特に粒子径が大きいものほど皮膜は良好となる。塗料としての問題点は溶剤の項でも述べた通り，シリカゾルの水溶液中での安定破壊によるゲル化である。これが塗布されて塗膜が乾燥の

第2章　コロイダルシリカとイソシアネートの反応と応用

過程で起こりやすい。原因はやはり濃度の上昇によるゲル化であると考えられる。これも有機溶剤型のシリカゾルの場合と同様の手法をとって皮膜を形成することができる。ただし，有機溶剤型に比べてシリカゾルが非常に不安定であるので皮膜の乾燥中のゲル化に注意が必要である。

　溶液中の安定また塗布直後の皮膜中での安定には，事前に水溶液中でポリイソシアネートとコロイダルシリカを反応させておく必要がある。その反応比率はイソシアネート分に対して30%から50%が適当である。シリカの硬度を生かすにはシリカとイソシアネートの比率を100：50にする必要がある。イソシアネートがこれ以上であるとシリカ粒子の硬度が発揮できず，またシリカ比率が高まるとシリカゾルが部分的にゲル化して塗膜の白濁または脱落を発生する。

13　塗料としての応用

　このようにコロイダルシリカとポリイソシアネートを使用したシリカ粒子皮膜は，一般の有機塗料から得られる皮膜に対して特徴的である。実際の用途例としては，親水性塗料として，あるいはその高い硬度を利用した耐擦傷性塗料として用いられているが，今後は特に溶剤分散タイプから水分散タイプへの転換が進むものと思われる。

第3章　ナノコンポジットナイロンの生成と材料物性，その用途

若村和幸[*1]，藤本康治[*2]

1　はじめに

エンジニアリングプラスチック（エンプラ）の開発過程を振り返ると非常に興味深い規則性があることに気付く。それは，シーズとしてのポリマーの開発と，それに引き続く，ニーズに応えるための複合技術の大きな周期的流れである。

歴史的には，まずシーズである5大汎用エンプラの登場があり，次いで，それらをベースとした複合技術－種々のフィラーを充填することにより，ニートポリマーを高性能化する－が発達した。金属材料代替をエンプラの本命とするならば，複合化により得られる高い機械物性と耐熱性は市場のニーズに応えるものであり，これによってエンプラの用途は大きく拡大した。一方，耐熱性という観点からはスーパーエンプラを忘れるわけにはいかない。しかし，その登場が業界，市場に大きなインパクトを与えたにもかかわらず，その後の展開は遅れている。これには，コスト高，加工性の悪さ，市場が限られている点等，よく挙げられる理由以外にも，絶えざる開発により高性能化してきた汎用エンプラ系複合材料の存在も大きく影響を及ぼしている。

次に，多様化する市場のニーズに応えるべく登場したのは，アロイ技術－既存材料を組み合わせてニートポリマーの持つ欠点を補完し，多様特性を付与する－である。これは，市場が要求する高度な性能，例えば耐熱性と易成形性，あるいは高衝撃性と高剛性といった相反する特性には，単一ポリマーでは対応できなくなってきたからである。これら複合技術とアロイ技術は，前者が無機・有機の複合化であるのに対し，後者が有機・有機の組み合わせである点で異なるが，広い意味では複合技術としてまとめることができるであろう。

このようにエンプラの発展過程をたどるとき，今後の材料開発の方向として何らかの複合材料化は避けて通れず，その意味で，時代はさらに新しい複合技術の登場を潜在的に求めていると思われる。そして今，新たな技術的アプローチの一つとして注目されているのが，「ナノコンポジット」の概念である。無機・有機，有機・有機を問わず，従来の複合技術の構造制御範囲がマイク

---

*1　Kazuyuki Wakamura　ユニチカ㈱　機能樹脂事業本部　樹脂開発技術部　主席

*2　Koji Fujimoto　ユニチカ㈱　機能樹脂事業本部　樹脂開発技術部

第3章　ナノコンポジットナイロンの生成と材料物性，その用途

ロメートル（μm）オーダーであったのに対し，「ナノコンポジット」はナノメートル（nm）オーダー，すなわち分子レベルでの複合化を目指している。分子レベルでの複合化によって，より均質で性能上の欠点が少ない理想的な複合材料が期待できるのである。

その先鞭を切り，工業的に実用化されたのがナイロン系の「ナノコンポジット」であり，その基本概念は1975年にユニチカにより提案され[1]，その後1990年に豊田中央研究所／宇部興産[2]，1995年にユニチカ[3]がそれぞれ企業化に成功した。しかし学術的見地も含め，材料としての可能性には未知な点が多く，その開発はまさに緒についたばかりである。今後の応用展開は，この新しい複合技術が市場のニーズにどれだけ応えられるかに負うところが大きいが，その技術的ポテンシャルはエンプラのさらなる発展の原動力になりうると考えられる。

本稿では，ユニチカの開発したナノコンポジットナイロン6の製造法やその材料物性を中心に，ナイロン系「ナノコンポジット」の製造法として国内各社が発表した幾つかの方法についても簡単に述べてみたい。

2　「ナノコンポジットナイロン」とは

まず初めに，本章で述べるところの「ナノコンポジットナイロン」とは，ナイロンマトリックス中にnmオーダーの微細な無機フィラーが均一分散された複合材料であると限定しておく。これは「ナノコンポジット」の概念が広く，分散相の大きさがnmオーダー次元である分散系[4]，として捉えられており，その実現には様々なアプローチが考えられるからである。

では，なぜ「ナノコンポジットナイロン」なのであろう？
まずフィラーの観点からは，微細フィラーを用いることによるマトリックスの補強効果の大幅な向上が予測される。これをエンプラの性能に翻訳すれば，本質的に不均質系である複合材料がもつ異方性やマクロ界面の問題が解消され，例えば，強度，剛性や耐熱性等に代表される力学特性の向上や少ないフィラー量で補強効果が発現することによる材料の大幅な軽量化等が期待される。しかし，従来のフィラーでは，せいぜいサブμmオーダーというサイズの問題と，再凝集を防ぎつつポリマー中に分散させることが難しいという問題を解決することができなかった。したがって「ナノコンポジット」を実現するには，微細フィラーとしてどのような物質を選択するか？およびどのようにして分子レベルでポリマー中に均一に分散させるか？を解決しなければならない。そして，まず前者の問題に対して無機層状珪酸塩，より正確には，その構成単位である珪酸塩シートの微細フィラーとしての適用可能性が検討されるようになったのは周知のところであろう。一方，後者の問題であるが，これには分散技術のみではなく，マトリックスとなるポリマーの選択の問題も関わってくる。我々の最終的な目標は，この層状珪酸塩の層構造を崩して

微細フィラーとしての珪酸塩シートを得ることにあるので，層間により大きな分子，極端に言えばポリマーを無数に挿入することができれば，それはもう「ナノコンポジット」である。一方，層間にモノマーを挿入し，そこで重合反応を進行できれば，これもまた最終的に「ナノコンポジット」が得られることになる。いずれの方法によっても，層構造の崩壊（これを劈開と呼ぶ）はすなわち微細フィラーのマトリックス中への分散につながるので，ポリマーの選択は重要な問題なのである。そこで，特に後者の立場から我々が注目したのが，ある種の層状珪酸塩が示す極性溶媒による膨潤能であり，例えば水中に層状珪酸塩を分散させると無限膨潤し事実上層構造が消失する点である。ここにマトリックスポリマーとしてナイロン，特にナイロン6が着目された理由の一つがある。ナイロン6の重合には触媒として水が用いられるので，ナイロンの重合反応系に層状珪酸塩を加えることにより，容易に「ナノコンポジット」が形成されないか？というのである。結果的には，層構造を崩すにはより高度な知見が必要であり，その開発には高いハードルを越えなければならなかったのであるが，「ナノコンポジットナイロン」は十分な性能を発揮し，「ナノコンポジット」という概念を広く世に知らしめることになった。では次節以降に，具体的に「ナノコンポジットナイロン」について，その製造法や性能を述べることにする。

3 「ナノコンポジットナイロン」の開発

「ナノコンポジットナイロン」の製造で重要なのは，膨潤性層状珪酸塩の選定とその前処理の方法，およびナイロンマトリックスと珪酸塩シートとの複合体の形成方法であり，主として後者の観点から大きくⅰ）重合法（モノマーを層間に挿入する）とⅱ）コンパウンド法（ポリマーを層間に挿入する）に大別することができる。重合法は，マトリックスポリマーの重合時に複合体も形成されるという工程的なメリットがあり，コストパフォーマンスに優れる。一方コンパウンド法は，従来の複合技術と同様の手法であり工程的なメリットはないが，マトリックスポリマー種の選択に自由度が高く，他のフィラーとのさらなる複合化等，工業的に有力な方法である。以下，これまでに発表されている種々の製造法について簡単に紹介する。

3.1 重合法
3.1.1 有機処理法

豊田中央研究所・宇部興産が採用している製造方法であり，予め有機処理された天然の層状珪酸塩であるモンモリロナイトを用い，ナイロンマトリックスの重合過程で「ナノコンポジット」を形成させるものである。この方法に関しては種々の報告[2, 5)]がなされているので詳細はそちらに譲ることにするが，モンモリロナイトの層間に存在するNaイオンは，アミノカルボン

第3章　ナノコンポジットナイロンの生成と材料物性，その用途

酸アンモニウム塩と水中で接触させることにより容易にイオン交換し(有機処理)，層間化合物を形成する。その後洗浄，濾別された有機化モンモリロナイトをナイロン6のモノマーである ε-カプロラクタム (CL) と混合すると，有機化モンモリロナイトはCLによって膨潤した状態でモノマー中に存在することになる。これを重合することにより，モンモリロナイトの層間でCLが開環重合し，それに伴い劈開が進行，最終的にシリケート層がナイロン6マトリックス中に分散した「ナノコンポジットナイロン6」が形成される。この方法は，「ナノコンポジット」の形成過程をステップバイステップで追跡できるため，学術的にも詳細に検討されており，「ナノコンポジット」の知名度を高めた点からも優れたものである。

3.1.2 *In-Situ*重合法 [3,6]

ユニチカが採用している方法であり，層状珪酸塩を有機処理することなしに，ナイロン6の重合工程の1段階のみで「ナノコンポジット」を形成させるものである。これは「微細フィラーの生成」，「マトリックスの生成」および「複合体の生成」という，複合材料を得るためのステップを1工程で行う方法であり，非常にシンプルで実用性の高い製造法と言える。この方法を実現するには天然の層状珪酸塩では難しく，シリケート層間の結合力(あるいは層状珪酸塩の膨潤能と言い換えてもよい)や初期粒子径等を自由にコントロールできる合成品を用いている。この最適化された合成層状珪酸塩は直接CLに混合され，これを特定の条件下で重合することにより「ナノコンポジットナイロン6」が得られるのである。

3.1.3 界面重合法 [7]

大日本インキ化学工業が最近提案している方法であり，酸クロリドとジアミンモノマーを含む反応溶媒(有機溶媒および水)中に，ヘクトライトやモンモリロナイト等の層状珪酸塩を共存させ，界面重縮合によりナイロン66を重合することにより，最終的に「ナノコンポジットナイロン66」が形成されるとされている。

3.2 コンパウンド法 [8]

国内では昭和電工が提案している方法であり，基本的には特定の有機物をインターカレーションした有機化層状珪酸塩をマトリックスとなるポリマーと溶融混練することにより「ナノコンポジット」を形成させようというものである。層状珪酸塩をオニウム基を有するアミノアルコール誘導体を溶解した水溶液に混合することにより得られる有機化層状珪酸塩の分散液を濾過洗浄後，乾燥し層間化合物を単離する。このものを例えばナイロン6，ナイロン66やポリアセタール等の熱可塑性樹脂とドライブレンドし，2軸押出機で溶融混練することで種々の「ナノコンポジット」材料ができると報告されている。

最近では本工程による製造法が各社から提案されているが，現在までに上市されているのは昭

和電工のシステマーのみである。

4 「ナノコンポジットナイロン」の生成過程

次に，ユニチカの「ナノコンポジットナイロン6」を例にとり，その生成過程を幾分詳しく説明する。

既に述べたように，本タイプの「ナノコンポジット」のキーマテリアルは，微細フィラーの集合体である膨潤性層状珪酸塩[9]であるが，その走査型電子顕微鏡写真を写真1に示す。その基本的な構造は図1に示すように，負に帯電した厚み1nmの珪酸塩シートと正電荷のナトリウムイオンなどが規則正しく層状に積み重なった結晶構造であり，全体としてμmオーダーの粒子を形成している。このような膨潤性層状珪酸塩の注目すべき特性は，珪酸塩シート間，すなわち層間に極性分子を取り込む点（膨潤能）と層間に存在するカチオンが他種のカチオンと容易にイオン交換する点（イオン交換能）にある。これら2つの特性により，膨潤性層状珪酸塩はその層間に種々のゲスト化合物を取り込む（インターカレーション）ことが可能となり，層間距離は様々に変わりうる。その極限は層間距離が無限大の場合であり，このとき層構造が消失し，nmオーダーの珪酸塩シートが生成する。ここで注目していただきたいのは，一枚一枚の珪酸塩シートは負電

写真1 膨潤性層状珪酸塩の走査型電子顕微鏡写真

第3章　ナノコンポジットナイロンの生成と材料物性，その用途

珪酸塩シート
（厚み：約1nm）

カチオン

膨潤性層状珪酸塩の特徴
・膨潤能
・イオン交換能

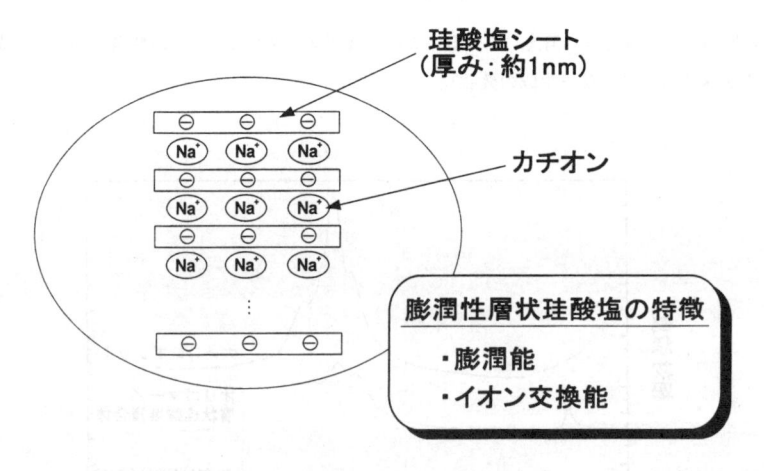

図1　膨潤性層状珪酸塩の構造模式図

荷を持っており，これを静電的にキャンセルすべきカチオンがない場合には電荷のアンバランスが生じる点である。この点を積極的に利用すると，例えば，極性基を有するポリマーをマトリックスとして選ぶことにより，フィラーとマトリックス界面の接着問題を解決できると共に，珪酸塩シート同士の静電的な斥力により再凝集を避けられる可能性も考えられる。

一般に層状珪酸塩の格子エネルギーは大きく，その結晶構造は1000℃程度の高温下でも安定であるが，前述した膨潤能とイオン交換能を利用することにより，その層構造を崩し，珪酸塩シート単位にまで剥離させることが可能となる。したがって「ナノコンポジット」を得るには，ポリマーマトリックス中に劈開後の珪酸塩シートを均一分散させることが必要となり，それをいかに実現するかが技術的な課題となる。

では，In-Situ法による「ナノコンポジットナイロン6」の生成過程を追跡してみる。この方法では，わずか数％の組成的に最適化された膨潤性層状珪酸塩をCLに直接配合した上でナイロン6の重合を行うことになるので，少なくとも見掛け上はナイロン6の重合過程を追跡するのと同じである。図2に，重合過程の反応生成物の広角X線回折図を示す。

まず，微細フィラーの形成過程を順次追ってみると，原料の膨潤性層状珪酸塩には，層間距離 (d_{001}) が9.6Åおよび12.5Åに相当する $2\theta=9.2°$ および7.1°の回折ピークが認められる。しかし，これら原料の初期構造に由来するピークは重合初期段階で消失し，新たに低角度側 $2\theta=4.3°$ にピークが出現する。これは $d_{001}=20.6$Åに相当し層間が若干拡がったことが確認できる。この中間状態は，層間にナイロン6オリゴマーがインターカレーションされたことに起因すると推測されるが，このピークも重合の進行に伴い徐々に減少し，重合完了時には原料の層構造に起

因する回折ピークは完全に消失している。これは微細フィラーとしての珪酸塩シートが生成したことを意味する（フィラー生成の確認）。

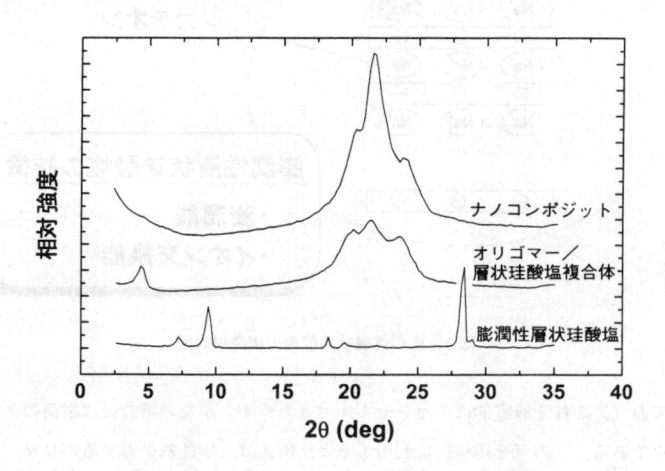

図2 *In-Situ*重合における反応生成物のX線回折図

一方，重合が進行すると現れる$2\theta = 20°～24°$はナイロン6の結晶構造に由来する回折ピークであり，重合の進行とともにその強度が大きくなっている。これはナイロン6の重合が問題なく進行していることを意味する（マトリックス生成の確認）。

写真2に，このようにして得られた複合体の透過型電子顕微鏡写真を示す。筋状に見えるのが珪酸塩シートの断面であり，厚み約1nmの珪酸塩シートがマトリックス中に数10nmに近接して，均一分散していることが観察された。また，観測される珪酸塩シートのサイズは数10nm程度であるので，この微細フィラーのサイズはナイロン分子と同じオーダーであり，すなわち分子レベルでの複合化を意味する（分子レベルでの複合体生成の確認）。

以上より，ナイロン6の重合過程で膨潤性層状珪酸塩が十分劈開することが確認でき，少なくとも構造上は，微細フィラーの均一分散系としての「ナノコンポジット」を形成させるという当初の目的は達成できたことになる。したがって次なる興味は，得られた分子レベルの複合体がいかなる性能を持つかになる。仮に物性上何ら特徴のないものであれば，それは狙うべき「ナノコンポジット」とは言えないからである。

第3章　ナノコンポジットナイロンの生成と材料物性，その用途

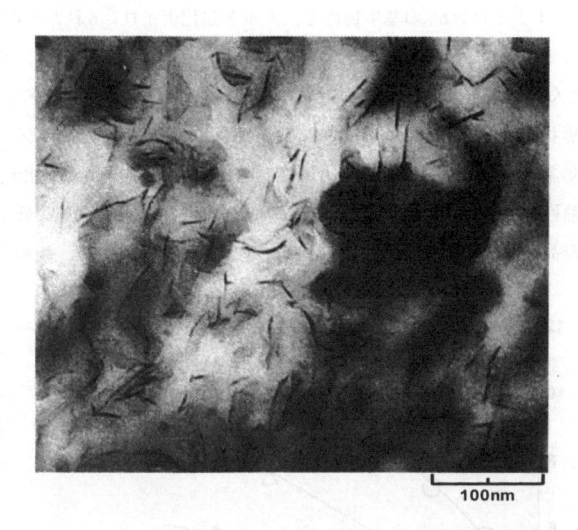

写真2　*In-Situ*重合法による生成複合体の透過型電子顕微鏡写真

5　「ナノコンポジットナイロン6」の特徴

　前節で見てきたように，*In-Situ*法で得られた分子レベルでの複合体は，構造上は「ナノコンポジット」である。生成した微細な珪酸塩シートのもたらす比表面積の増大とそれを均一に分散させることによる粒子間距離の短縮は，複合材料としての物性発現のための条件を満たしている。また，ナイロン6分子に含まれる極性基と珪酸塩シートとの静電的相互作用の存在も知られており[10]，界面の接着強度の問題もクリアしていると考えられる。では物性上の特徴は発現したのであろうか？　結論的には，種々の興味深い性能を有していたのである。その主な特徴を列挙すると下記のようになる。

・従来の強化材をはるかに凌ぐ補強効果（優れた強度，剛性）。
・成形加工性に優れる（高流動性，ハイサイクル性，低バリ性）。
・無機強化材による複合材料でありながら，フィルム化，繊維化が可能。
・ガスバリア性に優れる。
・環境にやさしい（再生利用，焼却可能）。
・他の添加剤，強化材との複合化が容易。

5.1 基本物性

「ナノコンポジットナイロン6」の基本物性を,タルク強化ナイロン6および非強化ナイロン6の物性と比較して表1に示した。タルクを重合時に4%添加したナイロン6は,非強化ナイロン6に比較してほとんど補強効果は認められず,むしろ,破断伸びが著しく低下している。一方,同じ量の膨潤性層状珪酸塩を用いて *In-Situ* 法により製造された「ナノコンポジットナイロン6」には著しい補強効果が認められ,コンパウンド法で製造された35%タルク強化ナイロン6と比肩しうる剛性,耐熱性を示した。しかし破断伸びはタルク強化ナイロン6同等に低下している。その補強効果を成形品の曲げ弾性率に注目して比較すると図3のようになり,極めて少量の配合量

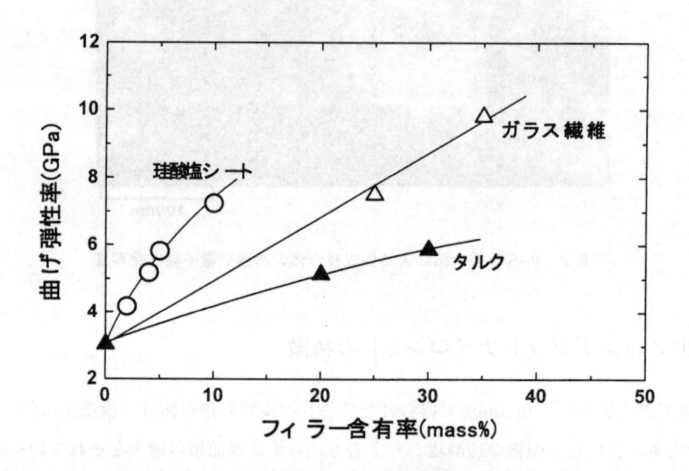

図3 珪酸塩シートの補強効果

表1 「ナノコンポジットナイロン6」の基本物性

			ナノコンポジット	強化ナイロン		非強化ナイロン
強化材	種類 配合量 配合法	mass%	珪酸塩シート 4 重合時添加	タルク 4 重合時添加	タルク 35 重合後添加	— — —
比重			1.15	1.15	1.42	1.14
物性	破断伸び 曲げ強さ 曲げ弾性率 DTUL(1.8MPa)	% MPa GPa ℃	4 158 4.8 152	4 125 2.9 70	4 137 6.1 172	100 108 2.7 70

・マトリックスは全てナイロン6
・絶乾時

第3章 ナノコンポジットナイロンの生成と材料物性，その用途

で著しい補強効果を発現することが明らかであり，「ナノコンポジットナイロン6」が，従来の複合材料の欠点の1つであった高比重の問題を解決したことが分かる。

5.2 結晶化特性

次に，「ナノコンポジットナイロン6」の結晶化挙動を図4，結晶化度を表2に示す。図4は，280℃で溶融させたポリマーを降温速度20℃/minで冷却した時の結晶化挙動を示したものである。「ナノコンポジット」の発熱ピークはタルク強化型や非強化型と比べて非常に鋭く，その結晶化速度が大きいことが分かる。これは射出成形に代表される溶融成形時のハイサイクル化が可能なことを意味する。一方，表2で認められる「ナノコンポジット」の高い結晶化度は，珪酸塩シートが結晶核剤として作用していることを示唆しており，前項で述べた機械物性等に影響を及ぼしていると考えられる。

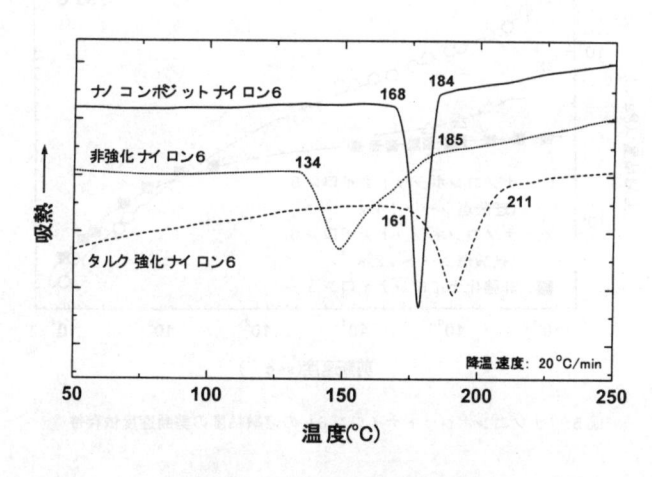

図4 種々のナイロンの降温結晶化挙動

表2 「ナノコンポジットナイロン6」の結晶化度

種類	添加材	結晶化度*
ナノコンポジットナイロン6	珪酸塩シート：2% 4%	40 45
非強化ナイロン6	—	27

* WAXD（ルーランド法）

5.3 溶融粘度特性

図5に,「ナノコンポジットナイロン6」の溶融粘度特性を示す。一般的なポリマーは非ニュートン流体であり,低剪断領域では溶融粘度が一定になる傾向にある。しかし,「ナノコンポジット」は,低剪断領域の溶融粘度が高くなっており,その傾向は配合量に応じ顕著になっている。しかし,高剪断速度領域では通常のナイロン6と同等の溶融粘度を有している。この挙動を射出成形時に付与されるポリマーの流動という観点から解釈すると,射出初期の高剪断域では優れた流動性を示し,射出後期の保圧時の低剪断域で高い溶融粘度を示すことになるため,流れやすく,バリが出にくい理想的な成形材料といえる。このような流動挙動もまた,微細フィラーとしての珪酸塩シートのサイズ,形態異方性(アスペクト比),マトリックス中での分散状態(濃度)および流動場における配向状態によって説明される。

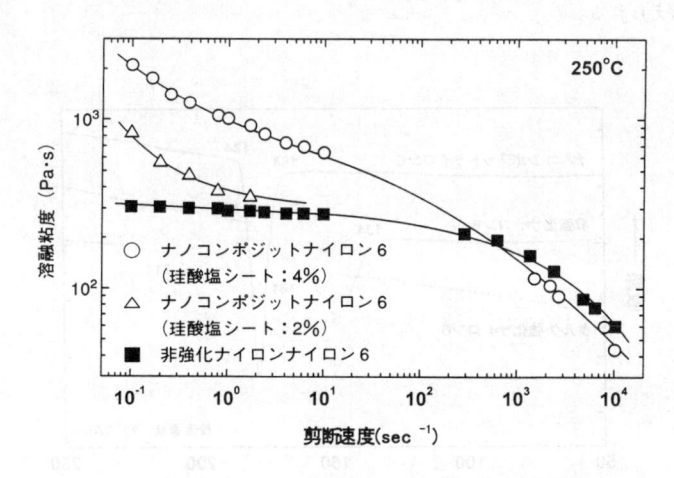

図5 「ナノコンポジットナイロン6」の溶融粘度の剪断速度依存性

5.4 バリア性

「ナノコンポジットナイロン6」のバリア特性を図6に示す。「ナノコンポジットナイロン」は,無機フィラーで複合化されているにもかかわらず,透明性の良いフィルムが得られる。そして,優れたバリア性を有している。このバリア性は食品包装用途にとって有用な性能である。このバリア性の発現機構はこれまでに述べてきたように,マトリックス中に非常に緻密な状態で珪酸塩シートが分散していること,その珪酸塩シートが板状結晶であり,これが製膜時にフィルム面と平行に面配向することによる[11]。

第3章　ナノコンポジットナイロンの生成と材料物性，その用途

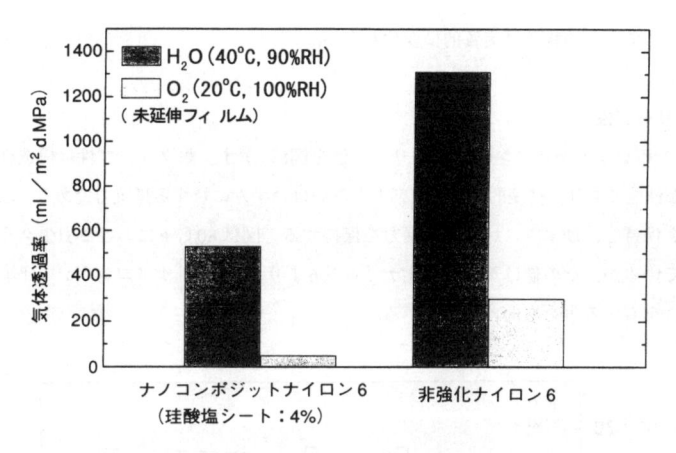

図6　「ナノコンポジットナイロン6」未延伸フィルムのガスバリア性

5.5　リサイクル性

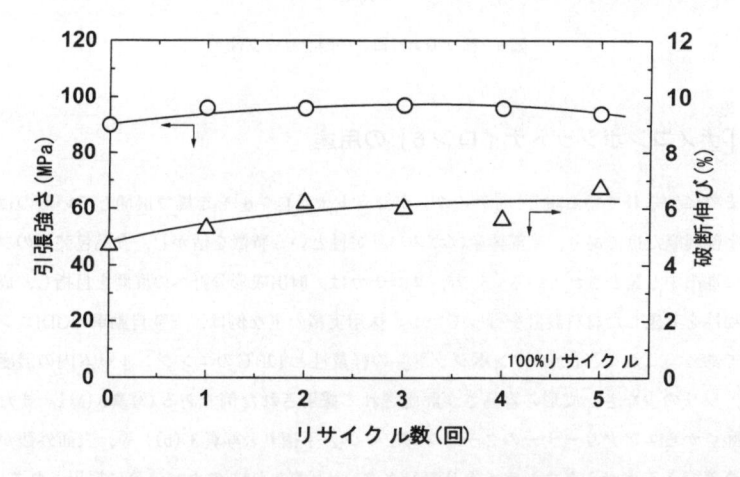

図7には，「ナノコンポジットナイロン6」のリサイクル性を示した。一般に，ガラス繊維強化型等の複合材料をリサイクルする場合，粉砕や射出成形過程におけるガラス繊維等の折損が避けられず，その結果，物性が低下する傾向にあり，通常はバージン材に30％程度ブレンドして使用されるのが一般的である。これに対して，「ナノコンポジット」は，珪酸塩シートが非常に微細であり，粉砕や成形等のマクロな機械的加工時における損傷の程度が小さく，100％リサイク

図7　「ナノコンポジットナイロン6」のリサイクル性

ルを繰り返してもその物性は実質的に変化しない。

5.6 耐クリープ性

「ナノコンポジットナイロン6」の耐クリープ性を図8に示す。耐クリープ性は構造材料にとっては重要な性能であり，持続的にかかる応力あるいはひずみに対する抵抗力である。応力に対しては形態を保持し，ひずみに対しては反力を保持する。図は80℃下における引張クリープ変形率を示しているが，その値はタルク強化ナイロン6よりも低く，「ナノコンポジット」が優れたクリープ性を有する事を端的に表している。

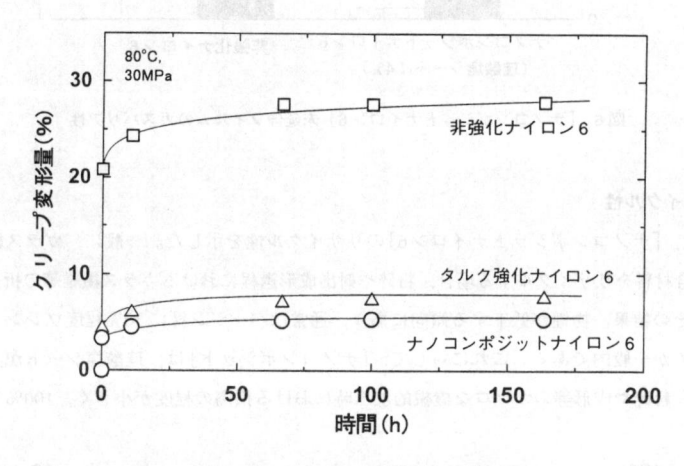

図8 種々のナイロンの耐クリープ性

6 「ナノコンポジットナイロン6」の用途

これまでに知られている限り，「ナノコンポジットナイロン6」を市場で展開しているのはユニチカと宇部興産だけであり，宇部興産はガスバリア性という特徴を活かし，食品包装用のフィルム分野に進出中と発表されている。一方，ユニチカは，射出成形分野への展開を目指し，成形性と機械物性を考慮した材料設計を行っている。採用実績の主な例は，三菱自動車のGDIエンジンカバーである。これは，「ナノコンポジット」の軽量性と120℃のエンジンルーム内の温度に耐える点，ソリの少なさ，成形の容易さが評価されて採用された例である（写真3(a)）。また，軽量性の観点からエアクリーナーのクーリングファン，手摺り（写真3(b)）等，表面外観が美麗であり蒸着できる点からダウンライトリフレクター（写真3(c)）のカバー等に採用されている。

第3章　ナノコンポジットナイロンの生成と材料物性，その用途

ユニークな用途としては，成形が容易で厚肉であってもヒケの無い点から包丁の柄(写真3(d))，染色性が高く，高剛性でかつ耐熱性が高い点から衣料用ボタンにも採用されている。

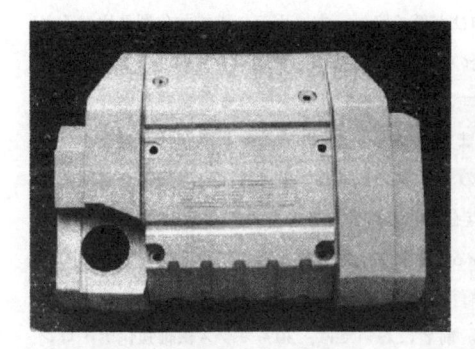

(a) GDIエンジンカバー　　　　　　　　(b) 手摺り

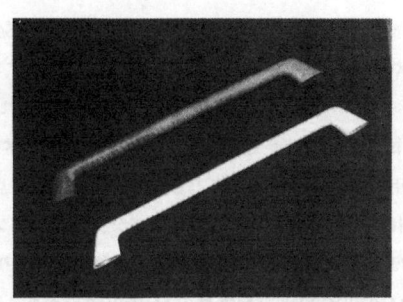

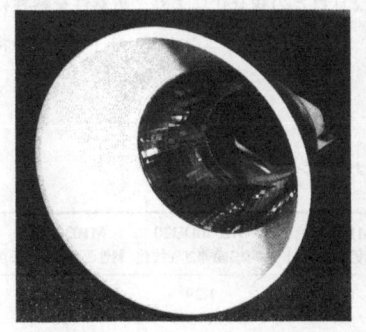

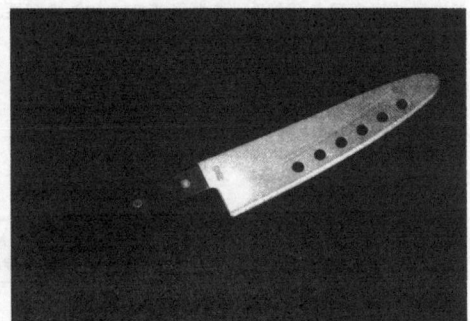

(c) ダウンライトリフレクター　　　　　(d) 包丁（柄の部分）
写真3　「ナノコンポジットナイロン6」の採用例

7　今後の展開

上述したように，「ナノコンポジットナイロン6」は，成形材料としての性能面では比強度，比剛性が大きいという特徴を有する一方，成形性の面では流動性が良く，バリが出にくく，固化が速く，リサイクル可能，また成形機，金型を損傷しないといった極めて有用な素材である。事実，これらの性能が認められた結果，その用途は徐々に拡がりつつある。しかし，冒頭で述べたように「ナノコンポジット」という材料は未だ誕生したばかりであり，これを使いこなすには市場のニーズに合致するような改良は避けて通れない。その意味で，あえて現段階での「ナノコンポ

51

ジットナイロン6」が持つ欠点に目を向けるのも大事なことであろう。

欠点という場合あくまで比較対象があるので，これを既存のナイロン樹脂の用途分野に限定して考えてみると，非強化分野とガラス繊維強化分野に二分されるのは異論のないところであろう。このとき，非強化ナイロンと比較すると破断伸びが低く脆い一方，ガラス繊維強化型と比べると強度，剛性面で不足している。したがって開発の方向性としては，例えばより靭性を上げる方向や繊維強化等が考えられる。これらは「ナノコンポジット」を，さらなる複合材料化のためのベースポリマーとして取り扱っている点でこれまでとは違う次元の話となるが，「ナノコンポジットナイロン6」がそのハンドリングの面で通常のナイロンと同様に扱えるという特徴が有利に作用しているのは言うまでもない。こうした欠点を補うための対策も含めて，表3にユニチカがこれまでに上市した「ナノコンポジットナイロン6」の物性一覧を示した。ベースグレードとしてはM1030Dとその高伸度型のM1030Bがあり，複合グレードとして20%ガラス繊維強化型のM1030DG20と高靭性型のM1030DT20がある。前者においては，30%ガラス繊維強化ナイロン6とほぼ同等の性能を20%のガラス繊維添加量で達成しており，軽量化，成形機に対するダメージの軽減等の利点がある。また後者では20%の靭性改良材との複合化により，耐熱性を犠牲にすることなく大幅な耐衝撃性の向上を果たしており，いずれも「ナノコンポジット」としての特徴を十分備えたものと考えている。

表3　ユニチカ「ナノコンポジットナイロン6」物性一覧表

		M1030D 標準グレード	M1030B 高伸度グレード	M1030DG20 ガラス繊維20%強化	M1030DT20 靭性改良材20%添加
比重		1.15	1.14	1.29	1.09
引張強さ	MPa	93	85	113	56
破断伸び	%	4	20	4	10
曲げ弾性率	GPa	4.5	3.7	8.2	2.8
IZOD衝撃強さ	J/m	45	40	49	154
荷重たわみ温度	℃ (1.8MPa)	152	120	195	153
	℃ (0.45MPa)	193	190	212	186

・絶乾時（23℃）

このように，「ナノコンポジット」は市場のニーズに応えるべく展開中であるが，一方では既存材料の置き換えという発想を脱却し，「ナノコンポジットナイロン」がもつ性能のバランスを積極的に利用できる分野を開拓していく必要もあると思われる。例えば，機能性繊維，チューブ，スパンボンド分野への可能性や負に帯電している珪酸塩シートの特徴を生かした電材用途のような機能材料の可能性も秘めている。また，「ナノコンポジット」を技術として見た場合，層状珪

第3章　ナノコンポジットナイロンの生成と材料物性，その用途

酸塩の劈開の制御，ポリマーマトリックス中での分散状態の制御，あるいは，層状珪酸塩以外の可能性等，まだまだ検討する課題は数多く残されている。その技術的課題は今後一層高度化していくであろうが，「ナノコンポジット」には，それに立ち向かうだけの価値と潜在的なポテンシャルがあると考える。

最後に，「ナノコンポジット」に携わる技術者としての我々の使命は，「ナノコンポジットナイロン6」の完成度の追求，可能性の探求にあると思われるが，この拙稿を通じ，より多くの方々が「ナノコンポジット」を含めたエンプラのさらなる発展，工業会の発展にご参加下されば，これに勝る喜びはないと考えている。

文　　献

1) 特公昭58-35211(ユニチカ)
2) 臼杵有光ら，高分子学会予稿集，39，2427 (1990)
3) 特開平6-248176(ユニチカ)
4) 例えば，a) 中條澄，プラスチックス，46，20 (1995)；b) 中條澄，プラスチックス，48，64 (1997)；c) 中條澄，プラスチックス，49，66 (1998) 等がある
5) 例えば，臼杵有光，岡田茜，プラスチックス，46，31 (1995) 等に手際よくまとめられている
6) 例えば，a) 安江健治，小島和重，片平新一郎，プラスチックス，47，100 (1996)；b) 片平新一郎，田村恒雄，安江健治，高分子論文集，55，83 (1998)；c) 藤本康治，吉川昌毅，科学と工業，74，86 (2000) 等がある
7) 出村智，原口和敏，高分子学会予稿集，46，2835 (1997)
8) 田村堅志，中村純一，プラスチックスエージ，45，106 (1999)
9) 「層状珪酸塩」に関する総説として，例えば，a) 古賀慎，"粘土とともに(粘土鉱物と材料開発)"，三共出版，東京 (1997)；b) 日本粘土学会編，"粘土ハンドブック"〈第2版〉，技報堂，東京 (1987) 等がある
10) A. Usuki, A. Koiwai, Y. Kojima, M. Kawasumi, A. Okada, T. Kurauchi, and O. Kamigaito, *J. Appl. Polym. Sci.*, 55, 119 (1995)
11) 藤本康治，吉川昌毅，片平新一郎，安江健治，高分子論文集，投稿準備中

第4章　無機・有機複合ラテックス薄膜の物性とその用途

倉地育夫*

1　はじめに

　高分子材料は，金属材料同様に重要な構造材料であり，人類が地球に誕生して以来着実に用途を広げてきた。脆弱で信頼性が低いと言われていたセラミックスも，1980年代のセラミックスブーム以降急激にプロセス技術とりわけ粉体調製技術が進歩し，それまで用いられていなかった動的部品で信頼性を要求されるエンジニアリング分野まで使用されるようになってきた。この20世紀の材料技術を構造材料について眺めてみると，モノリシック材料を適材適所に使いこなすことができるようになった時代，ということもできる。

　ビデオカメラ，デジタルカメラ，CD-ROMプレーヤーのピックアップなどに使用されるプラスチックレンズの市場拡大にみられるように，電磁気学的材料の一分野である光学機能材料として有機高分子の使用量が伸びてきている。また，ポリマー電池のような使用環境の厳しい機能材料分野にも有機高分子を使おうとする努力がなされているが，機能材料分野では金属やセラミックスなどの無機材料が圧倒的に多く使用されている。光学ガラスを用いると成型が難しい非球面レンズにおいて，耐久性の観点から見れば無機材料よりも劣る有機材料を使おうとするのは，有機高分子材料の特徴である成型の容易さを生かして，生産性の改善を図ることができるからである。すでに無機材料で達成された分野では，コストがアップし，耐久性も低く，さらに何の付加価値もつけずに有機高分子で置き換える努力は，学術的に意味を見出したとしても経済的見地からムダである。

　無機材料の機能性に着目し，有機高分子同様の経済性を達成するために無機・有機複合材料の研究や，無機材料を高分子の概念でとらえなおす無機高分子材料の研究が20世紀末に盛んになってきた。

　主鎖が炭素-炭素結合で構成される有機高分子に対して，炭素原子以外の原子で構成された高分子化合物群を無機高分子と総称するのも一般的になってきた[1]。無機高分子に関する研究は比較的早い時代から行われており，1960年代以降には著書[2]も出版され，今日まで数多くの研究

---

*　Yasuo Kurachi　コニカ㈱　MG材料システム開発センター　主幹研究員

第4章　無機・有機複合ラテックス薄膜の物性とその用途

がなされてきた。無機高分子については，研究者によりその定義が異なっているが，筆者はセラミックスまでも無機高分子に入れる立場である。一方狭義の無機高分子としてシリコーンポリマーや，ホスファゼンポリマー[3]などが知られているが，これらは分子内無機・有機複合材料という見方も時には必要で，無機高分子の中には，それ自身が無機・有機複合材料の形態をしているものもある。

本章で取り上げる無機・有機複合ラテックスの材料設計では，商品設計で必要な材料の機能を無機微粒子もしくは無機高分子で達成し，商品にこの機能を薄膜として形成するために有機高分子を利用するケースを紹介する。このようなケースでは，有機高分子はラテックスを用い，無機微粒子もしくは無機高分子は水に分散したゾルとして用いる。両者を混合後何らかの支持体に塗布し薄膜を形成する方法が，経済的にもまた昨今の環境重視の開発という視点において最も優れている。しかし現実は両者の混合時に沈殿が生じたり，最悪の場合には全体がゲル化し混合不能もしくはパイプがつまり次工程への輸送が不可能となったりする。コロイド溶液の実用化におけるコロイド化学特有の難しさである。本章では取り上げないが，若干の経済性や環境負荷を犠牲にしても力ずくで有機溶剤系の分散プロセスを用い無機・有機複合薄膜を製造する手段もある。1mm前後の薄膜であれば，バンバリーミキサー，ロールミキサーなどで混練り後シート化する方法もあるが，いずれの手段も，無機のゾルとラテックスから理想的に製造された薄膜よりも環境に対する影響，分散レベル，形成される高次構造の均一性などの点で劣る。

無機のゾルとラテックスから理想的に製造された無機・有機複合薄膜を製造するためには，塗布液の段階ですでに安定に制御されたコロイド溶液となっている必要がある。このようなコロイド溶液を達成するために，無機微粒子の表面を化学修飾する方法が考案され，さまざまな事例が研究開発[4]されている。

無機微粒子を化学修飾し，新たな粒子を合成した場合に生成する粒子の形態は，

(1) コアに無機微粒子を持ち，表面を有機高分子で被覆した，コアシェル型粒子。

(2) 無機微粒子が有機高分子マトリックス中に分散した，微粒子分散型微粒子。

(3) マトリックスが有機高分子で形成され，無機微粒子が表面から中心にかけ，あるいは中心から表面にかけて濃度分散をしている傾斜分散型微粒子。

などがあり，これらの微粒子を分散したコロイド溶液なども知られている。

カップリング剤などにより，無機微粒子表面の改質も可能であるが，いずれにせよ表面改質手段では，単純に2成分のコロイド溶液を混合する場合に比較してプロセスが増えることになる。プロセスが増えることを覚悟して，均一性の高い無機・有機複合薄膜を製造するか，無機化合物のゾルとラテックスとを安定に分散できる条件を探し，均一性を犠牲にした無機・有機複合薄膜を製造するかは，商品スペックに依存する。

この分野では，新素材開発という観点でこれまで合成手段に特に興味がもたれてきた。筆者が所属する無機高分子研究会においても無機・有機複合粒子の合成法，無機粒子の表面改質法に関する研究が毎年報告されている。モノマーに工夫を凝らしたり，反応に工夫を凝らしたり等，こうした研究者の力量がうかがえる発表を聞くたびに不思議に感じてきたことは，水分散系で混合する複合系においては，両者の表面は親水性であるので，機能性無機微粒子と有機高分子ラテックスとの混合が安定にできれば，特に無機微粒子の表面を改質する必要はないのである。重要なのは狙った物性を薄膜で達成できるかであり，合成手段よりも今後は薄膜の評価手段が注目されると思う。

2 無機・有機複合ラテックス

微粒子ポリマーは媒体中で分散液として製造されるが，環境を考慮すると非水系分散液の研究は時代遅れであり，21世紀には，この分野のすべての分散液は水系になると予想される。水系分散液を製造する手段は出発原料により異なり，モノマーが出発原料である乳化重合法と懸濁重合法，ポリマーが出発原料である乳化分散法が知られており[4]，その中でも乳化重合法が良く利用されている。

乳化重合法で製造される異相構造ラテックス[4,5]には，コア部とシェル部をレジンとアクリルポリマーで構成したタイプ，高分子量ポリマーと低分子量ポリマーで構成したタイプ，同一系のポリマーを使用しコアの組成とシェルの組成を制御したタイプ，低T_gポリマーと高T_gポリマーで構成したパワーフィードタイプ[6]などが知られている。

無機・有機複合ラテックスの製造では，無機微粒子をコアに，シェルを有機ポリマーで形成する[7]方法が一般に採用される。通常の乳化重合で重合時に無機微粒子を共存させても界面での親和性に乏しくコアシェル化は生じないが，無機粒子の表面電荷とポリマー末端のイオン性基の静電的相互作用を用いる方法，無機粒子の表面に両親媒性ポリマーを吸着させた後，これをシードとして乳化重合する方法，無機粒子表面を重合性二重結合を有するシランカップリング剤で処理した後，モノマーを添加，重合する方法，高濃度逆相乳化重合による方法などでコアシェル構造が形成される[4]。重合法トナー，あるいは電気粘性流体用微粒子[8-11]などの微粒子としての機能を利用する分野では，これらの方法は有効であるが，塗料，接着剤，帯電防止薄膜，光学機能薄膜などの薄膜分野では，必ずしもコアシェルタイプにする必要はなく，無機微粒子と有機ポリマー微粒子が凝集することなく安定に分散している状態を作り出せればよい。単純な考え方であるが実はそのようなコロイドを調製することが難しいのでコアシェルタイプラテックスが検討されてきた背景がある。実際にアルカリで安定化している酸化スズゾルと低pHで安定化して

第4章　無機・有機複合ラテックス薄膜の物性とその用途

いるラテックスを混合するとゲルの沈殿が生じる。高pHのラテックスとの組み合わせでは，見かけ上安定なコロイドを製造可能であるが，後述するパーコレーション転移の制御などを考慮すると，組み合わせるラテックス成分の制限を受ける。目的とする機能発現まで考慮すると，複合化を素材合成時に完結しておいたほうが後に続くプロセスでトラブルを抱え込まないので有利である。無機・有機複合機能薄膜の塗布液調製技術は，素材を添加して混合すれば良いという単純な組み立て感覚では達成できず，コロイド化学の知識をベースにした難しい技術である。無機・有機複合機能薄膜の分野でラテックス合成技術がこれまで注目されてきたのは，塗布液調製段階の負荷を軽減できる長所のためと思われる。

　無機微粒子存在下で乳化重合を行ってもコアシェル構造ができない，と述べたが，この時生成するのは構造不詳のゲル化物と無機微粒子と有機高分子微粒子である。副生成物を生じることなく，さらに無機微粒子と有機高分子微粒子が凝集しないで安定に分散した状態を乳化重合で合成するのも，実は難しい技術であり，この技術で製造されたラテックスは，コアシェルタイプと同レベルに重要な無機・有機複合ラテックスである。しかしコロンブスの卵の例に匹敵するアイデアなので，あまり注目されることが無く成書で取り上げて論じられていない。合成過程におけるコロイドの評価が難しく，コアシェルのような学術的面白さが無いため，と思われるが，適切な評価技術もしくは限界設計を要求される分野では，無機微粒子存在下で乳化重合した無機・有機複合ラテックスの製造条件について解明しなければならない問題が存在する。後述するゼラチンの補強に無機・有機複合ラテックスを用いた例では，コアシェルタイプの無機・有機複合ラテックスよりも性能が良いという結果が得られている。

3　電気物性と応用例

3.1　薄膜材料の電気特性

　光学用途も含め無機・有機複合ラテックス薄膜[12]の電磁気学的特性については，金属やセラミックスなどの材料で用いられている評価法を適用できる。とりわけ電気的測定法には各種規格や成書も多数存在するので，本章では評価法の詳細にふれない。ただし数μ以下の薄膜を完成品そのままの姿で測定できる場合は良いが，多くは何らかの支持体上に薄膜を形成して測定するか，もしくは測定器に合わせた適当な厚さの膜を作成し，測定することになるので次のような注意が必要である。

　使用状態と同一形態で実験室の測定試料を作成できれば良いが，多くのケースでは試料の作成のみならず，物性評価条件などにも制限をうけるので，実験室と市場での使用状態との評価誤差を見込まなければならない。この時モノリシック材料に比較して，複合材料では組み合わせの自

由度が加わるので，その自由度分の誤差を見込む必要がある。

　例えば，力学物性も含め複合材料の諸物性について次のような混合則が成立するといわれてきた[13]。ここで，R_0は複合材料の物性で，m_iは，成分iの添加割合を，R_iはその物性を示す。ただし$\sum m_i = 1$とする。

　　　直列接合を仮定：　$R_0 = \sum m_i R_i$
　　　並列接合を仮定：$1 / R_0 = \sum (m_i / R_i)$

　さらに導電性粒子を絶縁体である高分子中に分散したときに測定される電気抵抗について上記の混合則に指数項を導入した様々な式が提案されてきた。興味深いのは並列接合を仮定した式であり，複合材料の物性は物性改良フィラーの添加で急激な変化を示す閾値が存在することを示唆する。このような変化は，コーヒーのパーコレーターを語源とするパーコレーション転移[14]と呼ばれ（図1），物理学者の間では20年以上前より興味をもたれていた分野で，高分子材料への理論の応用については，10年ほど前から研究発表が盛んに行われつつある[15, 16]。

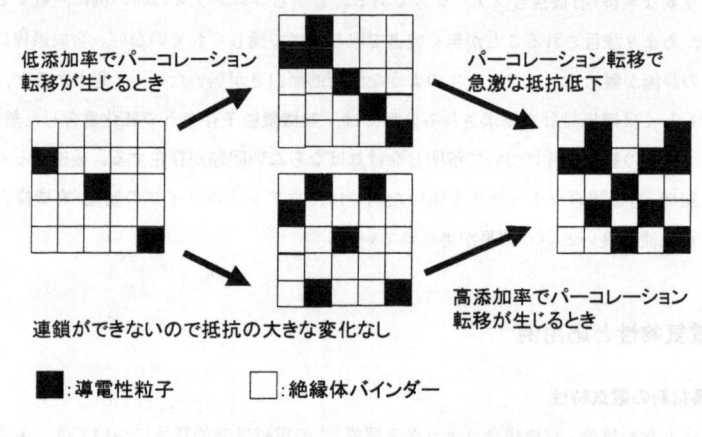

図1　パーコレーション転移の概念図

　ある添加率（パーコレーション転移の閾値）で急激に物性が変化するので，複合材料の実用化研究ではこのパーコレーション転移の理解が重要である。パーコレーション転移のモデルについては，サイト過程モデルとボンド過程モデルの2種が有名[17]で，またそれらのモデルに基づくコンピューターシミュレーション[18]も盛んに行われている。これらのシミュレーションの中で，精度は悪いが，身近なマイコンで負荷をかけずに計算可能な方法も提案されている。例えば，立方格子を考えて，それを均等に分割し，分割された小片を置換していく過程により粉末との混合を表現したモデルに対し，キルヒホッフの法則で計算を行う方法がある[19]。本方法で作成した

第4章 無機・有機複合ラテックス薄膜の物性とその用途

プログラム[20]でシミュレーションした図を示すが，アスペクト比の変化は，立方体をアスペクト比で分割した平板粒子で表現し，平板モデル粒子の方位についても乱数を適用する独自の拡張を行っている。この図2には，アスペクト比が8までの計算結果を示しているが，アスペクト比 $S=100$ まで計算してみると，導電性微粒子の添加率 V と導電性粒子のアスペクト比 S との間には次のような関係が見出された。

$$1/V = 1.75 \times S + 1.18 \quad (寄与率：0.99)$$

このプログラムの面白い点は，分割された小片を置換していく過程を乱数で制御すると，実際の実験データのごとくばらつく点である。上式で寄与率が1でないのは，シミュレーションで計算された値がばらついていることを示している。このばらつきは，転移の過程で最も大きくなるが，この詳細は省略する。

シミュレーションの結果を用いて，パーコレーション転移について説明したが，大切なことは，このような材料のばらつきの原因となるパーコレーション転移を安定に制御した複合材料システムをいかに設計するか，という点である。バルクから薄膜になると，厚み方向の制限の影響，さらに支持体の影響，多層膜であれば上層の影響などが加わり，材料設計は難しくなる。

次項では，薄膜状態の試料について，このパーコレーション転移を評価するパラメータを新たに開発し，材料設計を行った写真用感材の帯電防止技術の例を示す。

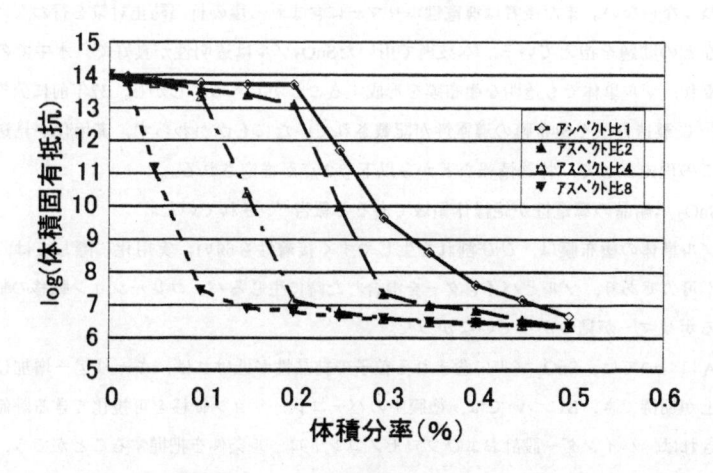

図2 パーコレーション転移シミュレーション

3.2 帯電防止薄膜の例[21]

概してプラスチックフィルムは，導電性が低いために帯電しやすい性質を有している。帯電し

たプラスチックフィルムは、周辺のチリを付着したり、時には放電により火花を飛ばしたりする。これまでかなり研究されてきたにもかかわらず、理論的に解析されている帯電現象は一部の接触帯電モデルだけであり、帯電に伴う故障原因については蓄積された経験から論じられる場合が多い。

帯電現象で品質を損なう恐れのある感光材料(以下感材)において、帯電防止技術は、画像形成技術同様重要な技術分野である。フィルムの帯電故障が原因でハロゲン化銀が感光して生じるスタチックマークや、取り扱い時に生じるゴミの付着の問題などは、帯電防止処理で軽減できる。医用感材において、スタチックマークの発生は誤診につながる危険性を有し、その防止策は重要な課題である。さらにフィルムを重ねて使用する一部の印刷感材では、重ね合わせた時に生じるフィルムどうしの反発を帯電防止処理で防ぐことができ、その結果寸法安定性の改善効果がみられる。このように感材の帯電防止技術は重要な技術であり、透明性の改善や、現像処理後もその性能を維持している永久帯電防止レベルを目標とした高度な研究開発が行われている。

一般に感材は、画像記録層とそれを支える支持体(例えばPET)とで構成され、支持体と画像記録層の間には下引きと呼ばれる接着層が存在する。感材の永久帯電防止技術として、SbドープSnO_2粉末やイオン導電性ポリマーを下引き層に用いる技術がすでに実用化されているが、前者は、600℃以上の高温度で合成された微粉末を用いて塗布液を調製するために、分散プロセスで多大なエネルギーを必要とし、さらに粉末がやや青みを帯びているので塗布膜の透明性に注意を払わねばならない。また後者は導電性ポリマーに含まれる塩の析出防止対策を行わなければならないなどの問題を抱えている。本技術で用いたSnO_2ゾルは透明性が良好で、水中での分散安定性に優れ、ゾル単体でも透明な塗布膜を形成することができる。しかし、37年前に公告となった特許[22]に製造方法や塗布膜の導電性が記載されていたにもかかわらず、実用化が見送られてきた。この理由として、特許情報などから以下の2点が推定される。

A. SnO_2単結晶の導電性が絶縁体領域であると報告[23]されていた。

B. ゾル単体の塗布膜は、ひび割れを生じやすく接着性も弱い。実用化に際しては、バインダーが不可欠であり、ゾルとバインダーを混合した時に生じるパーコレーション転移の制御を可能とするポリマーが見つかっていなかった。

上記Aについては、SnO_2ゾルに含まれる粒子の結晶性が低ければ、キャリアー増加に伴う導電性向上が期待でき、Bについては、塗膜中のパーコレーション転移を可視化できる評価技術を開発できれば、バインダー設計およびプロセスコントロール条件を把握することができ、経済性に優れた感材の帯電防止処理技術を開発することができる。

3.2.1 SnO_2ゾルに含まれる粒子の結晶性と導電性[24]

SnO_2ゾルは、特許[22]に記載された方法に基づき合成した。実験室での条件を示せば以下の手順である。$SnCl_4 \cdot 5H_2O$(65g)を蒸留水2l中で1時間溶解煮沸する。生成する沈殿物を回収した

第4章　無機・有機複合ラテックス薄膜の物性とその用途

後，副成した塩素イオンを完全に除去できるまで水洗を繰り返す。塩素イオンが無くなったことを確認してから，洗浄された沈殿物を蒸留水2lに再分散する。この溶液中へ濃アンモニアNH_3水溶液40ccを添加してからNH_3臭がなくなるまで加温し，SnO_2ゾルを得た。このゾルをSnO_2粒子含有率5～10％に濃縮後，スプレードライヤーで噴霧乾燥し粉末を取り出した。この粉末について結晶構造解析と導電性評価を行ったところ，ゾルに含まれていた粒子は非晶質の無機高分子であり[23]，また体積固有抵抗は10^3～10^5Ωcmと見積もられた。スプレードライ法以外に，SnO_2ゾルを自然乾燥して取り出した無色透明粒子についても同様の評価を行ったところ，スプレードライ法と一致した結果が得られた。これらの実験からゾルに分散する粒子の形態を推定した。

ここで得られた粒子の体積固有抵抗値を導電性相の値とし，絶縁相中に導電性相が増加する過程をシミュレートした。パーコレーション転移を仮定し，体積分率が40vol％の導電性相を含む塗布膜の表面比抵抗を見積もったところ，10^8Ωという値が得られた。この値は，感材の下引き処理で要求される表面比抵抗の値を下回る。さらに，粒子の長径と短径の比（アスペクト比）が4以上であれば，体積分率が25％以下で同様のレベルを達成可能であることもこのシミュレーション実験から明らかとなった。

3.2.2　感材の帯電防止性能評価技術

感材の帯電防止性能評価には，表面比抵抗の測定，電荷減衰速度の評価，摩擦帯電量の評価などの電気特性評価や，実技テストであるタバコの灰付着テストなどが一般に用いられている。実技テストは，ゴム手袋でこすった感材を，吸いたてのタバコの灰の上方から徐々に下方へ降ろし，灰が付着し始める時の，感材と灰との距離を測定する方法である。タバコの灰付着テストは感材の使用条件で生じる帯電故障をうまく再現するテストとして知られているが，このテストと相関する電気特性評価法が，これまで知られていなかったため，材料研究過程では複数の評価法を用いて帯電性を予測しなければならなかった。

帯電現象では直流と同様の電気的性質が観察されるためと推定されるが，交流を用いた測定は，フィルムの誘電率を測定する目的以外に，これまであまり用いられていなかった。材料の電気特性評価では直流法を用いるよりも交流法を用いたほうが，概して多くの情報を得ることができる。本研究では，市販のプレシジョンLCRメーターHP4284Aとフィルム用電極を用いて，感材の電気特性を研究した。図3には回路図を示した。交流法で計測されるいくつかのパラメーターと実技テストとの相関を研究したところ，20Hz～100Hzの低周波数領域におけるインピーダンスの絶対値（以下$|Z|$），が，実技テストとよく相関することを発見した。タバコの灰付着テストで得られる灰が付着し始める距離と20Hzにおける$|Z|$とは相関し，$|Z|$＞500000でタバコの灰付着距離は，0cmとなる（図4）。

SnO_2ゾルとバインダー（アクリル系ラテックス）の二成分系で塗布液を作成し，ワイヤーバー

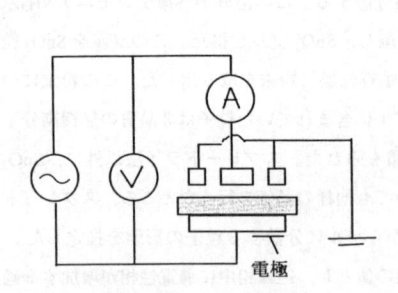

図3　フィルムの電気特性評価回路（交流法）

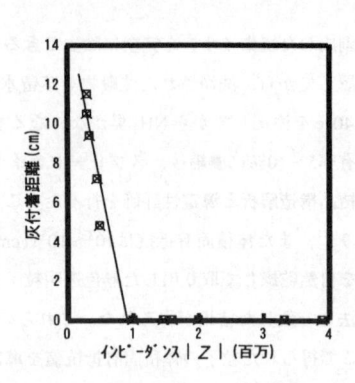

図4　灰付着距離と｜Z｜との関係

でポリエステル（PET）フィルム上に塗布したサンプル群の低周波数領域における｜Z｜変化と帯電防止層との関係を研究した。｜Z｜の周波数依存性については，SnO_2ゾルが含まれていない下引き処理フィルムの場合でも，低周波数領域でわずかな曲線を描くが，SnO_2ゾルが添加されると，その変化は大きくなる(図5)。このような｜Z｜の変化について，以下のモデル計算を行って考察した。すなわち下引き層が$N+1$種類の回路の並列接続で構成され，任意の回路の1つがn個の抵抗Rと$N-n$個のコンデンサーCで組み立てられているとすると，任意の回路1つのインピーダンスZ_nは，(1)式となり，並列接続された$N+1$個の回路の全インピーダンスは，(2)式で表現される。

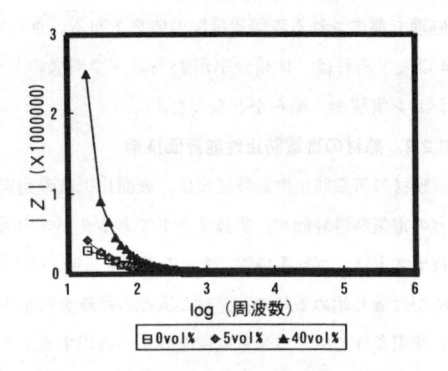

図5　｜Z｜の周波数依存性

$$Zn = nR + (N-n)\frac{1}{j\omega C} \quad (1)$$

$$\frac{1}{Z_{total}} = \sum_{n=0}^{N} \frac{1}{Zn} \quad (2)$$

(2)式で　$N\to\infty$　の時には，

$$\frac{1}{Z_{total}} = \int_0^1 \frac{dx}{xR + \frac{(1-x)}{j\omega C}} \quad (3)$$

第4章　無機・有機複合ラテックス薄膜の物性とその用途

(3)式の計算例を図6に示したが，静電容量が減少すると，低周波数領域で$|Z|$が増加している。この結果から，導電性粒子を絶縁体バインダーに分散した時に生じるパーコレーション転移では，導電性粒子の不連続部分の減少過程が静電容量の減少過程として観察され，低周波数領域の$|Z|$を評価することによりバインダーの材料設計が可能になると推定した。SnO_2の添加量依存性について見てみると，パーコレーション転移とも関係している（図7）。

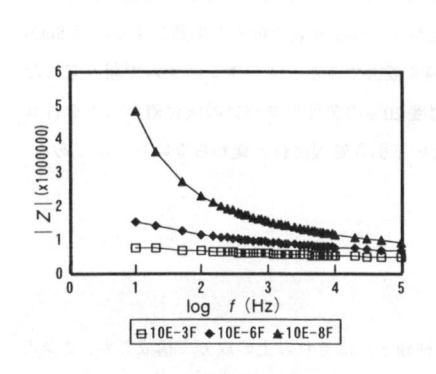

図6　$|Z|$の周波数依存性（(3式)計算例）

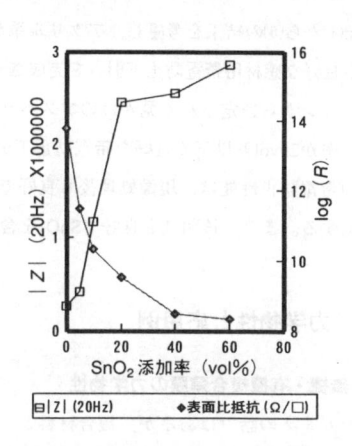

図7　各測定値のSnO_2添加率依存性

3.2.3 PET用帯電防止処理下引きのバインダー検討

PETの下引き層は，帯電防止機能と接着機能の両者が満足されねばならないので，SnO_2の体積分率とバインダーの選択が問題となる。SnO_2の体積分率が増加すると下引き層が凝集破壊を起こしやすくなり接着力が低下するので，体積分率が低い領域でパーコレーション転移を生じるように材料設計をしなければならない。パーコレーション転移の閾値の推定には先に説明した20Hzにおける$|Z|$を評価し，閾値に相当するSnO_2の体積分率が低くなるよう材料設計とプロセス条件を研究した。バインダーについては，親水性バインダーとしてゼラチンを，疎水性バインダーとしてアクリル系ラテックスとポリエステル系ラテックスを検討し，以下の結果が得られた。

(1)親水性バインダーであるゼラチンを用いると，パーコレーション転移が生じにくい。しかし，塗布液の調製方法の工夫で，パーコレーション転移の閾値を制御することができる[24]。

(2)アクリル系ラテックス，ポリエステル系ラテックスの両者については，ポリマーの種類よりも，ポリマーのガラス転移点（T_g）の効果がパーコレーション転移に影響する。

(3)可塑剤の添加効果は，ゼラチンおよびラテックスの両者で類似の傾向が見られた。すなわち，パーコレーション転移を生じにくくする傾向があり，特別な理由がない限り可塑剤は用いない方が好ましい[25]。

(4)疎水性バインダーを用いて急速乾燥条件をとるとSnO_2が偏在する傾斜組成構造の膜を製造可能である。

(5)ポリマーアロイでパーコレーション転移の経時安定性を高めることができる。

上記(1)から(5)の結果を考慮し，アクリル系ラテックスの混合物をバインダーとして用い[26]，接着性が良好な感材用帯電防止下引きを完成させた。本バインダーを用いたとき，SnO_2は，シミュレーションから推定される見かけのアスペクト比が6である導電性粒子の挙動をするのでSnO_2の含有率が25vol%以下で良好な帯電防止下引き層を設計できる。また本システムで組み立てた感材の帯電防止性能は，現像処理後も良好で，湿度20%の条件でタバコの灰付着テストを行うと合格する。また，透明性も良好でSnO_2を含まない下引き処理感材と変わらないレベルである。

4 力学物性と応用例

4.1 無機・有機複合薄膜の力学物性

あたりまえの話ではあるが，複合材料とは，2種類またはそれ以上の成分で構成され，2つまたはそれ以上の相からなる材料として定義できる。構造材料の用途では，電磁気学用途と異なり材料の組み合わせは多くあるが，次のように一般的には分類されている。

(1) マトリックスの連続相と個々の粒子で作られる不連続なフィラーの相とから成る微粒子充填材料
(2) 二つの連続相から成る骨格網目あるいはIPN（相互浸透網目）複合材
(3) 繊維充填複合材料

そして複合化の長所として

(1) 腰の強さや寸法安定性が増す。
(2) 靭性（粘り強さ）または衝撃強さが増す。
(3) 加熱歪温度が高くなる。
(4) 制振特性がでる，もしくは減衰が増す。
(5) コストが低下

などがあげられる。

しかし，いつでも長所が得られるわけではなく靭性を例に説明すると，図8に示すようにモノリシック材料は硬さが増すとともろさの指標である靭性値は低下する傾向にある。2種以上の材料

第4章 無機・有機複合ラテックス薄膜の物性とその用途

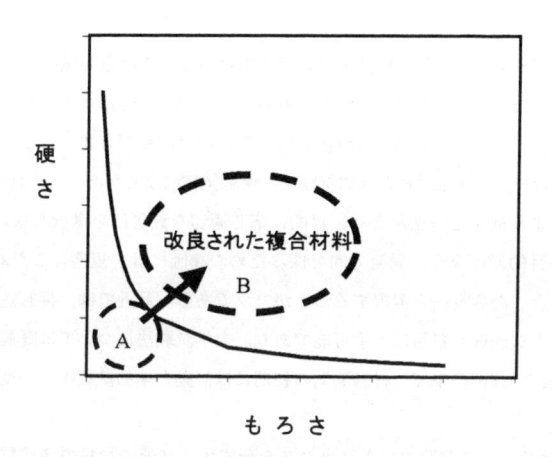

図8 硬さともろさのイメージ

を複合化すると，フィラーの種類，表面処理方法，プロセスなどにより，領域Aの物性を示す複合材料が得られる場合と，領域Bの物性を示す材料が得られる場合とがある。構造材料の用途では一般に靭性値は高いほうが望ましいので，複合材料の設計は，領域Bの物性をいかに達成するか考えることといえる。領域Bを達成する設計を行っても，プロセスに問題がある場合には，領域Aの物性になってしまう場合がある。例えば，添加されたフィラーの凝集部分が欠陥になると，フィラーは靭性低下を引き起こす原因となる。すなわち性能向上を狙って複合化設計した材料が，モノリシックの場合よりも性能低下する場合となる。複合材料技術が単純な組み合わせ技術ではなく，高度な評価技術と材料設計技術が必要なことを示している。

以上は複合材料全体について複合化の技術イメージを述べたが，薄膜では，バルクと異なり欠陥生成の確率が下がるので，見かけ上靭性が上がる傾向にあり，その他の力学物性も厳密に言えばバルクと薄膜では異なっているにもかかわらず，実用上薄膜の力学物性は，適当な厚みを持った膜物性から推定している。すなわち，分子量，橋かけと枝分れ，結晶性と結晶形態，共重合，可塑化，分子配向などの高分子の構造因子とフィラーのほかに，外界変数である温度，時間，周波数（振動数），加速度，圧力，応力と歪の振幅，変形の種類（せん断，引張，圧縮），熱処理，熱履歴，周囲の雰囲気の特質などにより複合材料の物性は決定されるので，注意深い実験を行えば無機・有機複合薄膜の物性は，薄膜と同一組成の試験片を用いた力学的試験結果から推定できる。もし薄膜と同一組成，同一熱処理条件で厚膜試験片を作成できれば，薄膜物性決定のために有力な手段となる。組成によっては厚膜試験片を作成できない場合もあるが，粉末を固め，成型と同時に熱処理を行って作成した試験片について，同様の評価を行うことで薄膜物性を推定できる。

複合材料も含め高分子の力学的試験法と試験機の数は多く，これらの試験の中には，非常に特殊で規格試験として公に認められていないものもある。しかし，規格化された試験法が，必ずしも規格化されていないものよりも良い試験法と限らないので注意が必要である。大別すると，クリープ試験法，応力－歪試験法，動力学的試験法，衝撃試験法などがあり，それぞれに測定条件，測定装置の違いにより様々な方法があり，目的に応じ適切な評価法を選択しなければならない。特に公的な測定が目的ではなく，開発方向を探るための評価には，規格にこだわる必要がなく，材料の使用条件に合った測定法を選択することがコツである。最近では，押し込み試験機のように薄膜測定に適した試験機も容易に入手可能であり，力学試験法については既製品で間に合う場合が多い。これら評価技術の中で，材料開発の初期には，動力学的試験法を一度測定しておくと良い。

　無機・有機複合ラテックス薄膜のマトリックスを形成する高分子材料の諸性質は，フィラーである無機材料に比較して温度および時間に強く依存する。理由は，高分子が粘弾性を持っているからで，粘弾性とは，作用する力に変形速度が比例するような粘性液体と，作用する力に変形が比例するような純弾性固体との両者に類似した挙動を意味する。粘性系では，この系になされた仕事のすべてが熱として消費される。弾性系では，バネのように，すべての仕事が位置エネルギーとして蓄えられる。動力学的試験法では，正弦波またはその他の周期的応力に対する材料の応答が測定される。応力と歪とは一般に位相が等しくないので，1回の測定で2つのパラメーター，弾性率と位相角または減衰項とを測定できる。動力学的試験機の一般的なものは，自由振動，共振強制振動，および波動またはパルス伝搬型機器である。また，測定はせん断または引張特性のどちらかを測定する。

T_g
結晶性高分子の融点
分子量
橋かけ度
硬化反応の完全さ
高分子のブレンド状態
組成の均一性
複合材料の構造

動的粘弾性試験
$E^* = E' + iE''$
$\tan \delta = E''/E'$

バネとダッシュポットのモデル
例えば　クリープの4要素モデル

高分子の構造
一次構造
高次構造

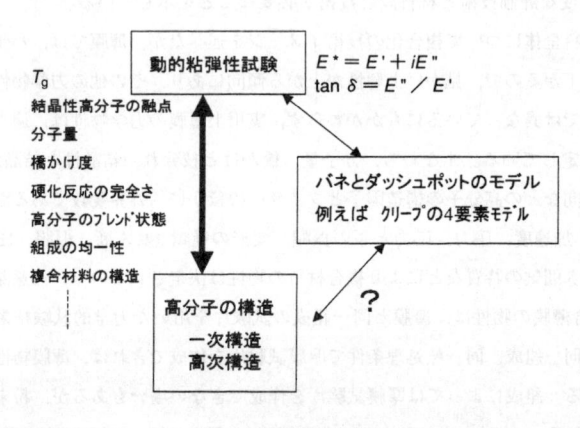

図9　動的粘弾性試験

第4章 無機・有機複合ラテックス薄膜の物性とその用途

図9に動的粘弾性試験の位置付けを示したが,動力学的試験の結果は,複素弾性率 E^* を用いて表現され,例えば,E' を実数部,貯蔵弾性率とし,E'' を虚数部,損失弾性率とすると,

$E^* = E' + iE''$

$\tan \delta = E'' / E'$

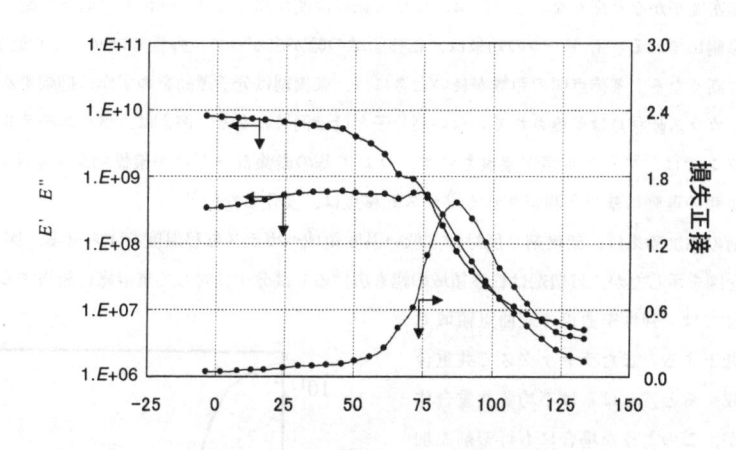

図10 アクリル系ラテックスの動的粘弾性

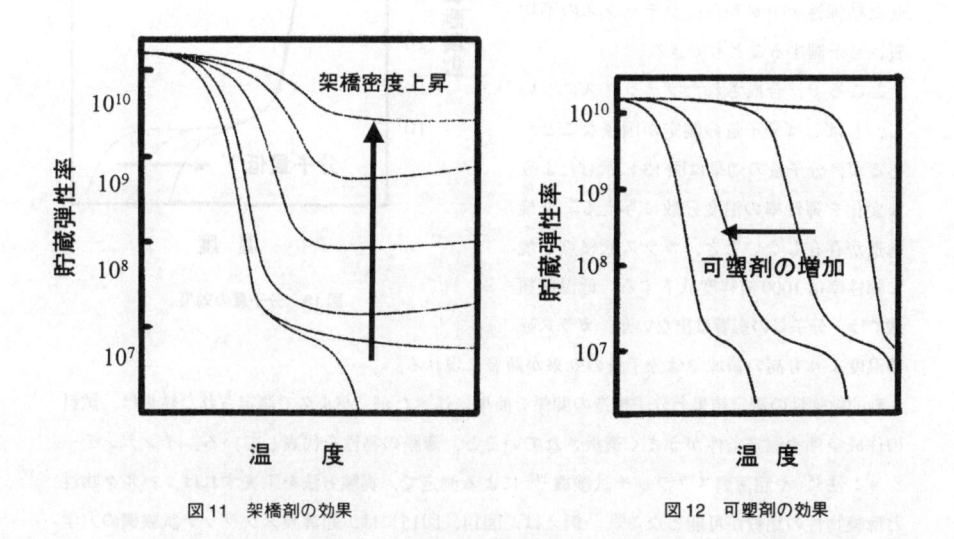

図11 架橋剤の効果

図12 可塑剤の効果

ここでtan δは，減衰項であり損失正接と呼ばれる。これらのパラメーターならびに材料をバネとダッシュポットで表現しモデル化する方法については他の文献を参考にしていただき，ここでは高分子の構造と得られた結果の関係について少し説明する。

図11には，架橋剤の弾性率に及ぼす効果を概念的に示したが，架橋剤の効果は二つある。一つは架橋密度がかなり高くなるときには，ガラス転移温度が高くなり，弾性率の低下し始める温度は高温側にずれる。もう一つの効果は，転移領域の幅が広がって，弾性率はゆっくり低下し，平坦部は高くなる。架橋点間の距離が長いときには，架橋剤は分子運動をわずかに抑制するだけなので，ガラス転移点は架橋されていない高分子とほぼ同じになる。例えば，ポリエーテル系ポリウレタンでは，エーテル鎖が架橋されず，ウレア基の凝集部分だけが架橋効果を示すので，エーテル鎖の運動に基づき測定されるガラス転移点は，変化しない[27]。

可塑剤の添加効果は，架橋剤と反対に，低い温度領域へガラス転移温度をずらせる。図12にその概念図を示したが，可塑剤は転移領域の幅も広げる。高分子に対して貧溶媒に相当する可塑剤の添加では，弾性率曲線の変曲点領域で著しく低下する。またラテックスで共重合体を合成すると，しばしば不均質共重合体となるが，このような場合にも可塑剤添加と同様な変化を示すので，組成比を変化させた粘弾性データから，ラテックスの不均質性を予測することもできる。

ところで，合成されたラテックスについて，しばしば分子量の測定が困難なことがあるが，分子量の効果は図13に示したような変化を弾性率の温度分散に与える。架橋構造が存在しないとき，ガラス転移点を境に弾性率は1000倍程度低下する。低温度領域では，分子量の影響は出ないが，ガラス転移温度よりも高い領域では分子量の効果が顕著に現れる。

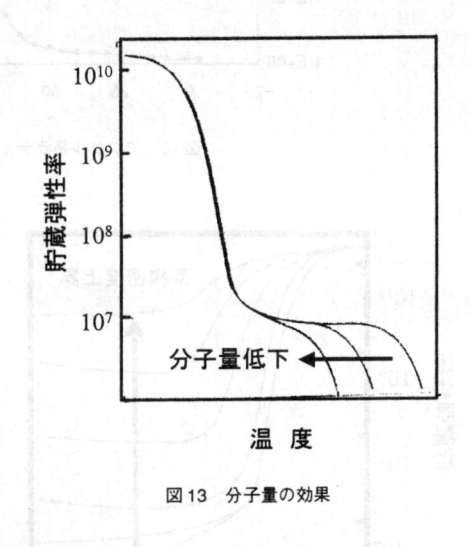

図13 分子量の効果

動的粘弾性の測定結果と分子構造の関係を簡単に述べたが，バルクで測定された結果は，試料の作成条件や測定条件がうまく選択されていると，薄膜の物性を代表している。インデンテーション法[28]や超薄膜スクラッチ試験機[29]による測定で，実験方法を工夫すれば，バルク物性と薄膜物性の比較が可能となる[30]。例えば，図14，図15には，超薄膜スクラッチ試験機の力学系[31]の様子を示したが，レーザーと光学センサーを用いて針先をモニターすることで動的粘弾

第4章　無機・有機複合ラテックス薄膜の物性とその用途

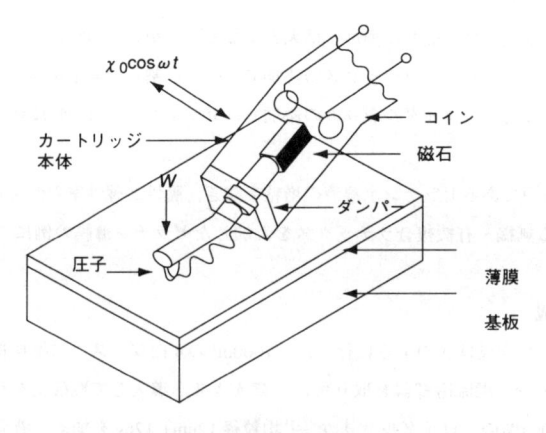

図14　装置の検出器部分

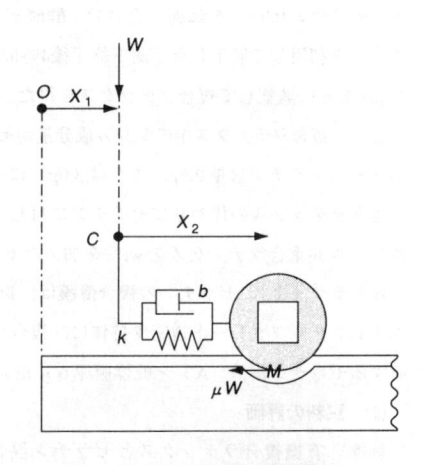

図15　測定装置の概念図

性の測定が可能となる。

材料開発の初期段階で動的粘弾性の測定を行い，材料物性と分子構造の関係を把握しておくことは重要であり，無機・有機複合ラテックス薄膜の物性が原因で，製品において何らかの問題が生じたときに，改良手段の計画を早期に立てることができる。また，無機・有機複合ラテックス薄膜の材料設計においては，ラテックス以外の成分の変性方法の手段を経済的な見地から選択できる情報を得ることができる。次に紹介する写真用感材の例では，ゼラチンの改質方法としてシリカをコアとするコアシェル型ラテックスの使用が知られていたが，経済的な手段で同等の効果を得た例である。

4.2　無機・有機複合ラテックスを用いたゼラチン膜の物性[32]

ハロゲン化銀写真感光材料のバインダーには，ゼラチンが一般に使用されている。バインダーの物性をコントロールするために，無機微粒子や，ポリマーラテックス類をゼラチン中に添加する。無機微粒子例えばコロイダルシリカをゼラチンに添加するとバインダーの弾性率を大きくす

ることができ，添加量の増加と共に弾性率は大きくなる。しかし，同時にゼラチン膜は脆くなりひび割れが発生する。ポリマーラテックスの添加でこのひび割れの発生を防ぐことができるが弾性率は低下する。また，コロイダルシリカの添加ではゼラチン水溶液の粘度増加という問題が発生する。

ここでは，塗布液であるゼラチン水溶液の増粘を防ぎ，脆性と弾性率の改善されたゼラチン膜を設計可能にする無機・有機複合ラテックスを添加したゼラチン薄膜の例について紹介する。

4.2.1 実験方法

(1) 試料の作成

複合ラテックスの合成は次のように行った。1000mlの4口フラスコに攪拌機，温度計，滴下ロート，窒素導入管，環流冷却器を取り付け，窒素ガスを導入して脱酸素を行いつつ，蒸留水360ccと固形分30wt%のコロイダルシリカ（平均粒径12nm）126gを加え，液温80℃まで加熱した。次にスルホン化イソプレンとスチレンの共重合体1.3gを加え，しばらく攪拌してから過硫酸アンモニウム0.023gを添加し次いで，酢酸ビニル6.3gとピバリン酸ビニル6.3gの混合液を滴下ロートを利用して滴下した。滴下終了後4時間80℃を保ち，その後冷却し，クエン酸ナトリウムでpHを6に調整して複合ラテックスを得た。

また，複合ラテックス中のシリカ成分量がゼラチンに対して75wt%になる量を，40℃のゼラチン溶液（ゼラチン含量2.5g，または3.0g）に添加しゼラチン溶液100cc（A）を作成した。

複合ラテックスの代わりにゼラチンに対してコロイダルシリカ75wt%と酢酸ビニル-ピバリン酸ビニル共重合ラテックス25wt%を加えたゼラチン溶液（B）を作成した。

複合ラテックス-ゼラチンの複合薄膜は，例えば，予め下引加工を施した厚さ100μmのポリエチレンテレフタレート透明支持体に，複合ラテックスの固形分3.3wt%，ゼラチン6.7wt%を含有するゼラチン溶液（A'）を乾燥膜厚6μmになるように塗布，乾燥して複合薄膜を作成した。

(2) 試料の評価

無機・有機複合ラテックスとゼラチン混合溶液を，40℃で回転粘度計（VISCOMETER TOKIMEC社製）を用いて粘度を測定した。

複合薄膜試料は，シリカゲル乾燥剤の入ったデシケータ中に入れ，55℃で24時間放置し，試料のひび割れ状態を観察し，ひび割れのレベルを評価した。

4.2.2 結果と考察

(1) ゼラチン溶液の粘度測定結果

ゼラチン水溶液にコロイダルシリカを添加すると，ラテックスの存在に関係なくゼラチン溶液の粘度を大きく上げるが，本例で合成された無機・有機複合ラテックスを添加した場合には，溶液粘度の著しい上昇はなかった。ゼラチンとの混合において粘度上昇の生じない詳細な効果は不

第4章　無機・有機複合ラテックス薄膜の物性とその用途

明だが，本例の無機・有機複合ラテックスでは，シリカの凝集が生じないで，ラテックスとシリカとゼラチンの混合が達成されている。この状態は，薄膜の電子顕微鏡写真より確認されているが，シリカ，ラテックス，およびゼラチンの個別添加で得られた薄膜では，シリカの凝集体が観察されている。おそらく，混合状態のコロイドの構造に違いがあり，その違いが粘度の低下に現れたものと推定される。

(2)　複合膜のヒビワレ評価結果

図16に無機・有機複合ラテックスとゼラチンを用いた複合薄膜およびシリカとラテックスとゼラチンを個別に添加し作成した複合薄膜のひび割れ状態を観察した結果示す。シリカ微粒子の含有率が同じでも，無機・有機複合ラテックスとゼラチンから作成した複合薄膜の方がひび割れを生じにくい。これは，先に述べた薄膜の電子顕微鏡観察から説明でき，シリカ，ラテックスおよびゼラチンの個別添加で作成した薄膜には，シリカの凝集体が観察され，そこがクラックの起点となりヒビワレが生じているが，無機・有機複合ラテックス-ゼラチン薄膜では，シリカの凝集構造が生じていないために，もろさが改善されたものと推定している。

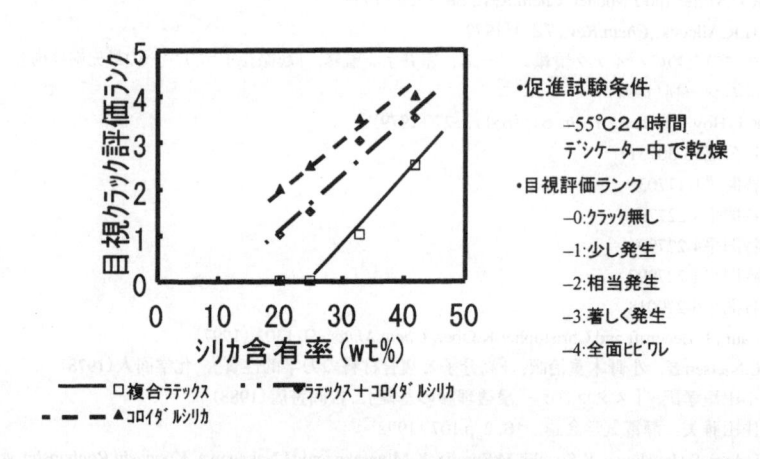

図16　ゼラチン薄膜のヒビ割れ目視評価

5　まとめ

以上無機・有機複合ラテックスを用いた薄膜について事例とともに技術の概略を紹介したが，ラテックスを用いる利点は，混練技術に比較して1/10以下の高次構造を有する複合化を達成できる点にある。すなわち光学分野への応用も可能であり[12]，写真用感材に応用しても，高次構

造起因の品質トラブルは生じていない。今後さらなる合成法の開発も重要であるが，応用分野に特化した薄膜物性の評価技術開発が望まれる。筆者は，必要に応じて独自評価技術やシミュレーションプログラムの開発を行ってきたが，この分野では今後も評価技術の重要性は増すものと思われる。バルクの力学物性評価手段が公的規格以外に数多く存在するのも，ニーズに応じた評価技術開発がされてきたからで，薄膜分野もこれから新規評価技術の提案がなされていくものと思われる。

文　献

1) L.Holliday, "Ionic Polymers", Applied Science Publishers Ltd., London (1975); N.H.Ray, "Inorganic Polymers", Academic Press, New York (1978)；梶原，"概説無機高分子"，地人書館，東京 (1978)
2) R.D.Miller and J.Michel, Chem.Rev., 89, 1359 (1989)
3) H.R.Allcock, Chem.Rev., 72, 4 (1972)
4) プロのためのハイテク情報シリーズ，室井宗一監修，「超微粒子ポリマーの最先端技術」，シーエムシー刊 (1991)
5) K.L.Hoy, J.Coating Tech., 51, (651), 27 (1979)
6) 特公昭55-30731
7) 特開平1-17703
8) 特開平4-227796
9) 特開平4-227996
10) 特開平4-227997
11) 特開平6-279018
12) Laura L.Beecroft and Christopher K.Ober, Chem.Mater., 9, 1302 (1997)
13) L.Nielsen著，小野木重治訳，「高分子と複合材料の力学的性質」，化学同人(1978)
14) 小田垣孝訳，「スタウファー浸透理論の基礎」，吉岡書店(1988)
15) 住田雅夫，静電気学会誌，16, 2, p.107 (1992)
16) S.Asai, S.Hayakawa, K.Suzuki, M.Sumita, K.Miyasaka and H.Nakagawa, Kobunshi Ronbunshu, vol.48, No.10, p.635 (1991)
17) 小田垣孝著，「パーコレーションの科学」，裳華房(1993)
18) K.Onizuka, J. of the Physical Society of Japan, vol.39, No.2 (1975)
19) 北岡猛志，足立正和，北村直之，藤井禄郎，炭素，No.146, p.2 (1991)
20) 実費にて送付
21) 学会報告
22) 特公昭35-6616
22) 無機材質研究所研究報告書第35号，1983

第4章　無機・有機複合ラテックス薄膜の物性とその用途

23) 倉地育夫，山中馨，"酸化スズゾルを用いたフィルムの帯電防止技術"，KONICA TECHNICAL REPORT, vol.9, p.93（1996）
24) 特開平9-111019
25) 特開平9-111128
26) 特開平9-109343
27) 倉地育夫，機能材料，Vol.19, No.7, p.51（1999）
28) 斎藤一男，薄膜形成・表面改質とその評価，「表面科学の基礎と応用」，p.1016
29) レスカ㈱製CSR-02
30) 上田栄一，岡村真一，倉地育夫，日本写真学会1997年度秋季大会研究発表会(1997)
31) 馬場茂，「薄膜の付着強度と摩擦係数の測定」，IONICS, Vol.10, p.185（1989）
32) 上田栄一，岡村真一，倉地育夫，日本写真学会1998年度春季大会研究発表会(1998)

第5章 無機・有機ハイブリッド化とメソポーラス材料合成

本間 格*

1 はじめに

1992年にモービル社がメソポーラスシリカ合成法を発表して以来，ナノサイズのポアを有する新規な物質群の合成法と物性が注目を集めている。メソ構造シリカでは界面活性剤のミセル構造をテンプレートとして合成されるためにナノサイズの同一径ポアが周期的な配列をし，自己組織的構造を有する多孔体材料が合成される（図1）。したがって，原子レベルで見ればシリカのアモルファス構造であるにもかかわらず，ナノレベルで見ると周期的な構造，すなわち結晶構造を有し，このためメソポーラス材料，あるいはメソ構造とも呼ばれている。活性剤濃度等を変えることによりラメラ相，ヘキサゴナル相，立方相等の次元性の異なるメソ構造が合成され，ゼオライト類似の触媒担体として多くの研究がなされてきた。

本セミナーではメソ構造を触媒担体としての応用のみならず光・電子磁性等の機能材料への応用を目指して，メソポア中への機能分子ドーピングおよびメソ構造薄膜の合成と物性に関して述べる。

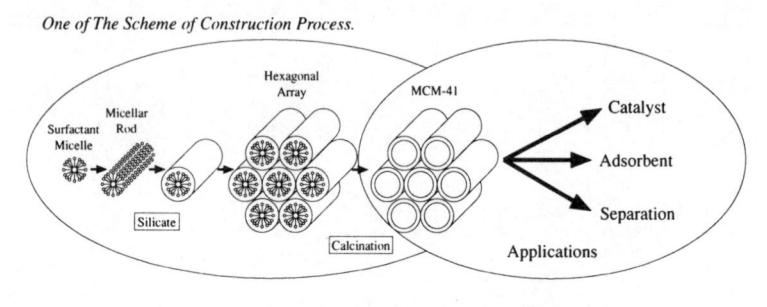

図1 テンプレートを用いたメソポーラス材料の合成

* Itaru Honma 工業技術院 電子技術総合研究所 エネルギー基礎部 主任研究官
再生エネルギーシステム ラボリーダー

第5章　無機・有機ハイブリッド化とメソポーラス材料合成

2　機能分子ドープメソポーラス物質の合成

我々のグループではこれまで色素ドープのメソポーラス材料を作成してきた。ポア内に可視光領域に吸収帯を有する色素をドーピングするために独自に2つの合成方法を考案した(図2)。たとえばフェロセン等の機能分子が化学的に結合した界面活性剤を利用してこのミセルをテンプレートとしてメソ構造シリカを作製する方法である。この方法ではフェロセン色素分子が活性剤の末端部に付いているためにメソポーラス構造を作成したときにポア中心部に色素分子が自動的にドーピングされることである。

フェロセン界面活性剤を用いて作製したヘキサゴナル相メソポーラスシリカを透過電子顕微鏡観察すると分子径の大きいフェロセンがポア中央にドーピングされているにもかかわらず自己組織構造のメソポーラスシリカが合成できることが判明した。このメソ構造は小角のX線実験でも回折ピークパターンより構造の確認がなされている。光吸収スペクトル拡散反射法により可視光領域の吸収帯が得られ、透明なフレームワークを通してポア内に高濃度にドープされたフェロセン色素の光吸収が観測された。

他の合成方法としてはC_{16}TMAなどの通常の界面活性剤にフタロシアニンなどの疎水性色素分子をミセル内にドーピングしこれをテンプレートとしてメソポーラス構造を合成する手法である。これらの手法で作成した場合、合成時に最初から機能分子が高濃度かつ均一にドーピングされることが特色となっている。また、活性剤二分子層の中にフタロシアニン分子が周期的に列んだシステムは光合成に使われる葉緑体構造を無機物質で真似た物質とも考えられる。このような界面活性剤ミセル中に色素分子をドーピングしたものをテンプレートとして合成したメソポーラス構造の合成例としてフレームワーク金属酸化物にヴァナジア(VOx)、酸化タングステン

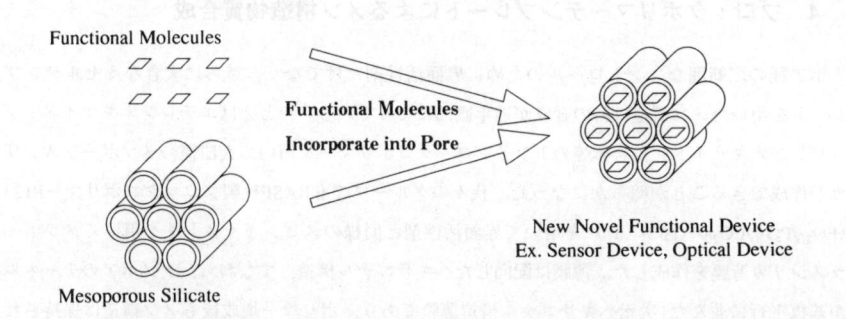

Functional Molecules

Functional Molecules Incorporate into Pore

Mesoporous Silicate

New Novel Functional Device
Ex. Sensor Device, Optical Device

図2　機能分子ドープメソポーラス材料の合成

（WO_3），酸化モリブデン（MoO_3）等を用いてメソポーラス材料が合成された。小角X線回折，拡散反射スペクトルおよび走査電子顕微鏡観察などからナノポア中に色素分子がドープ配列したメソ構造物質が合成されていることが判明した。これらの簡便な合成手法により合成された機能分子ドープメソ構造材料は光触媒，吸着剤，センサーなどへの応用が期待される。

3 メソ構造薄膜の合成

電子デバイス，表示素子，イオニクス材料などに応用する場合は基板上に製膜されたメソポーラス薄膜の形態が望ましい。メソポーラス物質，メソ構造材料は通常，粒子状に合成されるが，我々のグループではスピンキャスト法を用いてメソポーラスシリカあるいはチタニアおよびヴァナジア薄膜を作成した。テトラエトキシシラン（TEOS）と界面活性剤（C_{16}TMA か Fe-TMA）を適当な溶液中に調整し，濃度制御，適度の酸触媒を加えた後，ガラス基板上に混合溶液をスピンキャストすることによりメソポーラスシリカ薄膜を合成した。溶液中の界面活性剤の濃度を変化させることにより Lamellar, Hexagonal, Cubic 構造のメソ構造シリカ薄膜を作成でき，その構造も活性剤濃度を変化させることにより系統的にコントロールできた。膜を焼成し，活性剤を除去した後でも Hexagonal, Cubic 構造のシリカ薄膜は安定にポーラス構造を保持した。これらの膜は低誘電率層間絶縁膜，センサー材料などへの応用が考えられる。また，同様な手法を用いてヴァナジア，チタニアのメソ構造薄膜も作成した。これらの膜は低温のアニールにより Lamellar, Hexagonal , Cubic の相変態を起こしたが，活性剤除去後はポアは消滅し安定な多孔構造は作成できなかった。これらの金属酸化物に関しては世界的に各研究機関が構造制御の手法開発を行っている。

4 ブロックポリマーテンプレートによるメソ構造物質合成

ポア径の広範囲なコントロールのために界面活性剤だけでなく，さらに大きなミセルテンプレートを用いたメソ構造材料の合成が近年盛んになっている。たとえばエチレンオキサイド-プロピレンオキサイド共重合体等のトライブロックコポリマーを用いて大口径のメソポーラスシリカが作成できることが明らかになった。我々のグループでもBASF社製ブロックコポリマーP123（$EO_{20}/PO_{70}/EO_{20}$）（図3-(a)）を用いて界面活性剤と同様のスピンキャスト法を用いてメソポーラスシリカ薄膜を作成した。薄膜は配向したヘキサゴナル構造，すなわち，ナノポアのチャネルが基板平行に並んだ1次元ヘキサゴナル構造薄膜であり，ポリマー焼成後もメソ構造は保持されていた（図3-(b)）。これらの薄膜は電子材料等への利用が期待されている。また，他種のブロッ

第5章　無機・有機ハイブリッド化とメソポーラス材料合成

クコポリマーを用いることによりCubic構造のメソポーラスシリカを合成できた。これらの物質もポリマーの分子構造，合成条件等によりメソ構造制御が可能であることが明らかになりつつある。

5　まとめ

界面活性剤あるいはブロックコポリマー等のナノサイズに自己組織構造を取る分子集合体をテンプレートにすることによりメソポーラス物質を合成することができる。ポアのサイズはテンプレートを選択・制御することにより2nmから40nm程度までコントロール可能であり，またポア中に機能分子をドーピングすることもできる。また，フレームワークもシリカのみならずチタニ

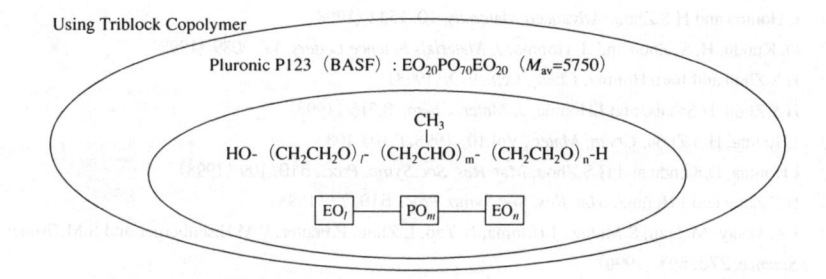

Using Triblock Copolymer

Pluronic P123（BASF）：$EO_{20}PO_{70}EO_{20}$（M_{av}=5750）

HO-$(CH_2CH_2O)_l$-$(CH_2CHO)_m$-$(CH_2CH_2O)_n$-H
（CH_3枝分かれ）

EO_l—PO_m—EO_n

図3（a）　テンプレートに用いるトライブロックコポリマーの分子構造

1 Dimension Hexagonal Mesostructure
Mesoporous Channels Highly Oriented
Parallel to Substrate Surface,
Hexagonal (110) & (210) Diffraction Peaks Disappeared

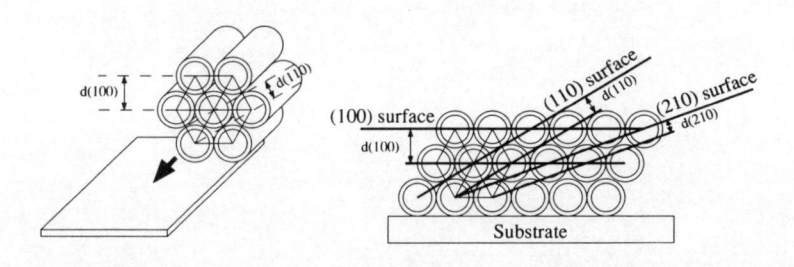

図3（b）　1次元ヘキサゴナル構造を有するメソポーラスシリカ薄膜

アやヴァナジアあるいは他の金属酸化物で合成することが可能でありメソ構造物質の広範囲なナノ構造制御が研究されている。これらは光触媒，吸着剤，センサー材料等への応用が期待されている。また，最近では界面活性剤，ブロックコポリマーなどをテンプレートにし基板上に薄膜形態にメソポーラス材料を形成する手法が開発されており，Lamellar, Hexagonal, Cubic 等の様々なメソ構造の制御が可能になりつつある。メソポーラス薄膜は電子デバイス材料，情報表示素子や環境材料への応用が期待される。

文　献

1) I. Honma and H.S.Zhou, *Advanced Materials*, 10, 1532 (1998)
2) D. Kundu, H. S. Zhou and I. Honma, *J. Materials Science Letters*, 17, 2089 (1998)
3) H.S.Zhou and Itaru Honma, *Chem. Lett.*, 973 (1998)
4) H.S.Zhou, H.Sasabe and I.Honma, *J. Mater. Chem.*, 8,515 (1998)
5) I.Honma, H.S.Zhou, *Chem. Mater.*, Vol.10, 1998, P.103-108
6) I.Honma, D.Kundu and H.S.Zhou, *Mat. Res. Soc.Symp. Proc.*, 519, 109 (1998)
7) H.S.Zhou and I.Honma, *Mat. Res. Soc.Symp. Proc.*, 519, 77 (1998)
8) I.A.Aksay, M.Trau, S.Manne, I.Honma, N.Yao, L.Zhou, P.Fenter, P.M.Eisenberger and S.M.Gruner, *Science*, 273, 893 (1996)

第6章 ポリメタクリレートとテトラアルコキシシラン縮合物との複合体の合成とその性質

渡辺博之[*]

1 はじめに

ゾルゲル法は，各種金属アルコキシド化合物の加水分解および縮合を同時に進行させ，ガラスやセラミックスなどの無機ポリマーを生成する反応である。この加水分解，縮合反応は比較的低温で進行するため有機物との複合化が可能であり，近年この特徴を利用した有機無機ハイブリッド体の合成について種々の報告がなされている[1〜15]。

有機ポリマーの靱性，易加工性，低比重性と，無機物の剛性，耐熱性，耐候性とを併せ持つ材料が設計できれば非常に有用な材料となることが予想される。そこで我々は，上に挙げた性質に加えて良好な透明性をも併せ持つ材料を得ることを目的として，ポリアルキルメタクリレート，主にポリメチルメタクリレート(PMMA)とテトラアルコキシシラン縮合物との複合体の合成を行い，その性質について検討した。

2 ポリメタクリレート／テトラアルコキシシラン縮合物系複合体の合成および性質

本研究における複合体の代表的合成法の概要は，以下の通りである。

テトラアルコキシシランに所定量のアルコール溶媒，水，および触媒を加え，70℃で2時間程度加水分解，縮合後，アルコールおよび水をメタクリレートモノマーで置換したものを重合溶液とした。これにラジカル重合開始剤であるアゾビスイソブチロニトリルを溶解し，塩化ビニル製ガスケットでシールされた2枚のステンレス板の間に注入し，80℃で2時間，さらに120℃で2時間重合して板状の複合体成形物を得た。

以下に，本合成法についてさらに詳しく述べる。

---

[*] Hiroyuki Watanabe　三菱レイヨン㈱　中央技術研究所　高分子合成研究グループ

2.1 テトラアルコキシシランのゾルゲル反応挙動とメタクリレートモノマーへの相溶性

テトラエトキシシラン（TEOS）	1モル
水	2モル
塩酸	0.01モル
エタノール	（適当量）

を混合し，70℃に加熱したときの溶液粘度を追跡した。

結果を図1に示す。

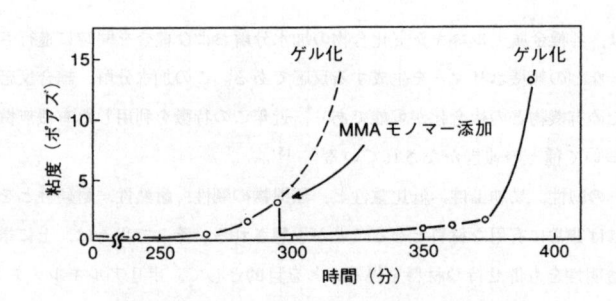

図1 テトラエトキシシラン反応溶液の粘度変化

成書[16)]にあるように，アルコキシ基の加水分解，縮合反応によりアルコキシシラン縮合物が生成するため，時間とともに溶液粘度は上昇し，短時間のうちにゲルとなる。この際，粘度が上がり始めた溶液に溶媒を新たに加えて希釈すると，ゲル化を遅らせることができた。また，MMAや2-ヒドロキシエチルメタクリレート（HEMA）などのメタクリレートモノマーを添加しても系の均一性は維持され，アルコキシシラン縮合物はメタクリレートモノマーに溶解することがわかった。

2.2 PMMA/TEOS縮合物系複合体

2.2.1 物性

TEOS縮合物のエタノール溶液を溶媒置換してMMA溶液としたものを注型重合すると，全光線透過率93％，曇価1％以下の非常に透明性に優れた板状複合体が得られた（写真1）。複合体の電子顕微鏡写真を写真2-aに示すが，PMMAとTEOS縮合物が均一に相溶していることがわかる。

比較のため，一次粒子径16nmのシリカ微粉体（日本アエロジル社製）を20重量％分散させたPMMA板サンプルを作製し透明性を調べたが，全光線透過率75％，曇価30％の透明性の低い物

第6章　ポリメタクリレートとテトラアルコキシシラン縮合物との複合体の合成とその性質

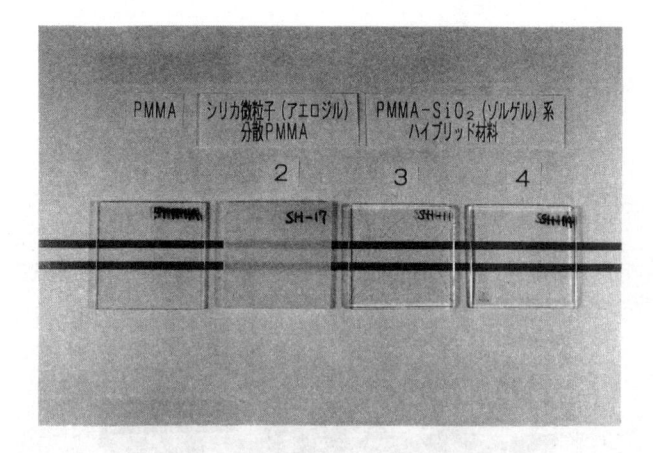

写真1　PMMA/SiO₂ (TEOS 縮合物) 系複合体の外観

表1　PMMA/TEOS縮合物系複合体の物性評価（3mm厚）

	SiO₂分率 (灰分,重量%)	全光線透過率 (%)	曇価 (%)	曲げ強度 (MPa)	曲げ弾性率 (MPa)	熱変形温度 (℃)	密度 (g/cm³)	写真1中の No.
テトラエトキシシラン系	29.7	93	1.0	25 (45)	2,300 (3,100)	87 (107)	1.32	3
γ-MPS添加系	26.1	93	0.4	63 (100)	2,400 (2,900)	88 (118)	1.30	4
HEMA添加系	21.7	93	1.6	76	2,400	84	—	—
シリカ微粉体分散	21.1	75	30	50	4,400	109	1.31	2
PMMA	—	93	0.4	120	3,300	100	1.19	—

（　）内は，130℃／60時間熱処理後のデータ

であった。電子顕微鏡観察においてもシリカ微粒子の凝集が認められた（写真2-b）。

PMMA/TEOS縮合物系複合体の物性を表1に示す。

複合体の密度は1.3程度であり，TEOS縮合物が完全にシリカになったと仮定して複合体の灰分値（約30重量%）から概算される値（1.38）よりも低い値となった。

また，複合体の強度および耐熱性は，PMMAと比べて不良であった。以上のことから，TEOS縮合物は重合系中で完全なシリカ骨格を形成するには至っていないことが示唆された。そこで，シリカ骨格の形成を促進する目的で，生成複合体を130℃において60時間熱処理すると，物性の向上がみられた。これは特に耐熱性において顕著であり，熱処理前よりもシリカ骨格の形成が進

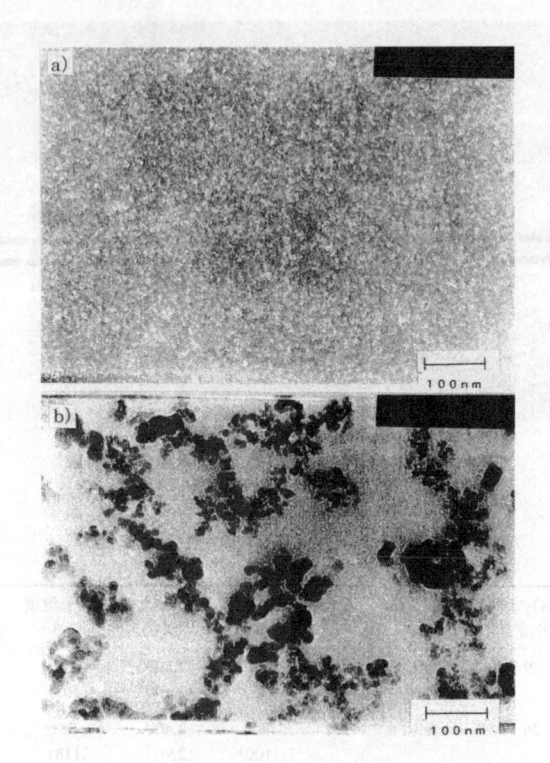

写真2　PMMA/SiO₂系複合体の透過型電子顕微鏡写真
a) ゾルゲルプロセス（TEOS縮合物）
b) シリカ微粉体の分散

んだことが予想される。

2.2.2 有機・無機界面の補強

　一般に，有機・無機複合材料の物性を向上させる目的で，シランカップリング剤が用いられる。また，アルコール性水酸基はアルコキシシランのアルコキシ基と交換反応をすることが知られている。そこで，複合体の強度向上のために，γ-メタクリロイルオキシプロピルトリメトキシシラン（γ-MPS）やHEMAをメタクリレートコモノマーとしてMMAに添加した。表1に示すように，これら化合物の添加により複合体の強度は向上した。また，熱処理により，強度，耐熱性はさらに向上した。有機・無機間の結合が形成された結果であると思われる（スキーム1）。

第6章　ポリメタクリレートとテトラアルコキシシラン縮合物との複合体の合成とその性質

スキーム1　有機・無機界面の補強

2.2.3　シリカ骨格の形成

上に述べたように，PMMA/TEOS縮合物系複合体を得た後熱処理することにより複合体中でシリカ骨格の形成が進み，強度，弾性率，耐熱性が向上する。そこで，TEOSの加水分解反応に用いる水の量を増やすことで生成するシラノール基の濃度を高め，シリカ骨格の形成速度を大きくすることを検討した。

結果を表2に示す。

TEOSの加水分解反応に用いた水の量を増やすことで弾性率や耐熱性が大きく向上し，シリカ骨格の形成が速くなったことが示唆された。一方，複合体の曇価は上昇した。TEOS縮合物中のシラノール基濃度が大きくなったことで，PMMAとの相溶性が低下した結果と推察される。

PMMA/TEOS縮合物系複合体の動的粘弾性測定の結果を図2および図3に示す。

複合体のtanδピークはPMMAに比べてブロードになっており，この傾向はγ-MPSの添加やTEOS加水分解反応に用いる水の量の増大によりさらに顕著になった。複合体中のPMMA鎖は，TEOS縮合物による網目構造により拘束を受けていることを表しているものと考えられる。この結果は，ポリ酢酸ビニル[13]，ポリビニルアルコール[14]，ポリウレタン[15]などとアルコキシシラン縮合物との複合体において得られている結果と同様である。

表2 加水分解に用いた水の量の影響（3mm厚，熱処理後）

	水／Si-OR	SiO$_2$分率 （灰分,重量%）	全光線透過率 （%）	曇価 （%）	曲げ強度 （MPa）	曲げ弾性率 （MPa）	熱変形温度 （℃）
γ-MPS添加系	0.5	26.1	93	0.4	100	2,900	118
	1	26.0	93	9.0	90	4,300	153

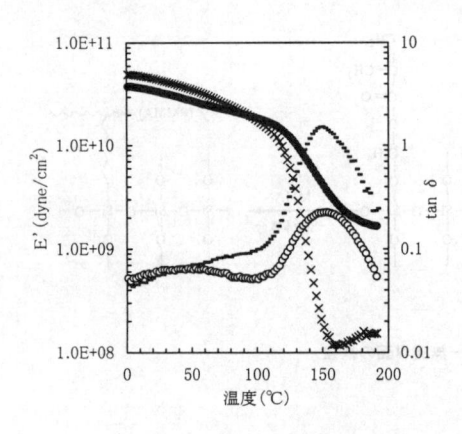

図2 PMMA/TEOS縮合物系複合体の動的粘弾性
　　（11Hz）
　　E'：（×）PMMA，（●）TEOS縮合物複合系
　　tan δ：（-）PMMA，（○）TEOS縮合物複合系

図3 PMMA/TEOS縮合物系複合体の動的粘弾性
　　（11Hz）
　　E'：（*）γ-MPS添加系，（▲）γ-MPS添加系
　　　　　　　　　　　　　　　　　　　　（水増量）
　　tan δ：（+）γ-MPS添加系，（△）γ-MPS添加系
　　　　　　　　　　　　　　　　　　　　（水増量）

2.3 PHEMA/TEOS縮合物系複合体

前項のMMAモノマーの代わりにHEMAを用いたときの複合体の物性を表3に示す。本系においても弾性率が高く透明性がほぼ良好な複合体が得られた。特筆すべきことに，親水性の高いHEMA中には過剰の水を用いて加水分解，縮合させたシラノール基濃度の高いTEOS縮合物もよく相溶し，良好な透明性を有し，弾性率の非常に高い複合体が得られた。やはり，シラノール基濃度の高いTEOS縮合物からのシリカ骨格の形成速度が速いことによるものと考えられる。

第6章 ポリメタクリレートとテトラアルコキシシラン縮合物との複合体の合成とその性質

表3 PHEMA/TEOS縮合物系複合体の物性評価（3mm厚）

	水／Si-OR	SiO$_2$分率 (灰分,重量%)	全光線透過率 (%)	曇価 (%)	曲げ強度 (MPa)	曲げ弾性率 (MPa)
PHEMA/TEOS縮合物系	1	21.8	93	3.4	53	3,800
	5	22.0	—	—	41 (48)	4,300 (5,400)
PHEMA	—	—	93	1.3	100	3,300

3 ポリメタクリレート／テトラアルコキシシラン縮合物系複合体の応用

3.1 構造材

本複合体は，良好な透明性，高剛性，高耐熱性，低比重という性能を有していることから，無機ガラス使用分野の代替が期待される。ただし，本複合体においてはTEOS縮合物が高度に架橋しているため，一般の熱可塑性プラスチックで可能な熱加工が困難であることが課題である。

3.2 被覆材料

ゾルゲル法は，縮合により揮発分を生成するため，元来被覆材料やガスバリア性フィルムなど，薄膜材料として利用されてきた。本研究においては実質的に厚みを持った板状品として複合体を得ることを検討したのであるが，もちろん被覆材料としての用途開発は可能である。いわゆる有機・無機複合塗料であるが，その際，期待される性能としては，透明性，表面硬度，耐候性が有望である。

メタクリレートを光硬化性アクリレートモノマーやオリゴマーにかえることで，速硬性の光硬化性塗料とすることも可能である。

3.3 光学材料

本複合体はPMMAと同等の透明性を有していることから，レンズなどの光学材料に応用できる。興味深いことに，複合体の屈折率とアッベ数の関係は，通常のプラスチック素材で得られる関係とは若干異なっていた。

3.4 接着剤

本複合体は，無機ガラスとプラスチック素材を強力に接着することがわかっている。

3.5 多孔質ガラス前駆体

本複合体を焼成することによりPMMA分が分解し，多孔質ガラスとなることがわかっている。

4 おわりに

以上，我々の研究例について述べたが，ゾルゲル法の具体的材料への応用例は被覆材料などの薄膜の形態がほとんどであり，いわゆるバルク材としての応用は数えるほどしかない[17-19]。金属アルコキシド縮合時の揮発成分の存在がバルク材の開発を困難にしているわけであるが，最近では揮発成分を出さない系についての興味深いアイディアも提案されている[20]。

今回は，テトラアルコキシシランを原料とした系についてのみ報告したが，アルキルトリアルコキシシランなど官能基数の異なるシラン化合物や，安価な水ガラスを出発原料とした研究も行っている。また，無機材料には有機材料にはない様々な有用な性質がある。無機物の性能を併せ持つ材料の創出を目標に，他の金属種についても種々の検討を行っており，別に報告の機会が得られれば幸いである。

文　献

1) 著者ら，WO 92/12204.
2) 著者ら，*Polym. Prep. Japan*, 43, 1180(1994).
3) J. E. Mark, et al., *Mater. Res. Soc. Symp. Proc.*, 171, 3(1990).
4) G. L. Wilkes, et al., *Polym. Bull.*, 14, 557(1985).
5) H. Schmidt., *Macromol. Symp.*, 101, 333(1996).
6) Y. Wei, et al., *Chem. Mater.*, 2, 337(1990).
7) C. J. T. Landry, et al., *Polymer*, 33, 1486(1992).
8) Z. H. Huang, et al., *Polym. Bull.*, 35, 607(1995).
9) K. F. Silveira, et al., *Polymer*, 36, 1425(1995).
10) Z. H. Huang, et al., *Polymer*, 38, 521(1997).
11) K. Awazu, et al., *J. Non-Cryst. Solids*, 215, 176(1997).
12) Y. Wei, et al., *Macromol. Chem., Rapid Commun.*, 14, 273(1993).
13) C. J. T. Landry, et al., *Macromolecules*, 26, 3702(1993).
14) 矢野彰一郎ら，高分子論文集，53, 218(1996).
15) 山崎信助ら，塗装工学，29, 364(1994).
16) 作花済夫，ゾルーゲル法の科学，アグネ承風社(1988).

17) H. Schmidt, *et al.*, *J. Non-Cryst. Solids*, **63**, 283 (1984).
18) T. M. Che, *et al.*, *J. Non-Cryst. Solids*, **102**, 280 (1988).
19) J. D. Mackenzie, *et al.*, *J. Mat. Res.*, **4**, 1018 (1989).
20) B. M. Novak, *et al.*, *Macromolecules*, **24**, 5481 (1991).

第7章　珪酸カルシウム水和物／ポリマー複合体の合成と評価

松山博圭[*1], J. Francis Young[*2]

1　はじめに

近年，有機材料と無機材料の各ドメインを分子レベルもしくはナノメーターレベルで組み合わせたナノコンポジットが注目され，盛んに研究されている[1〜5]。両者の特性を併せ持つだけでなく，従来のマクロもしくはミクロコンポジットでは得られない材料特性の飛躍的な向上や各々の素材とは全く異なる新しい機能が期待されている。また，有機材料と無機材料の比を連続的に変化させることにより，有機主体の材料から無機主体の材料までの幅広い展開が考えられている。

これまでいろいろな方法で有機／無機ナノコンポジットの形成が行われてきたが，その多くは非水系での合成である。水系において，ポリマーの存在下で無機材料を生成させナノコンポジット合成を行うという研究例は非常に少ない。我々は，珪酸カルシウム水和物（C-S-H：Calcium-Silicate-Hydrate）が水溶液からの析出もしくはセメントの水和によって得られるという特長を生かし，水溶性ポリマーを用いた全く新しいナノコンポジットの合成が可能であると考えた。

研究は現在，低結晶性ながら層状構造を持つC-S-Hの層間に水溶性ポリマーがどのようにインターカレートしてナノコンポジットを生成するかを明らかにした段階であり，ナノコンポジット自身の物性はまだ明確ではない。そこで本章では，C-S-Hの組成（Ca/Si比）とポリマーのイオン性がナノコンポジット化にどのように影響し，組成によるC-S-Hの構造変化とどのように関係しているかについての最近の研究結果を述べたい。

2　セメント系材料と珪酸カルシウム水和物
　　（C-S-H：Calcium-Silicate-Hydrate）

2.1　セメント系材料

セメント系材料は，橋梁，高速道路，ビル等の土木建築物を構成する主材料であり，我々の生

　＊1　Hiroyoshi Matsuyama　旭化成工業㈱　研究開発本部　住環境システム・材料研究所　主査
　＊2　J.Francis Young　イリノイ大学　セメント複合材料研究センター　所長　教授

第7章 珪酸カルシウム水和物／ポリマー複合体の合成と評価

活を支えている。水和という化学反応により結合を生じてマトリックスを形成するセメント系材料は、"化学結合セラミックス"と呼ばれている[6-8]。従来のセラミックスと異なり、高温でのプロセスを必要としないため、有機材料との複合化が容易であるという特長がある。そこで、強度・じん性等の物性を向上させるために、有機繊維やポリマーとの複合化が盛んに検討されてきた[9,10]。しかし現在までに得られているコンポジットは、まだマクロもしくはミクロコンポジットの域を脱していない。もし、ナノコンポジット化できれば、物性が飛躍的に向上したハイブリッド材料が得られる可能性がある。

2.2 珪酸カルシウム水和物（C-S-H：Calcium-Silicate-Hydrate）

珪酸カルシウム水和物（以後C-S-Hと略す）は、カルシウム塩と珪酸塩を含む水溶液からの析出、もしくは普通ポルトランドセメント中の珪酸カルシウム（$3CaO \cdot SiO_2：C_3S, 2CaO \cdot SiO_2：\beta\text{-}C_2S$）の水和によって形成される。普通ポルトランドセメントは、最も広く用いられている汎用セメントである。C-S-Hは、セメントペーストの体積の約50%を占め、その強度発現を担っており[11]、セメント系材料の中でも最も重要な物質である。しかしながら、C-S-Hが低結晶性でかつ幅広い組成（Ca/Si比で0.6～2.0）をとる物質であるために、構造決定が難しく、トバモライトやジェナイトに類似した低秩序の層構造を持つと考えられてきた[12]。最近、CongおよびKirkpatrickによりC-S-Hの欠陥トバモライト構造モデル（図1）が提唱された[13]。そのモデルは以下のようなものである。Ca/Si比が低い（～0.8）C-S-Hは、モデル化合物である1.4-nmトバモライトに非常に近い構造を持っている。すなわち、CaO層の両側に比較的長いSiO₄チェーンを有し、層間には電荷補償のためCa^{2+}が存在する（図1a）。Ca/Si比が増加するに従い、ブリッジング位置のSiO₄四面体が徐々に除去されるためにSiO₄の重合度は低下し、同時に電荷補償のためにCa^{2+}が供給される。その結果、Ca/Si=1.3ではブリッジング位置のSiO₄がほぼ全て除かれ、

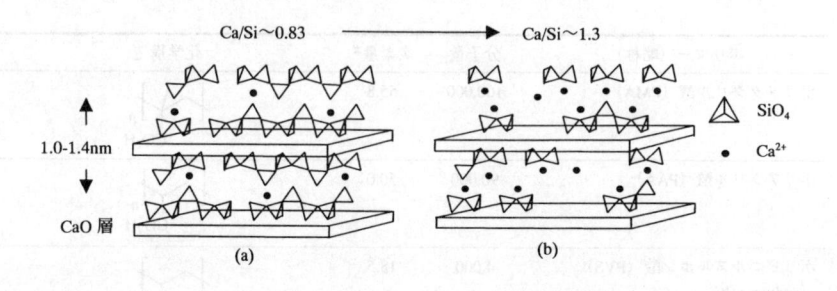

図1 C-S-Hの欠陥トバモライト構造モデル

同時に一部はセクションごと除かれて、チェーンの平均長さは非常に短くなる（図1b）。

3　C-S-H／ポリマー複合体の合成

以上の背景から我々は、C-S-Hが水溶液からの析出もしくはセメントの水和によって得られる特長を生かし、水溶性ポリマーがC-S-H層間にインタカレートした新規な有機／無機ナノコンポジットを合成できるのではないかと考えた。上で述べたようにC-S-Hは幅広い組成（Ca/Si比：0.6〜2.0）を持ち、組成変化とともに構造が変化するモデルが提案されている[13]。そこで、C-S-H層間へのポリマーインタカレーションによる複合体形成、C-S-Hの組成（Ca/Si比）とポリマーのイオン性が複合化に与える影響に着目して研究を開始した。

複合体合成は、まず水溶性ポリマーの存在下で水溶液からC-S-Hを析出させる方法で行った。次に、セメントの水和反応による複合体形成が可能かどうかを調べるため、水溶性ポリマーの存在下でセメントの成分の一つである高反応性β-C_2S（$2CaO \cdot SiO_2$）を水和させる方法を検討した。

3.1　実験方法

3.1.1　水溶性ポリマー

表1〜3に、本研究で用いた陰イオン、陽イオン、非イオン性ポリマーの種類と構造を示す。C-S-Hの合成が高pH領域（>13）で行われるため、陽イオン性ポリマーは4級のアンモニウム塩を選択した。

表1　陰イオン性ポリマー

ポリマー（略称）	分子量	炭素量#	化学構造
ポリメタクリル酸（PMA）	100,000	55.8	CO_2H
ポリアクリル酸（PAA）	90,000	50.0	CO_2H
ポリビニルスルホン酸（PVS）（sodium salt）PVS	4,000	18.5	SO_3Na

#モノマーユニットあたりの炭素重量%

第7章　珪酸カルシウム水和物／ポリマー複合体の合成と評価

表2　陽イオン性ポリマー

ポリマー（略称）	分子量	炭素量#	化学構造
ポリジアリルジメチルアンモニウムクロライド PDC	100,000-200,000	59.4	
ポリ4-ビニルベンジルトリメチルアンモニウムクロライド PVC	150,000-200,000	68.7	
ポリ4-ビニル-1-メチルピリジニウムブロマイド PMB	50,000	48.0	
ポリ2-メタクリルオキシエチルトリメチルアンモニウムクロライド PTC	200,000	42.9	
ヘキサジメチリンブロマイド HMB	5,000-10,000	70.1	
メチルグリコールキトサン（アイオダイド）MGI		38.7	

モノマーユニットあたりの炭素重量%

3.1.2　水溶液からの析出による合成

　水溶性ポリマーとメタ珪酸ナトリウムの混合水溶液に水酸化ナトリウムを加え，溶液のpHを13以上に調整した後，硝酸カルシウム溶液を加えた。メタ珪酸ナトリウムと硝酸カルシウムの量比を変化させることにより，C-S-HのCa/Si比を変化させた。高pH（>13）下でC-S-Hを析出させることにより，仕込みCa/Si比にほぼ等しいCa/Si比のC-S-Hが得られる[14]。硝酸カルシウ

表3 非イオン性ポリマー

ポリマー（略称）	分子量	炭素量#	化学構造
ポリビニルアルコール（PVA）*	78,000	54.5	
ポリアリルアミン（PAM）	60,000	55.8	
ポリエチレンオキサイド（PEO）	100,000	54.5	
ポリビニルピロリドン（PVP）	55,000	64.8	

＊けん化度（99.7mol％），＃モノマーユニットあたりの炭素重量％

ム溶液を添加した直後に白濁が生じ，C-S-H／ポリマーハイブリッドスラリーが得られる。このスラリーを60℃で7日間静置した。その後，固形分を水洗してナトリウムイオン，硝酸イオン，残余ポリマーを除去し，60℃で10日間真空乾燥してハイブリッド粉末を得た。

3.1.3 高反応性 β-C_2S の水和による合成

水溶性ポリマー溶液に，高反応性の β-C_2S とシリカフューム（非晶質 SiO_2）の混合粉末を添加した。水／混合粉末比は，重量比で20とした。β-C_2S とシリカフュームの量比を変化させることにより，C-S-H の Ca/Si 比を変化させた。室温下，連続攪拌しながら14～28日間水和反応させ，C-S-H／ポリマーハイブリッドスラリーを得た。その後，3.1.2と同様に洗浄，乾燥を行いハイブリッド粉末を得た。

3.1.4 解析方法

ハイブリッド粉末は，X線回折法（XRD），赤外吸収分光法（IR），^{29}Si 核磁気共鳴分光法（NMR）により解析した。また，含有炭素量は，炭素・水素・窒素装置（CHN）を用い，Ca/Si 比は蛍光X線分光法により測定した。

3.2 C-S-H／陰イオン性ポリマー複合体[15]

図2に，ポリメタクリル酸（PMA）の共存下で仕込み Ca/Si 比1.3の C-S-H を析出させて得た C-S-H/PMA 複合体の粉末X線回折パターンを示す。共存させる PMA 濃度を0～1.1（g/g 硝酸カルシウム）の範囲で変化させた。パターンは，面方向の繰り返し距離を反映した広角側のピーク

第7章 珪酸カルシウム水和物／ポリマー複合体の合成と評価

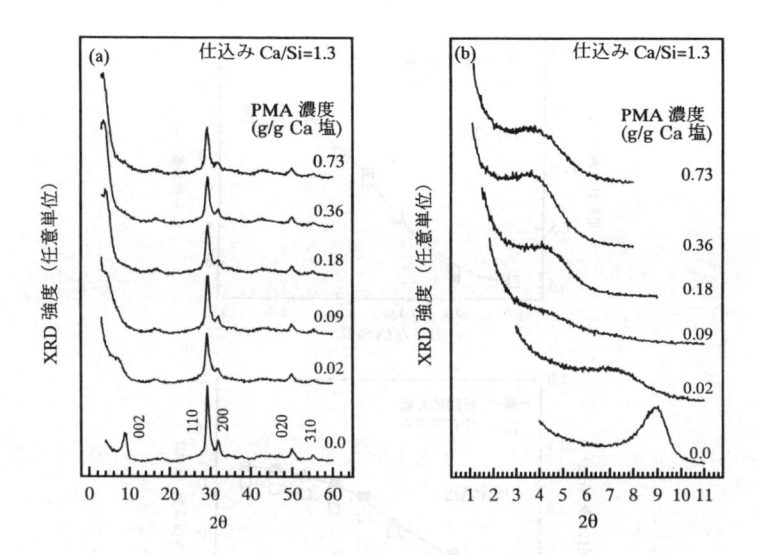

図2 ポリメタクリル酸（PMA）共存下でC-S-Hを析出させて得たC-S-H/PMA複合体の粉末X線回折パターン

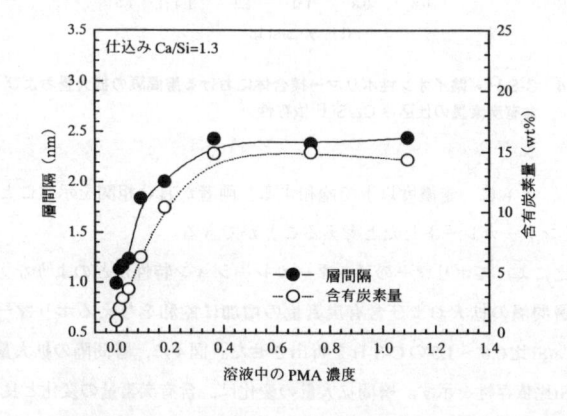

図3 C-S-H/PMA複合体における層間隔，含有炭素量（重量%）のPMA濃度依存性

（＞20°2θ）と，層間隔を反映した1.0nm以下（＜10°2θ）の底面反射からなっている。広角側のピークはポリマーの共存によってブロードになるものの，その位置は影響を受けない。一方で，底面反射はPMA濃度の増加とともに低角度側にシフトする（図2b）。図3に層間隔，含有炭素量（重量%）のPMA濃度依存性を示す。ポリマー濃度の増加とともに，層間隔が拡大，含

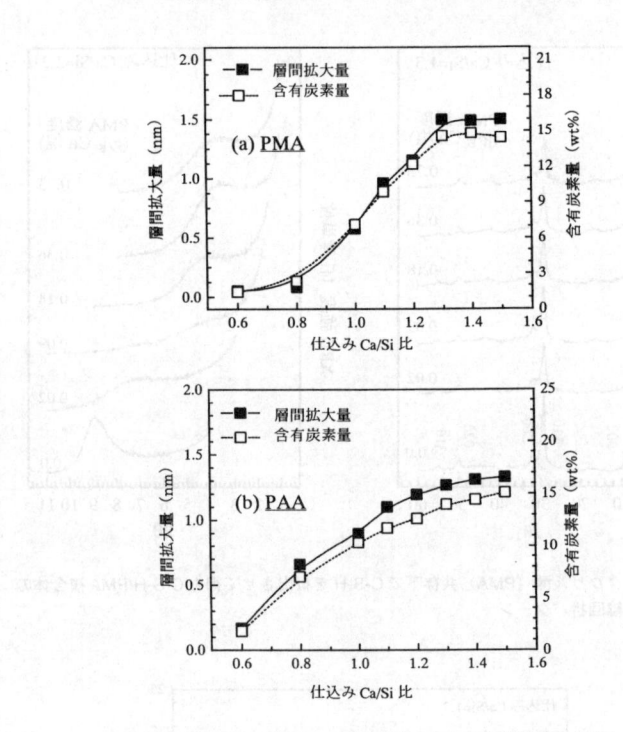

図4 C-S-H／陰イオン性ポリマー複合体における層間隔の拡大量および含有炭素量の仕込み Ca/Si 比依存性

有炭素量が増加し，ともに一定濃度以上で飽和する。両者が良い相関を示すことから，PMA が C-S-H の層間にインターカレートしたと考えることができる。

C-S-H の Ca/Si 比によってポリマーのインターカレーション特性がどのような影響を受けるかを調べるため，層間隔の拡大および含有炭素量の増加に飽和を与えるポリマー濃度（PMA，PAA）で仕込み Ca/Si 比 0.6～1.5 の C-S-H を析出させた。図4に，層間隔の拡大量および含有炭素量の仕込み Ca/Si 比依存性を示す。層間拡大量の変化は，含有炭素量の変化と良い相関を示す。インターカレーション量は仕込み Ca/Si 比の増加とともに増加し，Ca/Si 比約 1.3 で飽和する。層間の拡大量，含有炭素量はポリマー種により異なるが，陰イオン性ポリマーとしてポリビニルスルホン酸(表1)，セメントペーストの流動性改善に広く用いられている高性能減水剤ポリマー[16]を用いた場合も同様なインターカレーション特性を示した。以上より，陰イオン性ポリマーは，高い Ca/Si 比の C-S-H 層間にインターカレートして複合体を形成することがわかった。

図5に C-S-H／陰イオン性ポリマー複合体（Ca/Si = 1.3）の赤外吸収スペクトルを示す。スペ

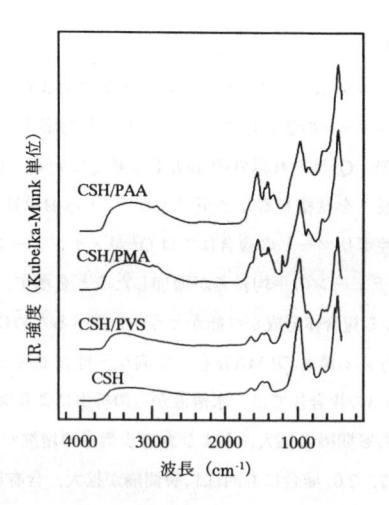

第7章　珪酸カルシウム水和物／ポリマー複合体の合成と評価

図5　C-S-H／陰イオン性ポリマー複合体（Ca/Si＝1.3）の赤外吸収スペクトル

クトルには，C-S-Hに由来する吸収帯の他にポリマー由来の吸収が観測される。2900cm^{-1}付近の吸収はCH_2ないしはCHの伸縮振動によるものである。PMA，PAAのC＝O伸縮振動（1700cm^{-1}）は複合化によりシフトして1550cm^{-1}および1400cm^{-1}のダブルピークになる。これは，ポリマーがカルボキシレートとして存在することを示すものである。PVSとの複合体では，1200cm^{-1}および1050cm^{-1}にR-SO_3^-の伸縮振動が観測される。陰イオン性ポリマーは層間のCaイオンと

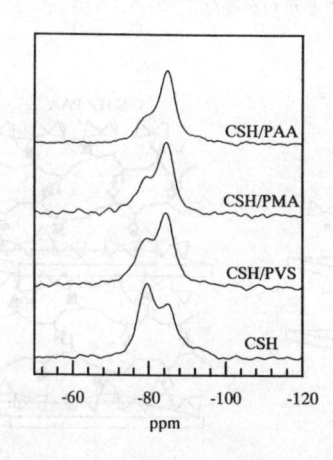

図6　C-S-H／陰イオン性ポリマー複合体（Ca/Si＝1.3）の^{29}Si NMRスペクトル

結合していると推察される。

図6に^{29}Si NMRスペクトルを示す。スペクトルは，-79.8および-85.5ppmの二つのピークからなり，それらはSiO$_4$チェーンのQ^1，Q^{2}サイトにそれぞれ対応する。Q^{1}はダイマーもしくはチェーン末端のSiO$_4$を反映，Q^{2}はそれ以外のSiO$_4$を反映している。したがって，Q^{1}とQ^{2}の比からSiO$_4$チェーンの平均長さを見積もることができる[14]。C-S-H単独ではQ^{1}がメインピークであるのに対し，陰イオン性ポリマーとの複合体ではQ^{2}がメインピークになる。Q^2/Q^{1}比の増大は，複合化によってSiO$_4$チェーンの平均長さが増加したことを示す。

セメントの水和反応による複合体形成が可能かどうかを調べるために，層間隔の拡大および含有炭素量の増加に飽和を与える濃度のPMA存在下で高反応性β-C$_2$Sとシリカフュームの混合物を反応させた[17]。Ca/Si=1.3の複合体では，水溶液からの析出により得られた複合体と同じXRD底面反射のシフトすなわち層間隔の拡大，および含有炭素量の増加が観測された。また，Ca/Si比をさらに高くした(～1.7, 2.0)場合にも同様に層間隔が拡大，含有炭素量が増加した。一方，Ca/Si=0.80の場合には，層間隔の拡大および含有炭素量の増加は観測されなかった。陰イオン性ポリマーとしてPAAを用いた複合体では，明確なXRD底面反射は観測されず，インターカレーションの直接的な証拠は得られなかった。しかし，①高いCa/Si比で含有炭素量が顕著に増加し，低いCa/Si比では増加しないこと，②水溶液からの析出により得られた複合体で層間拡大量の変化と含有炭素量の変化が非常に良い層間を示すことから，PAAもインターカレートしたと考えられる。水和による複合体の赤外吸収スペクトル，^{29}Si核磁気共鳴スペクトルは，水溶液からの析出により得た複合体と同じ特性を示した。以上より，水和反応によっても水溶液から析出と同様な複合体が得られることがわかった。

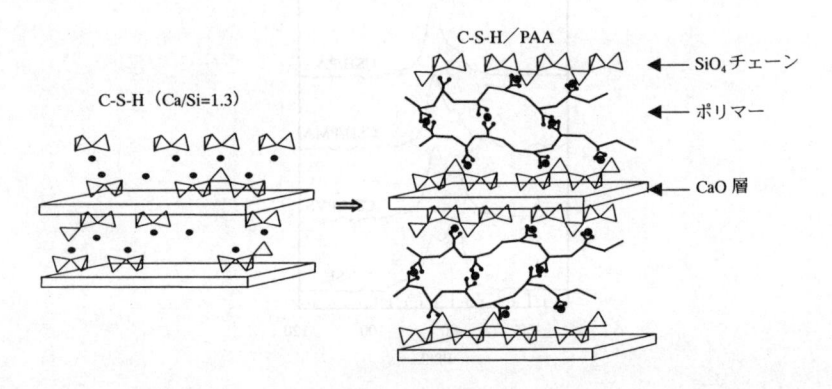

図7　C-S-H/PAA複合体の概念図

第7章 珪酸カルシウム水和物／ポリマー複合体の合成と評価

以上の結果を基に描いたPAAのインターカレーションの概念図を図7に示す。図では便宜上ポリマーを紙面に平行かつ直線的に描いたが，紙面に垂直であったり，ジグザクないしはループを形成して存在することも考えられる。高いCa/Si比，例えばCa/Si＝1.3のC-S-HではSiO$_4$チェーンの平均長さは非常に短くなっている。このC-S-HにPAAがインターカレートする場合，C-S-H層間のCaイオンの一部はPAA同士をキレートするために使われ，層内を電荷補償するCaイオンが不足する。その結果として，SiO$_4$チェーンの平均長さが増大すると考えられる。層間の拡大量，含有炭素量より，C-S-Hの単位構造に対しモノマー単位で約2つ分のPAAがCa塩として存在すると推定される。低いCa/Si比，例えばCa/Si＝0.80のC-S-Hでは，既にSiO$_4$チェーンは長く，ポリマーインターカレーションによる構造変化の余地が残されていない。そのために，陰イオン性ポリマーは低いCa/Si比のC-S-Hを好まず，高いCa/Si比のC-S-H層間にインターカレートして複合体を形成するものと考える。

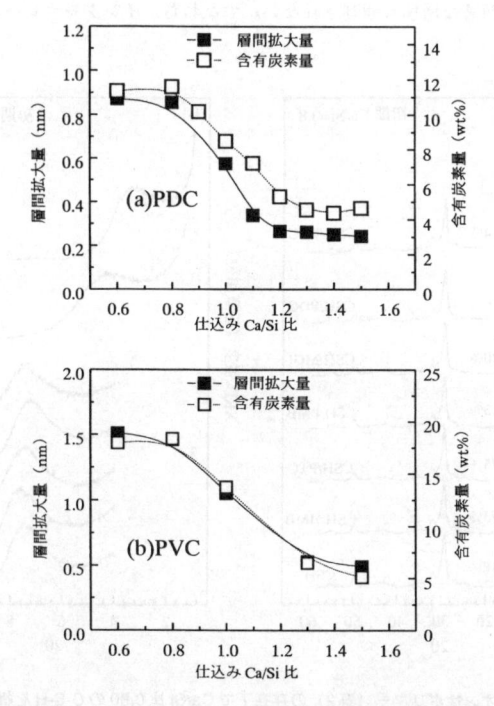

図8 C-S-H／陽イオン性ポリマー複合体における層間隔の拡大量および含有炭素量の仕込みCa/Si比依存性

3.3 C-S-H／陽イオン性ポリマー複合体[18]

陽イオン性ポリマーとして，PDC，PVC（表2）を用い，層間隔の拡大および含有炭素量の増加に飽和を与えるポリマー濃度で仕込みCa/Si比0.6～1.5のC-S-Hを析出させた。図8に，層間隔の拡大量，含有炭素量の仕込みCa/Si比依存性を示す。陰イオン性ポリマーの場合同様，層間隔および含有炭素量の変化は良い相関を示す。非常におもしろいことにCa/Si比依存性は，陰イオン性ポリマーと全く逆の傾向を示す。すなわちインターカレーションは仕込みCa/Si比の減少とともに増加し，Ca/Si比約0.8で飽和する。以上より，陽イオン性ポリマーは，低いCa/Si比のC-S-H層間にインターカレートして複合体を形成することがわかる。

図9に，上記二種を含む各種陽イオン性ポリマー（表2）の存在下でCa/Si比0.80のC-S-Hを析出させて得た複合体の粉末X線回折パターンを示す。図中には，含有炭素量も同時に示した。PDC，PVCを用いた場合，複合化により底面反射が大きく低角側にシフトするとともに含有炭素量が顕著に増加した。それに対し，その他の陽イオン性ポリマーを用いた場合には底面反射のシフトも含有炭素量の顕著な増加も観測されない。すなわち，インターカレーションは起きない。

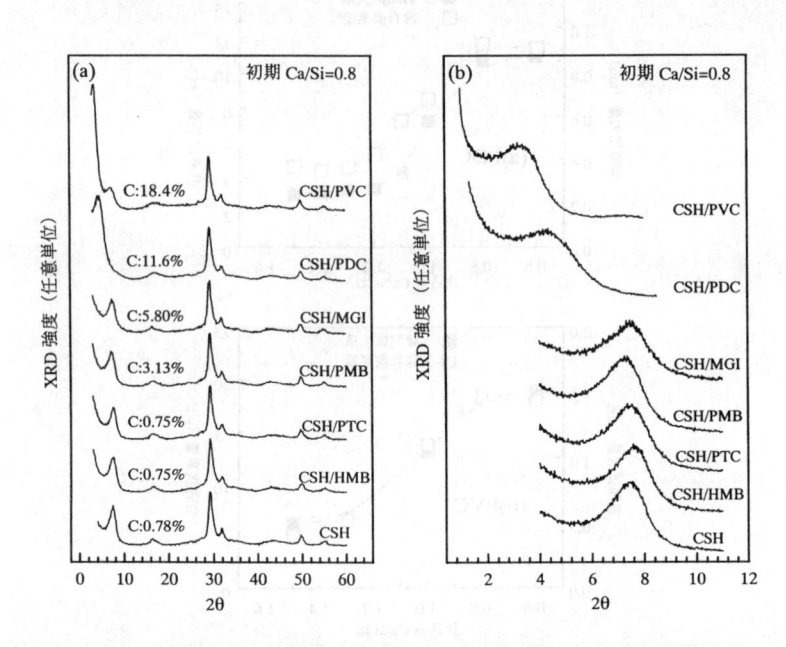

図9　各種陽イオン性ポリマー（表2）の存在下でCa/Si比0.80のC-S-Hを析出させて得た粉末のX線回折パターン

第7章 珪酸カルシウム水和物／ポリマー複合体の合成と評価

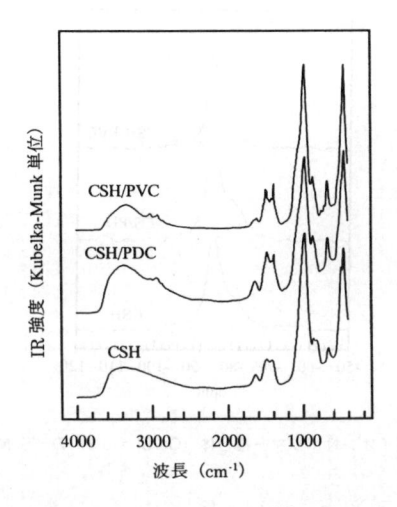

図10 C-S-H／陽イオン性ポリマー複合体（Ca/Si＝0.8）の赤外吸収スペクトル

ポリマー種によるインターカレーションの可不可の理由は現時点では明確でない。溶液中でのポリマーのコンフォメーション，ポリマーの電解質強度，ポリマー中のカウンターアニオンの種類等が影響していると推察している。

図10にC-S-H／陽イオン性ポリマー複合体（Ca/Si＝0.80）の赤外吸収スペクトルを示す。スペクトルには，C-S-Hに由来する吸収帯の他にポリマー由来の吸収が観測される。2900cm^{-1}付近の吸収はCH_2ないしはCHの伸縮振動によるものである。PDCのN^+Cl^-イオン結合の変角振動（1475cm^{-1}）は複合化によりシフトして1475cm^{-1}および1383cm^{-1}のダブルピークになる。PDCおよびPVCのCl^-をOH^-とイオン交換した際に同様な変化が観測されることから，PDC，PVCはC-S-Hの層間でSiO_4チェーンのSi-O$^-$とイオン結合していると推定できる。図11に^{29}Si NMRスペクトルを示す。陰イオン性ポリマーとの複合化とは異なり，陽イオン性ポリマーとの複合化ではQ^2/Q^1比に変化は生じない，すなわちSiO_4チェーンの平均長さは変化しないことがわかる。

セメントの水和反応による複合体形成が可能かどうか調べるために，層間隔の拡大および含有炭素量の増加に飽和を与える濃度のPDC存在下で高反応性β-C_2Sとシリカフュームの混合物を反応させた[17]。Ca/Si＝0.80のC-S-Hを水和反応によって生成させた場合，明確なXRD底面反射は観測されなかった。複合化した場合にも底面反射は観測されず，インターカレーションの直接的な証拠を得ることはできなかった。しかしながら，Ca/Si比が低い（〜0.8）場合に含有炭素

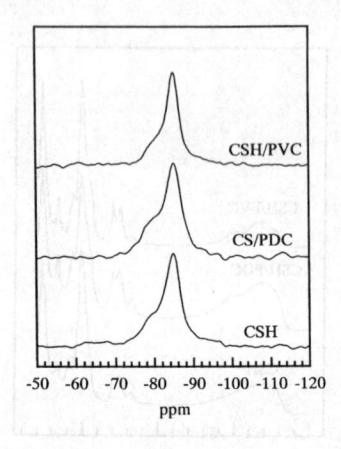

無機・有機ハイブリッド材料の開発と応用

図11 C-S-H／陽イオン性ポリマー複合体（Ca/Si＝0.8）の ^{29}Si NMR スペクトル

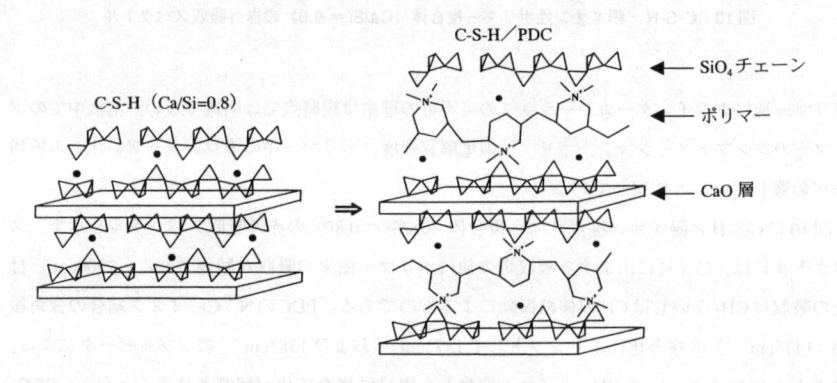

図12 C-S-H/PDC 複合体の概念図

量が顕著に増加し（8重量％），Ca/Si比が低い場合には増加量が少ない（Ca/Si＝1.3で4重量％，Ca/Si＝1.7で0重量％）。これは水溶液からの析出による合成の場合と同じ傾向である。水溶液からの析出による複合体で層間拡大量および含有炭素量の変化が非常に良い相関を示すことがわかっている。したがって，水和反応によっても水溶液からの析出と同様な複合体が得られたと考えられる。

以上の結果を基に描いたPDCインターカレーションの概念図を図12に示す。低いCa/Si比，例えばCa/Si＝0.8のC-S-HではSiO₄チェーンの平均長さは比較的長くなっている。また，層内の

100

第7章 珪酸カルシウム水和物／ポリマー複合体の合成と評価

負電荷（SiO^-）は Ca イオンだけでは補償されず，H^+ によっても補償されていることが報告されている。陽イオン性ポリマーは，H^+ とのイオン交換によりインターカレートし，層間の Si-O^- とイオン結合していると推定される。また，層間の拡大量，含有炭素量より，C-S-H の単位構造に対しモノマー単位で約1つ分の PDC が層間に存在すると推定される。イオン交換によるインターカレートのため，SiO_4 チェーンの平均長さの変化は必要でない。図8に見られるように陽イオン性ポリマー（PDC，PVC）は，量的には少ないが高い Ca/Si 比の C-S-H にもインターカレートする。Ca/Si 比の高い C-S-H では，SiO_4 チェーンの平均長さが非常に短くなり，層内に CaO 層の Ca-OH が露出してくることが提案されている[13]。したがって，高い Ca/Si 比の C-S-H の場合，陽イオン性ポリマーは Ca-OH の H^+ とイオン交換して層間の Ca-O^- とイオン結合し，インターカレーションしていると推定される。層間の負電荷濃度，層間イオンとポリマーとの相互作用の強さ，負電荷とポリマーの位置関係などが総合してインターカレーションに寄与し，結果として Ca/Si 比の低い C-S-H に多くインターカレートするものと推察される。

陰イオン性ポリマー（PMA）と陽イオン性ポリマー（PDC）のインターカレーション（層間拡大量）の Ca/Si 比依存性を直接比較したものを図13に示す。陰イオン性ポリマーは高い Ca/Si 比の C-S-H に，陽イオン性ポリマーは低い Ca/Si 比の C-S-H に多くインターカレートする好対照の結果であることが再認識できる。また層間拡大量の相違やポリマーの大きさの相違は，C-S-H の単位構造に対するモノマー単位で PMA が約2つ分，PDC が約1つ分存在していることを支持するものと考える。

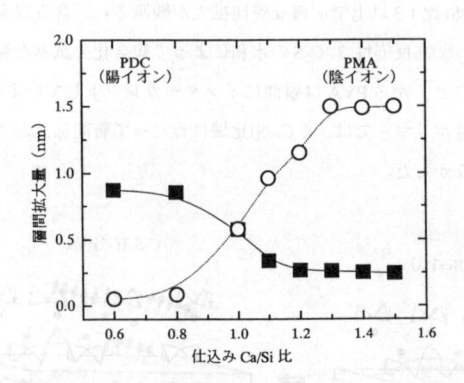

図13　陰イオンポリマー PMA と陽イオンポリマー PDC のインターカレーション（層間拡大量）の Ca/Si 比依存性

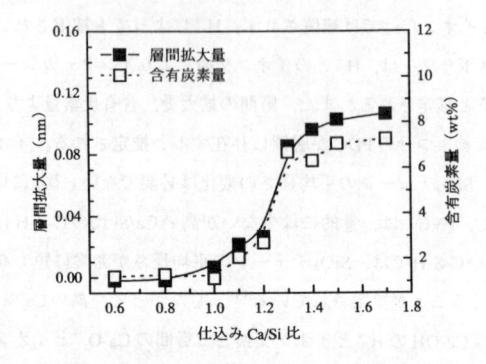

図14 C-S-H/PVA複合体における層間隔の拡大量および含有炭素量の仕込みCa/Si比依存性

3.4 C-S-H／非イオン性ポリマー複合体[15, 19]

非イオン性ポリマーとして，ポリビニルアルコール（PVA）を用い，層間隔の拡大および含有炭素量の増加に飽和を与えるポリマー濃度で仕込みCa/Si比0.6～1.7のC-S-Hを析出させた。図14に，層間隔の拡大量，含有炭素量の仕込みCa/Si比依存性を示す。結果は陰イオン性ポリマーの場合と類似しており，Ca/Si比1.3以上の場合に層間隔の増大が観測される。しかし，拡大量は0.1nm程度であり，陰イオン性ポリマーの場合（>1.0nm）と比較して無視できるほどに小さい。しかしながら，①Ca/Si比1.3以上で明確な層間拡大が観測され，含有炭素量の増加とも良い相関を示していること，②高反応性β-C_2Sの水和によって複合化を試みた場合でもほぼ同じ層間拡大量が観測されること，からPVAは層間にインターカレートしていると考えている。一方，PVA以外の非イオン性ポリマーでは，全Ca/Si比域にわたって層間拡大および含有炭素量増大の両方が全く観測されなかった。

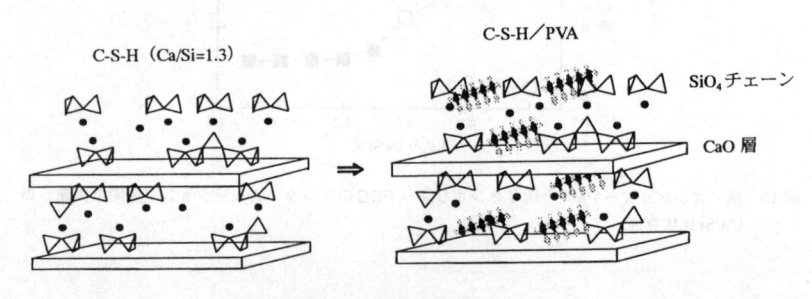

図15 C-S-H/PVA複合体の概念図

第7章 珪酸カルシウム水和物／ポリマー複合体の合成と評価

それでは，非常に少ない層間隔の増大で，PVAはどのようにインターカレートしているのだろうか。我々は図15[19]に示すようなインターカレートがあり得るのではないかと考えている。高いCa/Si比（＞1.3）のC-S-Hでは，ブリッジング位置のSiO$_4$四面体はほとんど除去され，また一部はセクションごと除去されて，チェーンの平均長さは非常に短くなっている。^{29}Si NMR測定により，PVAとの複合化ではSiO$_4$チェーンの平均長さは全く変化しない（陰イオン性ポリマーの場合と異なる）ことが確認されている。したがって，PVAが層間にあるSi-OHやCaO層のCa-OH等と水素結合を形成して，SiO$_4$四面体やセクションが除去されてできた空間に入ることが可能ではないだろうか。そうすれば，インターカレートしているにも関わらず，層間の拡大量が非常に小さいことが説明できる。PVAと層間Si-OHもしくはCa-OHとの相互作用は，イオン性ポリマーの静電相互作用と比較して弱いものと考えられる。したがって，低いCa/Si比（～0.8），中間領域のCa/Si比（～1.0）のC-S-Hでは，SiO$_4$四面体の抜けが不十分で入る空間がないためにインターカレートが起きない。PVA以外の非イオン性ポリマーでは，水素結合力がさらに弱いために全Ca/Si比のC-S-Hに渡ってインターカレーションが全く起きないと考えられる。

4　まとめと今後の展望

本研究は，これまで全く知られていなかったC-S-Hとポリマーの相互作用を明らかにしたものである。C-S-Hが水溶液からの析出またはセメントの水和により生成されるという特長を生かし，水溶性ポリマーを用いた全く新しい有機／無機ナノコンポジット（珪酸カルシウム水和物（C-S-H）／ポリマー複合体）を実現して，セメント系材料の物性を向上させるための基礎を構築した。以下に結果をまとめる。

① ポリマーの存在下でC-S-Hを水溶液から析出させることにより，C-S-H層間にポリマーがインターカレートしたナノコンポジットが得られる。
② インターカレーション特性は，C-S-Hの組成（Ca/Si比）とポリマーのイオン性に強く依存し，その依存性は組成変化に伴うC-S-Hの構造変化によって説明できる。
③ 陰イオン性ポリマーはCa/Si比の高いC-S-Hに層間のCa^{2+}と結合してインターカレートし，その際C-S-HのSiO$_4$チェーン平均長さを増加させる。一方，陽イオン性ポリマーはCa/Si比の低いC-S-Hに層間のSi-O$^-$と結合してインターカレートし，それはSiO$_4$チェーン平均長さ変化を伴わない。
④ 非イオン性ポリマーは，PVAのみがCa/Si比の高いC-S-Hにインターカレートする。
⑤ 水溶性ポリマーの存在下でβ-C$_2$Sを水和させることにより，水溶液から析出と同様な複合体が得られる。

C-S-H／ポリマーナノコンポジットの研究は，始まったばかりであり，現在まだ基礎レベルにある。したがって，強度，じん性，その他どのような物性の特長を有するかは未知であり，物性の把握が今後の重要な課題である。我々の夢を多分に含んでいるが，以下のような展開を期待している。

　まず，新規な従来用途用セメント系材料の創出である。C-S-Hとポリマーの複合化により，飛躍的な物性向上（強度，じん性等）が期待される。それにより材料を薄くすることができ，空間の有効利用，軽量化が可能になる。飛躍的な物性の向上が達成されれば，セメント系材料の特長（価格が安く，自由な形に成形可能で，耐候性が高い）を生かし，従来用途である土木建築物以外の領域，例えば電子材料の基板等への展開も可能になると考える。次に，ポリマー主体の材料への展開である。本研究で得られた材料は，無機（C-S-H）主体の複合材料である。しかし，有機／無機ナノコンポジットの特長の一つは，有機／無機の量比を変化させることにより有機主体の材料から無機主体の材料までの幅広い応用が可能なことにある。また，バイオコンポジットへの展開もあるのではないかと考えている。骨，歯等のバイオコンポジットは，蛋白質ポリマーで形成された水溶液環境での特定の無機化合物（アパタイト，カルサイト等）の生成によって得られる。C-S-Hがセメントの水和または水溶液からの析出により生成されるという特長を生かし，例えばC-S-H／ポリマー複合体の形成速度の制御やポリマーネットワーク中でのC-S-H生成等により，新たなバイオコンポジットの合成が可能性であると考える。

　C-S-Hという我々の生活に深く関与しながらも，セメント系材料研究者以外には馴染みの薄かった材料を有機／無機ナノコンポジット研究領域に登場させた意義は大きいと考えている。今後，多くの研究が行われ，実用材料として展開されることを願っている。

文　　献

1) Wen, J. and Wilkes, G. L., *Chem. Mater.*, 8, 1667 (1996).
2) Novak, M., *Adv. Mater.*, 5, 422 (1993).
3) Chujo, Y., *Encyclp. Poly. Sci. Tech.*, CRC Press, Boca Raton, 6, 4793 (1996).
4) Giannelis, E. P., *J. of Metals*, 44, 28 (1992).
5) Usuki, A. *et al.*, *J. Mater. Res.*, 8, 5, 1179 (1993).
6) Young, J. F., ed. "Very High Strength Cement-Based Materials", *MRS Proc.*, 42, 317 (1985).
7) Roy, D. M., *Science*, 235, 651 (1987).
8) Doyama, M. *et al.*, *Proc. MRS Intern. Mtg. Adv. Mater.*, 13, 236 (1989).
9) Ludirdjo, D. and Young, J. F., "Synthetic Fiber Reinforcement for Concrete", USACERL Tech. Report

第7章　珪酸カルシウム水和物／ポリマー複合体の合成と評価

    FM-93/02, Nov. 1992.
10) Rebeiz. K. S. Y. *et al.*, *ACI Mater. J.*, **91**, 3, 313 (1994).
11) Jawed, I., Skalny, J. and Young, J. F., Barnes, P. Edit., *Appl. Sci. Publ.*, 237-317, London (1983).
12) Taylor, H. F. W., Cement Chemistry 2nd Wd. Thomas Telford London, UK (1997).
13) Cong, X. and Kirkpatrick, R. J., *Advn. Cem. Bas. Mat.*, **3**, 144 (1996).
14) Matsuyama, H. and Young, J. F., *Adv. Cem. Res.*, **12**, [1] 29 (2000).
15) Matsuyama, H. and Young, J. F., *J. Mater. Res.*, **14**, [8] 3379 (1999).
16) Matsuyama, H. and Young, J. F., *Concr. Sci. Eng.*, **1**, 148 (1999).
17) Matsuyama, H. and Young, J. F., *Concr. Sci. Eng.*, **1**, 66 (1999).
18) Matsuyama, H. and Young, J. F., *J. Mater. Res.*, **14**, [8] 3389 (1999).
19) Matsuyama, H. and Young, J. F., *Chem. Mater.*, **11**, [1] 16 (1999).

第8章　機能性クレイナノコンポジット材料
―液晶クレイナノコンポジットの開発―

長谷川直樹[*1]，臼杵有光[*2]

1　はじめに

　近年，有機と無機のナノコンポジットの研究が活発に行われている。有機分子と無機分子が分子レベルで複合化されることにより，両者の特性を単純に合わせたよりも飛躍的な性能の向上，また新たな機能発現が期待されている[1-3]。層状粘土鉱物（以後クレイと略称）と有機分子とのナノコンポジットは，最も成功した例の一つである。とりわけ有機高分子中にクレイをナノレベルで分散させたポリマクレイナノコンポジットは，飛躍的にポリマの力学的特性，熱的特性等を向上できることから，現在，学問的，工業的に大きな注目を集めている[4-6]。

　全般的に見ると，クレイナノコンポジットは力学的，熱的等の物理的な特性の改善を目的とした構造用材料への適用が多いが，最近では機能材料に関する研究が増えてきている。一概に機能性クレイナノコンポジットといっても，その研究は多岐にわたる。既に，その機能別に整理することが行われているが[7,8]，ここではまずクレイナノコンポジットの形態で大別した。

2　機能性クレイナノコンポジット

　クレイナノコンポジットの形態は図1に示す2つに大別される。
①クレイ層間挿入型ナノコンポジット
②クレイ分散型ナノコンポジット

　①はナノメーターオーダーのクレイ層間に，分子がインターカレート（挿入）することを利用したものである。クレイがマトリックス（ホスト化合物）となり，機能分子をゲスト分子として取り込んだコンポジットである。クレイ層の2次元空間に機能分子を規則正しく配列させ，機能の向上を期待したものが多い。このタイプのものは，既にクレイ層間化合物，インターカレーション材料として数多く紹介され，優れた総説も出ており，そちらを参照されたい[7-12]。

---

*1　Naoki Hasegawa　㈱豊田中央研究所　材料2部　機能高分子合成研究室
*2　Arimitsu Usuki　㈱豊田中央研究所　材料2部　機能高分子合成研究室　室長

第8章 機能性クレイナノコンポジット材料

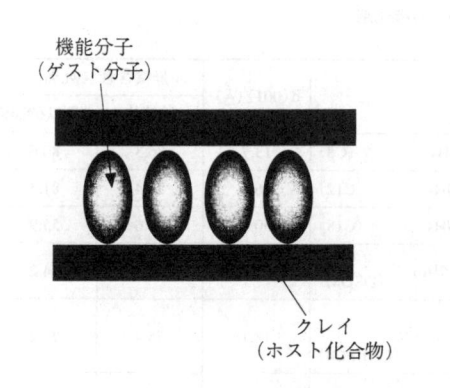

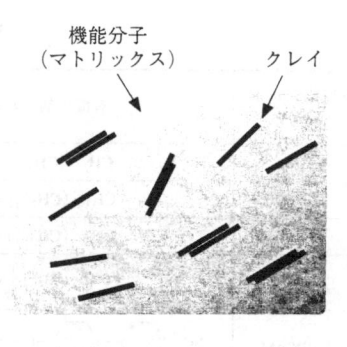

図1 クレイナノコンポジットの模式図
左図：クレイ層間挿入型，右図：クレイ分散型

一方，②はマトリックス中にクレイがナノメーターレベルで分散したコンポジットである。これまで，このタイプの機能材料への研究例はほとんどなかった[13-17]。筆者らは，長年ポリマ中にクレイをナノレベルで分散させることに取り組んでおり，そこで培った技術を基にこのタイプの機能性クレイコンポジットの研究に着手した。ここでは，筆者らが行った液晶クレイナノコンポジットの開発について紹介する[13-15]。機能性クレイナノコンポジットの開発のヒントになれば幸いと考える。

3 液晶クレイナノコンポジット

液晶は最も成功した有機機能材料と言える。特にネマチック液晶は，STN，TFT形式のパソコン等のモニターに広く使われている。この汎用のネマチック液晶にクレイをナノレベルで分散させた場合，どのような性能の向上，どのような機能が発現されるか興味がもたれる。

3.1 合成

一般に，クレイを有機物中に微細分散させるには，クレイ表面と有機物との親和性を増すためイオン交換による有機化処理を行う。表1に今回用いた有機化剤の代表的なものを示す。液晶との相溶性を増すため，液晶（メソゲン）基を有したアンモニウム塩を新たに合成し有機化剤に用いている（図2）。液晶には，シアノビフェニル系，エステル系液晶を用いている。

無機・有機ハイブリッド材料の開発と応用

表1 有機化剤

有機化クレイ (略号)	有機化剤(略号)		d(001)(Å)	無機含量 (wt.%)	
				計算値	灼残による実測値
C8M	$CH_3-(CH_2)_7-NH_2$	(C8)	13.7	86.3	80.6
C12M	$CH_3-(CH_2)_{11}-NH_2$	(C12)	16.5	81.4	81.7
C18M	$CH_3-(CH_2)_{17}-NH_2$	(C18)	30.4	74.6	55.9
DSDMM	$[CH_3-(CH_2)_{17}]_2 N^+(CH_3)_2$	(DSDM)	32.8	59.7	54.2
CNBPC4M	$NC-\langle\rangle-\langle\rangle-O-(CH_2)_4-NH_2$	(CNBPC4)	18.1	75.4	75.2
CNBPC11M	$NC-\langle\rangle-\langle\rangle-O-(CH_2)_{11}-NH_2$	(CNBPC11)	20.4	69.1	70.5
CNBPC16M	$NC-\langle\rangle-\langle\rangle-O-(CH_2)_{16}-N(CH_2CH_3)_2$	(CNBPC16)	23.5	62.4	65.7
2(CNBPC11)M	$[NC-\langle\rangle-\langle\rangle-O-(CH_2)_{11}]_2 N^+(CH_2CH_3)_2$	(2(CNBPC11))	28.8	51.5	54.5

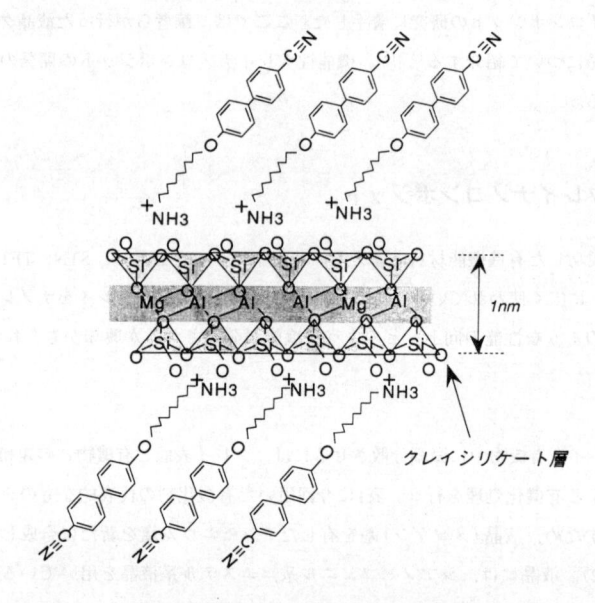

図2 有機化クレイ(CB11M)の構造式

第8章 機能性クレイナノコンポジット材料

図3に液晶クレイナノコンポジット(以下,LCC：Liquid Crystal Clay Composite 略称)の合成手順を示す。まず有機化したクレイを N,N-ジメチルアセトアミド(DMAC)に分散させた後に,液晶を加え混合する。この溶液より真空乾燥にて DMAC のみを除去することで,クレイが微細分散した LCC を合成できる。単純に有機化クレイと液晶を混合しただけではクレイは微細分散しない。用いた有機化クレイの良分散溶媒である DMAC に予め分散させることで,液晶中にクレイを微細に分散できる。クレイは 0.2〜2wt% 添加している。

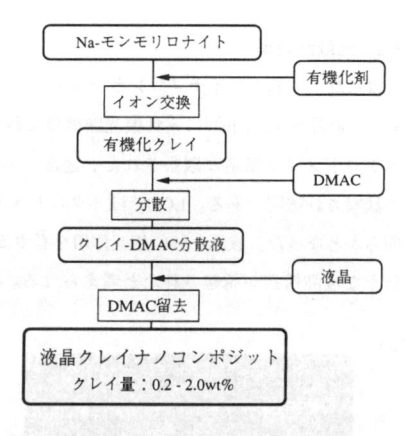

```
Na-モンモリロナイト
    ↓         ← 有機化剤
  イオン交換
    ↓
  有機化クレイ
    ↓         ← DMAC
   分散
    ↓
 クレイ-DMAC分散液
    ↓         ← 液晶
  DMAC留去
    ↓
液晶クレイナノコンポジット
  クレイ量：0.2 - 2.0wt%
```

図3 液晶クレイナノコンポジットの合成

3.2 クレイの分散性

写真1に透過電子顕微鏡による液晶中のクレイの観察写真を示す。クレイは液晶中,単層あるいは数層程度積層した状態で分散しているのが観察された。またX線回折の結果から,クレイ層間には液晶分子がインターカレートしていることが明らかとなった。

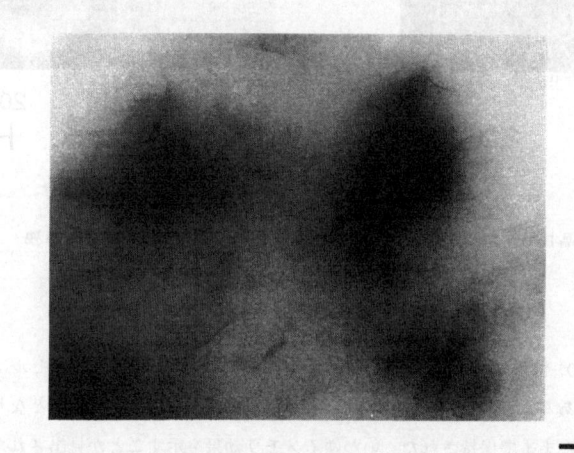

100nm

写真1 透過電子顕微鏡写真
液晶 DF05-XX,有機化クレイ CB11M を使用,写真中,黒い線が厚さ 1nm のクレイシリケート層の端面

3.3 光散乱効果

得られた液晶クレイナノコンポジットはいずれも不透明なペースト状であった。これを透明なセル（液晶層12μm）に入れ偏光顕微鏡で観察すると，クロスニコル下，写真2aに示すようなミクロドメイン構造が観察された。通常，ネマチック液晶では写真2bに示すような均質な形態が観察され透明である。LCCではミクロドメイン構造をとることで，強い光散乱が生じることが明らかとなった。液晶と強い相互作用を有する有機化クレイがナノレベルで分散することにより，新たな液晶構造が誘起されたと考えられる。

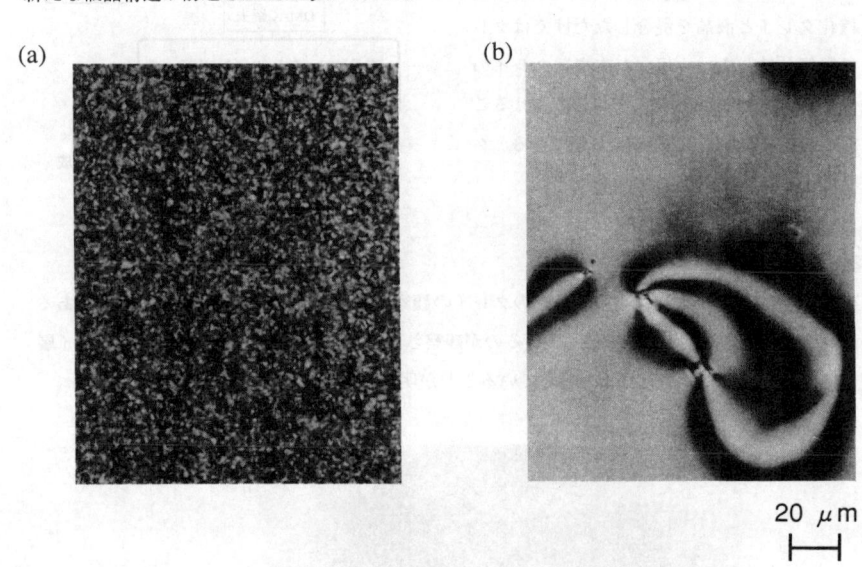

写真2 クロスニコル下の偏光顕微鏡写真
(a) LCC（液晶 DF05-XX，有機化クレイ CB11M を使用），(b) 液晶 DF05-XX 単独

3.4 メモリ効果

LCCを透明電極（ITO）付の透明セルに入れ電気光学特性を調べた。作製直後のセルは強い光散乱をおこし不透明である。このセルに40V以上の電場を印加すると速やかに透明となり，電場を切った後も透明状態のままで保持された。いわゆるメモリ効果を示すことが見出された。その光透過率は半年後も変化はなく非常に強いメモリ効果を示す。通常ネマチック液晶はメモリ効果を示すことはなく，この効果もクレイとのナノレベルでの複合化により発現されたものである。このメモリ状態は液晶の等方転移温度以上に加熱しても完全にはキャンセルされない。完全に

第8章 機能性クレイナノコンポジット材料

キャンセルするには，セルのガラス板をずらしLCCにせん断を与える必要がある。

セル作製直後と電場印加後のメモリ状態でのクレイの配向状態をX線回折により調べてみると，最初クレイの配向はランダムであったのに対し，メモリ状態ではクレイ粒子は電場方向に配向していることが明らかとなった。これらより，液晶セル内での分子の動きを考えてみると，図4のように推察される。最初クレイの配向はランダムであり，液晶分子もミクロドメイン構造を形成し光散乱状態にある。電場を印加すると液晶分子，およびクレイ粒子が電場方向に配向し，液晶のミクロドメイン構造が解消されセルは透明になる。電場をOFFとしても大きな質量をもつクレイ粒子の配向は維持され，液晶分子の配向も維持されることでメモリ効果が発現されると考えられる。この場合も液晶分子の配向を保持するには，液晶とクレイ表面の強い相互作用が必要と考えられる。

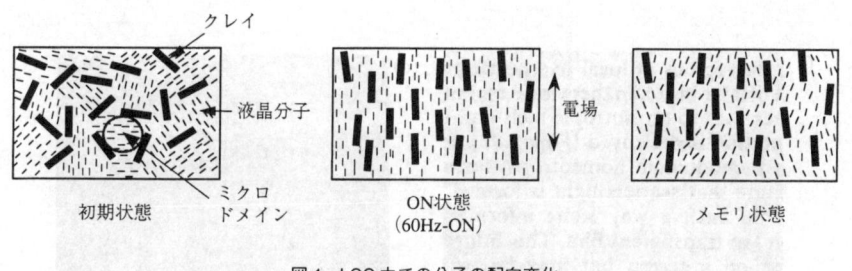

図4　LCC中での分子の配向変化

3.5　電場でのメモリ性光スイッチング

デバイス化を考えた場合，電場のみで光透過－光散乱状態のスイッチングを行えることが望ましい。これには2周波駆動液晶を用いることが有効であった。2周波駆動液晶は印加する周波数により誘電率異方性の正，負が替わる液晶である。正の領域で液晶分子は電場と平行方向に配向し，負の領域では垂直方向に配向する。また正負が入れ替わる領域（誘電率異方性0付近）では，アンモニウム塩等の電荷を持つ物質の添加で液晶分子の乱流が生じる。ここではエステル系の2周波駆動液晶DF-05XX（チッソ製）を用いた。

図5に典型的なセルの光透過率変化を，写真3にそれぞれの状態でのセルの外観を示す。低周波（60Hz-50V）をセルに印加すると50ms以内でセルは透明となる（ON状態I）。電場をOFFとしても透明状態は維持される（メモリ状態I）。ここに乱流を生じる高周波（1.5kHz-100V）を印加するとメモリ状態Iはキャンセルされ，50ms以内に不透明になる（ON状態II）。電場をOFFとしても不透明のまま維持される（メモリ状態II）。

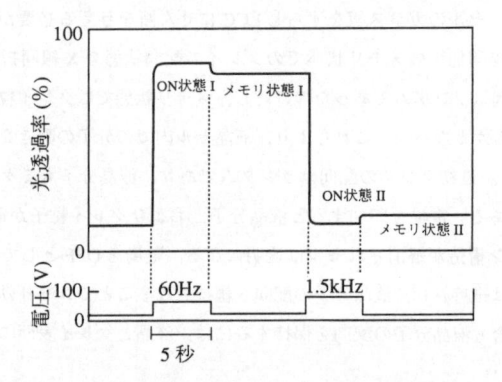

図5 2周波駆動による光透過率変化

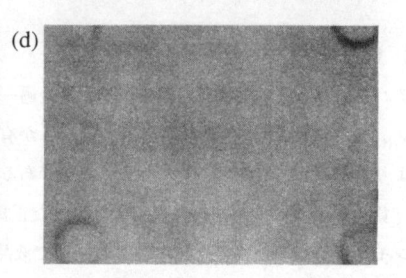

写真3 2周波駆動によるセル外観の変化
(a) ON状態I, (b) メモリ状態I, (c) ON状態II, (d) メモリ状態II

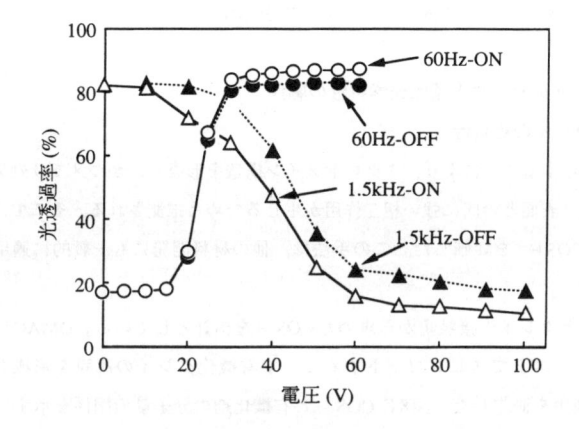

第8章 機能性クレイナノコンポジット材料

図6 2周波駆動時の印加電圧と光透過量の関係

図6に印加電圧と光透過率の関係を示した。白印（○，△）が電場印加時の値，黒印（●，▲）がメモリ状態での値である。低周波を印加した場合，光透過率は印加電圧20Vから増え始め，40Vでほぼ飽和に達した。逆に高周波を印加した場合，光透過率は印加電圧20Vから減り始め，60Vでほぼ飽和に達した。スイッチングに必要な駆動電圧は通常のネマチック液晶の駆動電圧（数V程度）に比べ高い。これは分散したクレイ粒子の配向変化を伴うためと考えられる。図7に，推

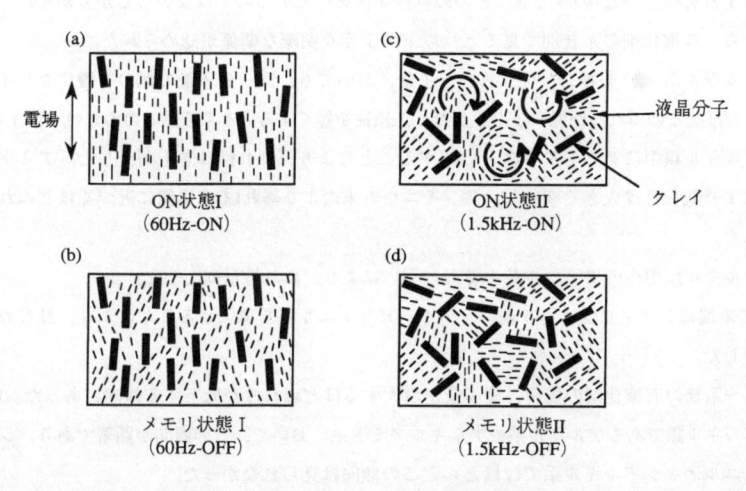

図7 2周波駆動時のLCC中での分子の配向変化

定される2周波駆動によるセル内部の分子の動きを示す。

3.6 液晶とクレイのぬれ性と電気光学特性の関係
3.6.1 液晶とクレイのぬれ性

クレイを複合化することにより、ミクロドメイン構造を形成し、かつメモリ効果を発現するのは、液晶とクレイ表面との間に強い相互作用が生じるためと推測される。そこで、液晶のクレイ表面のぬれ性（COS Θ）を評価した。この手法は、他の材料開発にも一般的に適用可能と考えられる。

ぬれ性は液晶とクレイの接触角から求めたCOS Θを指針としている。DMACに分散させた有機化クレイをガラス上でスピンコートすることで有機化クレイの薄膜を形成し、液晶（DF-05XX）との接触角を測定した。図8にCOS Θと有機化剤の分子量の関係を示す。COS Θの値が大きいほどぬれ性が高いことを示す。図中、（●）はアルキル系、（×）はアルキルアミド系、（□）はアルキルフェニルエステルアミド系、（△）はアミド基を含まないアルキルフェニルエステル系、（▲）はメトキシビフェニルオキシアルキルアミド系、（○）はシアノビフェニルオキシアルキル系にそれぞれ対応する。

図8から以下のことが明らかとなった。なお、有機化剤の構造について、アンモニウム基をアンモニウム末端とし、反対の基を液晶と接触することからLC末端と呼ぶことにする。

①プロット全体からみると、かなりばらつきがあり、必ずしも有機化剤の分子量（クレイ無機分に対する有機分の量）のみで液晶とのぬれ性が決まっているのではないことが分かった。しかしながら、有機化剤の系統別で見ると、以下のような明瞭な関係が認められた。

②アルキル系（●）の場合、いずれの分子量においても、同一分子量の他の有機化クレイと比較すると液晶とのぬれ性が低かった。ただし、鎖長を短くすることで液晶とのぬれ性が向上した。

③アルキル鎖中にアミド基を導入（×）することにより、ぬれ性は若干向上した。アミド基の位置により親和性は大きく変化し、アンモニウム末端より離れLC末端側に近づくほどぬれ性は向上した。

④アルキル鎖中へのフェニル基の導入（□）により、ぬれ性は向上した。

⑤LC末端にシアノビフェニル基、メトキシビフェニル基を導入することにより、最もぬれ性が向上した。

⑥同一系統の有機化剤の場合、分子量が増大するほどぬれ性が低下する傾向にあった。LC末端がアルキル鎖であるアルキル系やアルキルアミド系において、この傾向が顕著であり、シアノビフェニルオキシアルキル系ではほとんどこの傾向は見られなかった。

以上の結果から、有機化剤の分子量のみならずその化学的構造により、液晶に対するぬれ性は

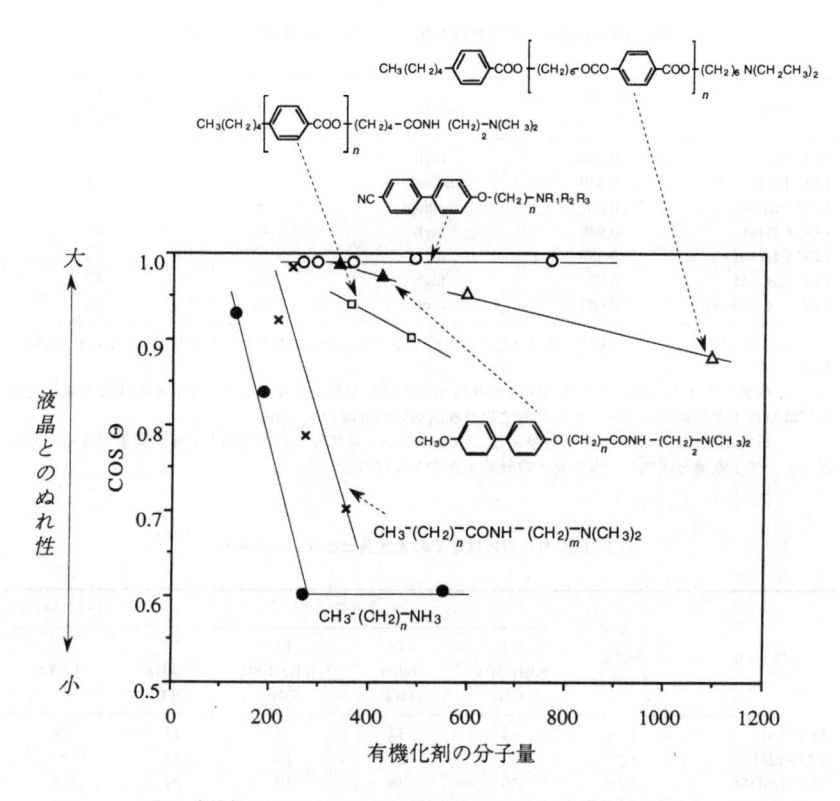

第8章　機能性クレイナノコンポジット材料

図8　有機化クレイのDF-05XXに対するCOS Θ vs 有機化剤の分子量

大きく変化することが明らかとなった。用いる有機化剤の構造は，その官能基種類，位置も含めて十分に検討する必要がある。特に今回の系で，ぬれ性を向上させるためには，LC末端に極性基を有する芳香環を導入することが有効であることが明らかとなった。

3.6.2　メモリ性との関係

表2に作製したLCCのCOS Θと液晶中でのクレイの分散安定性，表3にLCCの電気光学特性を示す。特にメモリ効果の指針として，メモリ状態Iの光透過率（T1）からメモリ状態IIの光透過率（T2）を引いたコントラストを用い，COS Θとの関係を図9に示した。

概ね液晶中でのクレイの分散安定性とCOS Θには良い相関が認められた。また，COS Θの大きなLCCは大きなメモリ効果を有することが明らかとなった。液晶とクレイの相互作用の大きさがLCCのメモリ効果に大きな影響を与えていることが明らかとなった。

表2 COSΘとLCCの定性的な粘性，クレイの分散安定性評価

LCC	COSΘ (DF-05XX)	粘性[a]	分散安定性[b]	50V-60Hz印加時の分散安定性[c]
LCC-8M	0.930	high	○	×
LCC-12M	0.839	medium	×	×
LCC-DSDM	0.607	medium	×	×
LCC-CB4M	0.989	high	△	△
LCC-CB11M	0.989	high	○	○
LCC-CB16M	0.993	high	△	○
LCC-2(CB11)M	0.992	high	○	△

a) Low：LCCの入ったビンを傾けた際LCCが流動する；Medium：ゆっくりと流動する，High：流動しない．
b) ○：作製から1カ月後，クレイの沈降や液晶部分の分離が起こらない；△：クレイの沈降や液晶部分の分離がわずかに起こる；×：クレイの沈降や液晶部分の分離が起こる．
c) ○：電場を印加した際クレイの凝集が起こらない；△：電場を印加した際クレイの凝集がゆっくりと起こる；×：電場を印加した際クレイの凝集が速やかに起こる．

表3 LCCセルの各状態での光透過率とコントラスト

LCCセル	クレイ添加量 (wt%)	光透過量（%）				コントラスト(%)
		T1 60Hz-50V ON	T2 60Hz OFF	T3 1.5kHz-100V ON	T4 1.5kHz OFF	T2-T4
LCC-8M	1.18	43	37	7	13	24
LCC-12M	1.27	53	51	14	31	20
LCC-DSDM	1.56	50	36	19	29	7
LCC-CB4M	1.27	76	65	28	19	46
LCC-CB11M	1.25	85	80	11	16	64
LCC-CB16M	1.27	82	75	20	30	35
LCC-2(CB11)M	1.27	68	61	12	22	39

4 まとめ

筆者らが新たに開発した液晶クレイナノコンポジットについて紹介した．液晶クレイナノコンポジットでは，クレイをナノレベルで微細分散させることにより，新たな液晶構造を誘起し，メモリ効果という新たな機能を発現することに成功した．この特性には液晶とクレイ界面の相互作用が重要であることが明らかとなった．この材料は今後，調光ガラス，メモリー素子等への応用が期待される．

クレイナノコンポジットをはじめ，有機無機ナノコンポジットの機能材料への取り組みは始

第8章　機能性クレイナノコンポジット材料

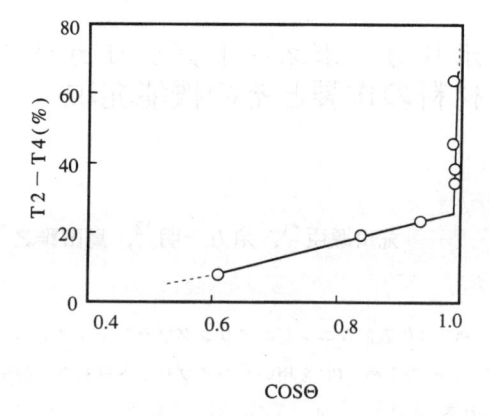

図9　COSΘとメモリ状態のコントラストの関係

まったばかりであり，今後この分野の発展を期待したい．

文　献

1) H. Schmit, in：D.W. Schaefer and J. E. Mark (Eds.) Polymer Based Molecular Composites., Mater. Res. Soc.：Pittsburgh, 3 (1990).
2) B. M. Novak, *Adv. Mater.*, 6, 422 (1993).
3) S. Lu, M. M. Melo, J. Zhao, E. M. Pearce, T. K. Kwei, *Macromolecules*, 28, 4908 (1995).
4) A. Okada and A. Usuki, *Mater. Sci. Eng.*, C3, 109 (1995).
5) E. P. Giannelis, *Adv. Mater.*, 8, 29 (1996).
6) P. C. LeBaron, Z. Wang, T. J. Pinnavaia, *Apply. Clay. Sci*, 15., 11 (1999).
7) 古賀慎，粘土とともに，三共出版 (1997).
8) 古賀慎，フィラーと先端複合材料，シーエムシー，p.223 (1994).
9) 加藤忠蔵，黒田一幸編集，層間化合物の開発と応用，シーエムシー (1985).
10) 笹井 亮，高木克彦，月刊「ニューセラミック」，11, No.4, 40 (1998).
11) 高木克彦，触媒，34, No.8, 527 (1992).
12) 小川 誠，触媒，39, No.7, 557 (1997).
13) M.Kawasumi, A.Usuki, A.Okada, T. Kurauchi, *Mol. Cryst. Liq. Cryst.*, 281, 99 (1996).
14) M.Kawasumi, N. Hasegawa, A.Usuki, A.Okada, *Liquid Crystals*, 21, No.6, 769 (1996).
15) M.Kawasumi, N. Hasegawa, A.Usuki, A.Okada, *Mater. Sci. Eng.*, C6, 135 (1998).
16) P.B.Messrsmith, F. Znidarsich, *Mater. Res. Soc. Symp. Proc.*, 457, 507 (1997).
17) H. J. Choi, *et al.*, *Polym. Prepr.*, 40, No.2, 813 (1999).

第9章　ポリカーボネート／シリカハイブリッド材料の作製とその機能発現

荒川源臣[*1]，須方一明[*2]，島田雅之[*3]，上利泰幸[*4]

1　はじめに

ポリカーボネート（PC）は代表的なエンジニアリングプラスチックであり，優れた特性をバランス良く備えている[1]。そのため，PCを用いたハイブリッド材料を作製することは，たいへん有用であると考えられる。

一般に有機・無機ハイブリッド材料は，その構成成分が水素結合のような緩やかな相互作用により結合したタイプと共有結合したタイプに大別される[2]。PC／シリカ系においても両者の研究例があり，前者としてはLandryら[3]や中條ら[4,5]の報告が挙げられる。また，後者としては旭化成工業[6]や鐘淵化学工業[7]から出願された特許公報と井上ら[8]の報告が挙げられる。両者を比較すると，有機成分と無機成分を共有結合させた方が界面強度が上がり，よりミクロに分散させることも可能となることから，材料の特性を最大限に発現させるためには，後者の方が有利と考えられる。しかし，前述した共有結合タイプハイブリッド材料の報告[6-8]においてはPCの平均分子量が小さく，高分子本来の特長を生かした物性が発現していないと考えられる。また，得られた材料の機能や特性に関する記載が少なく，さらにこれらの材料はPC末端に導入したシリル基を架橋させただけのシリカ含有量が少ないハイブリッド材料（シリカ架橋PC）である。シリカ架橋PCには従来のPCを越えた特性が期待されるが，さらにシリカ含有量が高いPC／シリカハイブリッド材料には特性の向上のみならず，PCにはない新しい機能の発現も期待できる。

本稿では，我々が検討した市販のPCを出発原料とする共有結合タイプのシリカ架橋PCおよびPC／シリカハイブリッド材料の作製方法とその特性について，特に材料特性を中心に紹介する。また，現在検討を進めているPC／シリカ成分傾斜ハイブリッド材料についてもこれまでに得られた結果を簡単に紹介する。

---

* 1　Motoomi Arakawa　オリエント化学工業㈱　第1開発部
* 2　Kazuaki Sukata　オリエント化学工業㈱　第2開発部　部長
* 3　Masayuki Shimada　大阪市立工業研究所　プラスチック課
* 4　Yasuyuki Agari　大阪市立工業研究所　プラスチック課　研究主任

第9章　ポリカーボネート／シリカハイブリッド材料の作製とその機能発現

2　PC／シリカハイブリッド材料の作製[9-11]

2.1　両末端にシリル基を有するPCの合成[9, 10]

　共有結合タイプのハイブリッド材料は，有機成分と無機成分を反応させることによって作製される。無機成分としては，反応性が高い各種の金属アルコキシドが容易に入手できる。しかし，市販されているビスフェノールA系PCについて調査した結果，反応基を有するPCを見つけることはできなかった。これは加工した際に，反応基が黄変や物性低下の原因となる可能性があるためと考えられる。そのためまず，PCへの官能基の導入を試みた。これまでに我々はエステル交換法を利用し，市販のPCを原料とした水酸基を有するPCオリゴマーの製造方法[9]を確立していたことからこれを参考とし，両末端にシリル基を有するPCオリゴマー（PCS）を合成した[10]。スキームIにその方法を示す。

スキームI　PCSの合成法

2.2　シリカ架橋PCおよびPC／シリカハイブリッド材料の作製[10, 11]

　PCSは両末端にシリル基を有することから，PCS単独でのハイブリッド材料の作製も可能である（シリカ架橋PC）。このシリカ架橋PCは，PCセグメントとシリカ成分が共有結合したハイブリッド材料であり，本章の1で述べたように特性向上のためにはこれだけでも有効である。しかし，シリカ架橋PCのシリカ含有量は数％である。シリカ成分の特性をより効果的に発現させるためには，シリコンアルコキシドを使用し，シリカ含有量を高める（PC／シリカハイブリッド材料とする）ことが有利と考えられる。

　これらのハイブリッド材料はゾル-ゲル法を利用して，溶液中でPCSやシリコンアルコキシドを加水分解・重縮合させ，溶媒除去と熱処理を行うことにより作製することができる。スキームIIにシリカ架橋PCの作製方法を示す。また，図1にPC／シリカハイブリッド材料の模式図を示

119

$(C_2H_5O)_3Si-(H_2C)_3-HN-\overset{\overset{O}{\|}}{C}-O-\boxed{PC}-O-\overset{\overset{O}{\|}}{C}-NH-(CH_2)_3-Si(OC_2H_5)_3$

$\begin{array}{c}\text{EtO}\\ \text{EtO}-\text{Si}\\ \text{EtO}\end{array}-\boxed{PC}-\begin{array}{c}\text{OEt}\\ \text{Si}-\text{OEt}\\ \text{OEt}\end{array} \xrightarrow[\text{THF}]{\text{HCl}/\text{H}_2\text{O}} \begin{array}{c}\text{EtO}\\ \text{HO}-\text{Si}\\ \text{EtO}\end{array}-\boxed{PC}-\begin{array}{c}\text{OEt}\\ \text{Si}-\text{OH}\\ \text{OEt}\end{array}$

$\xrightarrow{-H_2O}$ (シリカ架橋PC構造)

スキームⅡ　シリカ架橋PCの作製法

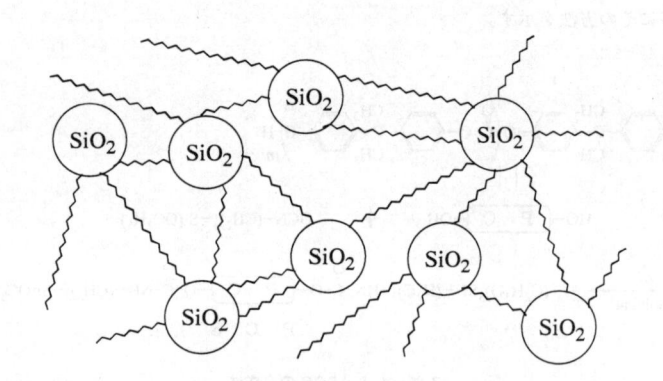

（PC／シリカハイブリッド材料の模式図）

図1　PC／シリカハイブリッド材料の模式図
〜〜〜：PCセグメント

す．得られたフィルムは，シリカ含有量が低いものは柔軟性に富み，シリカ含有量が高くなるに従い硬度が増した．

3　PC／シリカハイブリッド材料の特性[10, 11]

3.1　モルフォロジー[11]

写真1にPCSとテトラエトキシシラン（TEOS）から作製した代表的なPC／シリカハイブリッド材料の破断面のSEM写真を示す．本章の2.2で述べた方法によって作製した全てのハイブリッド材料でPC成分とシリカ成分のマクロな相分離はみられず，良好な内部構造であった．これに

第9章　ポリカーボネート／シリカハイブリッド材料の作製とその機能発現

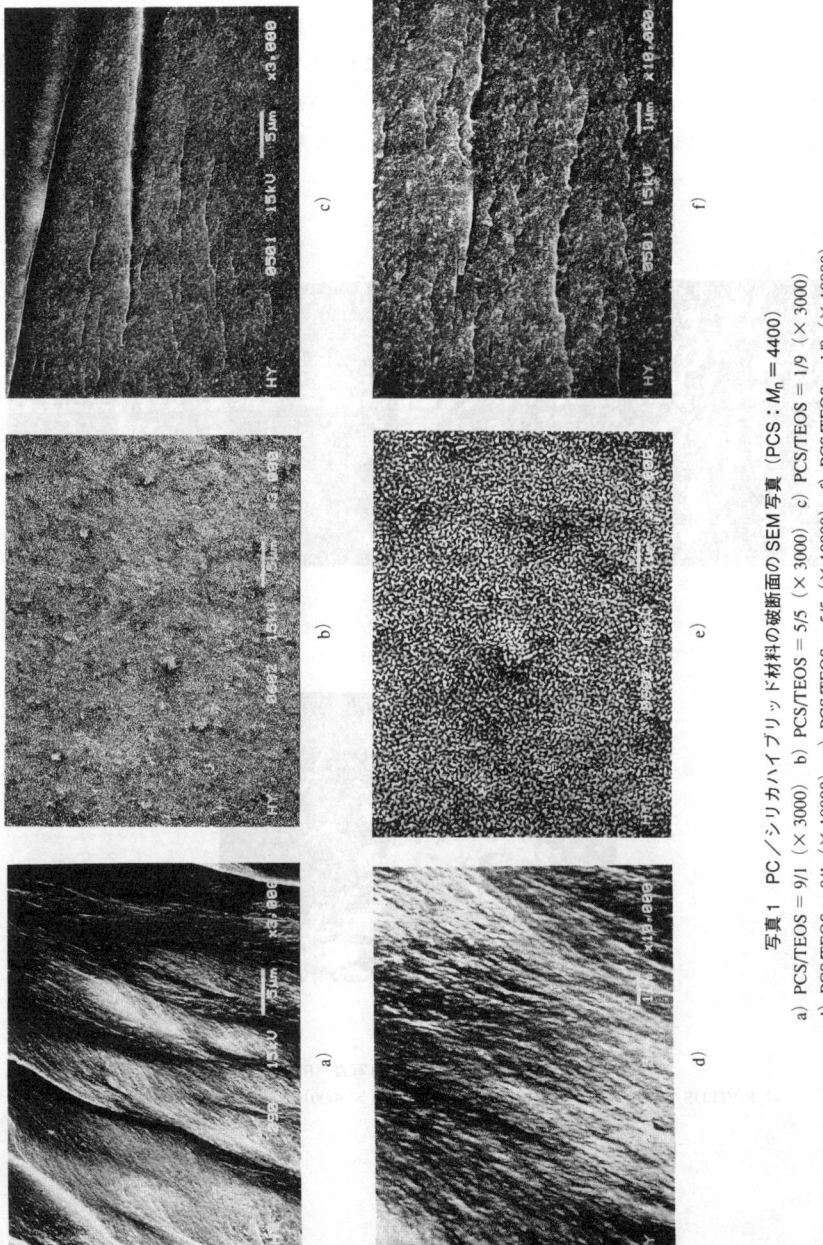

写真1　PC／シリカハイブリッド材料の破断面のSEM写真（PCS：$M_n = 4400$）
a) PCS/TEOS = 9/1（×3000）　b) PCS/TEOS = 5/5（×3000）　c) PCS/TEOS = 1/9（×3000）
d) PCS/TEOS = 9/1（×10000）　e) PCS/TEOS = 5/5（×10000）　f) PCS/TEOS = 1/9（×10000）

対して，PCSの代わりに市販のPCをそのまま用いた場合には10μm以上のサイズの空孔が無数にみられ，マクロ相分離が観察された（写真2）。これらのことから，PCとシリカが共有結合を持つことの有効性が確認された。また，ハイブリッド材料を還流THF中に浸漬しても外見上の変化はみられないことから，PCS両末端に存在するシリル基とシリカが共有結合し，結果としてPCセグメントがシリカに固定されたと言える。

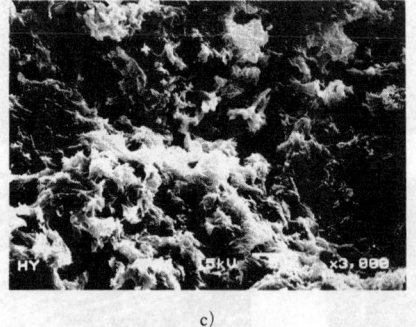

写真2 PC／シリカの破断面のSEM写真（PC：M_n = 36100）
a）PC/TEOS = 9/1（×3000） b）PC/TEOS = 5/5（×3000） c）PC/TEOS = 1/9（×3000）

第9章　ポリカーボネート／シリカハイブリッド材料の作製とその機能発現

3.2　耐熱特性 [10, 11]

シリカ架橋PCとPC／シリカハイブリッド材料の耐熱特性を動的粘弾性測定におけるガラス転移温度（T_g）と貯蔵弾性率を指標として評価し、市販のPCフィルムと比較した。図2と図3にPCとM_n = 4400〜9000のPCSから作製したシリカ架橋PCの貯蔵弾性率とtan $δ$を示す。PCは

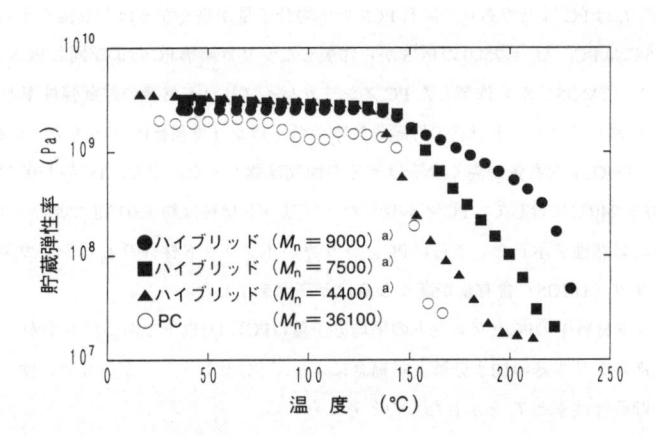

図2　各種の分子量を有するPCSから作製したハイブリッド材料（シリカ架橋PC）の貯蔵弾性率
引張モード，周波数1Hz，熱処理150℃（PCのみ120℃）　a）：原料PCSの平均分子量

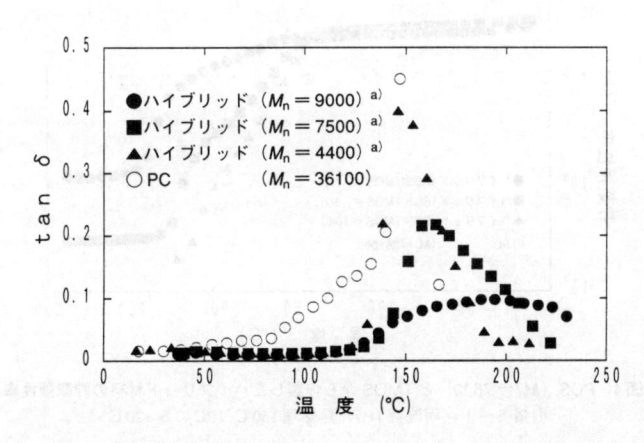

図3　各種の分子量を有するPCSから作製したハイブリッド材料（シリカ架橋PC）のtan $δ$
引張モード，周波数1Hz，熱処理150℃（PCのみ120℃）　a）：原料PCSの平均分子量

140℃付近から貯蔵弾性率が急激に低下したが、シリカ架橋PCの貯蔵弾性率の低下はPCよりも緩やかであり、原料であるPCSの平均分子量が高くなるほどその傾向は強かった。また、この低下は2段となっており、シリカ架橋PCは非晶領域だけでなく、ゴム状領域でも充分な強度を有することが確認された。最終的にPCは170℃付近で軟化溶融したが、シリカ架橋PCは210～240℃まで形状を保持し、PCよりもはるかに高い耐熱性を有していることが示された。また、シリカ架橋PCのT_gはPC以上であり、原料PCSの平均分子量が高くなるほど高温を示した。

図4と図5にはPC、$M_n = 7500$のPCSから作製したシリカ架橋PCおよび同じPCSとテトラメトキシシラン（TMOS）から作製したPC／シリカハイブリッド材料の貯蔵弾性率とtan δを示す。PC／シリカハイブリッド材料の貯蔵弾性率の低下はシリカ架橋PCよりもさらに緩やかであり、シリカ（TMOS）含有量が高くなるほどその傾向は強かった。また、PCの170℃、シリカ架橋PCの210～240℃に対して、PC／シリカハイブリッド材料は約300℃まで形状を保持し、たいへん優れた耐熱性を示した。さらにPC／シリカハイブリッド材料のT_gはシリカ架橋PC以上であり、シリカ（TMOS）含有量が高くなるほど高温を示した。

ハイブリッド材料中のPCセグメントの平均分子量はPCの1/4以下であるにもかかわらず、PCSの両末端にあるシリル基の加水分解と重縮合によってPCセグメントがシリカに強く固定され、このような貯蔵弾性率とT_gを示したものと考えられる。

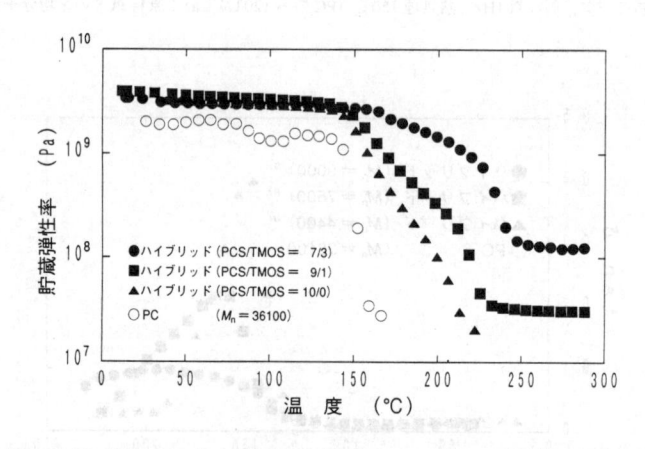

図4 PCS（$M_n = 7500$）とTMOSから作製したハイブリッド材料の貯蔵弾性率
引張モード、周波数1Hz、熱処理150℃（PCのみ120℃）

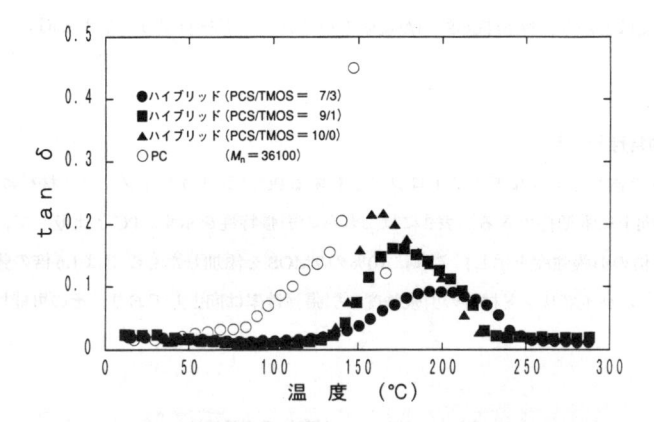

第9章　ポリカーボネート／シリカハイブリッド材料の作製とその機能発現

図5　PCS（M_n = 7500）とTMOSから作製したハイブリッド材料のtan δ
　　　引張モード，周波数1Hz，熱処理150℃（PCのみ120℃）

3.3　表面硬度 [10, 11]

PCは優れた耐衝撃性と柔軟性を有している[1]。しかし，言い換えれば硬度に乏しく，表面に傷が付きやすい材料である。PC／シリカハイブリッド材料はシリカの効果によって，PCの表面硬度の向上にも期待できる。表1にはM_n = 4400のPCSとTEOSから作製し，ガラス基板へコーティングしたハイブリッド材料の鉛筆硬度を示す。PCのHBに対して，PC成分が比較的多いハイブリッド材料ではPCSの両末端に存在するシリル基の架橋の効果によって，数ランクの表面硬度の向上がみられた。また，シリカ（TEOS）成分が増えるに従い，ハイブリッドの効果によっ

表1　ガラス基板へコーティングしたハイブリッド材料[a]の表面硬度

試　料	M_n[b]	フィルム厚（μm）	鉛筆硬度
PC	36100	7	HB
PCS/TEOS = 10/0	4400	20	3H
7/3		3	3H
5/5		2	5H
3/7		2	8H
1/9		2	9H
シリカ		1	9H

a）　熱処理温度：80℃
b）　原料PCSの平均分子量

てさらに硬度は上がり，PCS/TEOS＝1/9組成のハイブリッド材料ではシリカと同レベルの9Hにまで到達した。

3.4 機械的特性 [10, 11]

本章の3.1で述べたようなモルフォロジーを有するPC／シリカハイブリッド材料は，PCの機械的強度の向上にも期待できる。表2にはこれらの引張特性を示す。PCと比較して，シリカ架橋PCは1.5倍の引張強度を示し，これに10％のTMOSを添加したものでは1.6倍の強度となった。このようにハイブリッド材料の引張強度と引張弾性率は向上しており，その可能性が示されている。

表2 ハイブリッド材料[a]の引張特性

試料	M_n[b]	引張降伏強度 （MPa）	引張弾性率 （MPa）	引張破断時伸び率 （％）
PC	36100	54[c]	1730[c]	63[c]
PCS/TMOS＝10/0	4400	73	2750	4
PCS/TMOS＝10/0	7500	80	2690	7
9/1		87	3100	6

a) 熱処理温度：150℃
b) 原料PCSの平均分子量
c) PC熱処理温度：120℃

3.5 酸素バリアー性 [11]

M_n＝4400のPCSとTEOSから作製し，コロナ放電処理したポリエチレンフィルムへコーティングしたPC／シリカハイブリッド材料の酸素透過係数を図6に示す。PCフィルムと比較すると，PC成分が比較的多いハイブリッド材料の酸素透過係数はPCと同等であったが，シリカ（TEOS）成分が増えるとその値は次第に小さくなり，TEOS量が70％付近で最小値となり，最も高い酸素バリアー性を示した。さらにシリカ成分が増えると酸素バリアー性は低下することから，有機・無機ハイブリッド化に起因する特異な現象（相乗効果）であると考えられる。

4 PC／シリカ成分傾斜ハイブリッド材料 [12]

前述したように，PC成分とシリカが均一に分散したハイブリッド材料は優れた特性を有する魅力的な材料である。しかし，これらの成分濃度が徐々に変化した傾斜材料についても新たな機

第9章 ポリカーボネート／シリカハイブリッド材料の作製とその機能発現

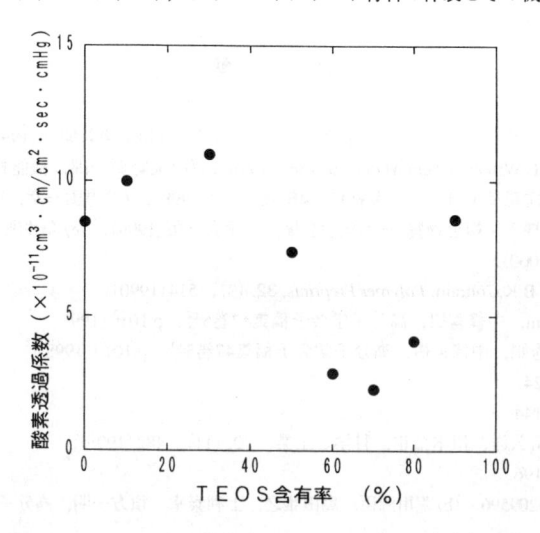

図6 PCS (M_n = 4400) とTEOSから作製したハイブリッド材料の酸素透過係数

能の発現が大いに期待でき，未知の材料と言える。このPC／シリカ成分傾斜ハイブリッド材料については，現在検討中であるため詳しいことは紹介できないが，これまでに一方の表面がPCであり，他方がシリカでありながら内部に両成分の界面がないハイブリッド材料が得られている。もちろん，両表面がPCで内部がシリカあるいはその逆の成分傾斜ハイブリッド材料の作製も可能である。この成分傾斜化によって，PCへ新たな機能を付与できることがこれまでに幾つか確認されている。

5 おわりに

PC／シリカハイブリッド材料について，我々が検討してきた代表的な結果を報告した。ここでは触れなかったが，PCの優れた特性のひとつに透明性が挙げられ，屈折率等を含めた光学的特性についてもPC／シリカハイブリッド材料は有用であると考えられる。また，このハイブリッド材料は各種の構造材料，シーリング材，電気・電子用部品，光学材料，医療材料，接着剤・塗料用原料，ハードコート剤，表面改質剤，高分子シランカップリング剤，および樹脂添加物等の幅広い用途へ使用できるものと考えている。

文　献

1) 本間精一編，"ポリカーボネート樹脂ハンドブック"，日刊工業新聞社(1992).
2) (a) J.Wen, G.L.Wilkes, *Chem.Mater.*, 8, 1667(1996). (b) 矢野彰一郎, 機能材料, 18, (5), 31 (1998). (c) 作花済夫ほか, 工業材料, 46, (8), 17(1998). (d) 黒田一幸, 国武豊喜, 中條善樹, "無機有機ナノ複合物質(日本化学会編)", 学会出版(1999). (e) 今井淑夫, 高分子加工, 49, (1), 9(2000).
3) C.J.T.Landry, B.K.Coltrain, *Polymer Preprints*, 32, (3), 514(1990).
4) Ch.V.Avadhani, 中條善樹, 高分子学会予稿集47巻5号, p.1010(1998).
5) 玉城亮, 韓秀娟, 中條善樹, 高分子学会予稿集47巻5号, p.1016(1998).
6) 特開平1-75524.
7) 特開平4-370144.
8) 井上弘, 松川公洋, 川本恭也, 科学と工業, 70, (11), 482(1996).
9) 特開平9-302196.
10) (a) 特開平11-209596. (b) 荒川源臣, 島田雅之, 上利泰幸, 須方一明, 高分子論文集, 57, (4), 180(2000).
11) (a) 特開平11-255883. (b) 荒川源臣, 島田雅之, 上利泰幸, 須方一明, 第49回高分子学会年次大会にて発表予定(2000年5月).
12) 特開2000-34413.

第10章　MPCおよびアパタイトとのシルクハイブリッド材料の開発

古薗 勉[*1]，玉田 靖[*2]

1　はじめに

　今から7000年以上前，新石器時代からシルクは人類に大きく関わってきた。その初期には生繭を噛んで蛹の汁を吸うといった食品としての利用に端を発し，その後2000年ほど経てシルクを織物として利用するようになったと言われている。近年，シルクを伝統産業や民族衣装といった限られた分野での利用から脱皮し，広く産業界に応用できる材料として見直す趨勢が生まれてきている。例えば衣料分野では化学繊維とのハイブリッド化，また非衣料分野では化粧品（ファンデーション，シャンプー等），食品（ゼリー，添加剤等），診断用材料（バイオセンサー，バイオリアクター），および水産業用材料（釣り糸）等の開発が精力的に進められている[1]。
　我々はシルクを医用材料の原料として位置付け，医療分野におけるシルクの応用・多様化を目指している。近年，医療界において，長年の開発期間，莫大な研究費，および社会からの認知の必要性といった多くの障害のため，全く新規な医療材料の開発は困難となって来ている。しかしながらシルク繊維は強度，コストパフォーマンスおよびハンドリング性に優れていることから，長年縫合糸として用いられている実績を有している。我々はこのような医療領域において既存とされる材料をさらに高度化・機能化することが，新規材料の臨床応用への近道であると考えている。本稿では，生体適合性に優れる2-メタクリロイルオキシエチルホスホリルコリン（**MPC**）（第2節），および骨結合性に優れるハイドロキシアパタイト（第3節）をシルクにハイブリッドした材料の開発について紹介する。

[*1]　Tsutomu Furuzono　厚生労働省　国立循環器病センター研究所　生体工学部
　　　生体情報処理研究室　室長

[*2]　Yasushi Tamada　農林水産省　蚕糸・昆虫農業技術研究所　機能開発部　室長

2 MPCシルクハイブリッド材料

2.1 MPCハイブリッドシルク[2]

上述したようにシルク繊維は長年縫合糸として用いられてきた。しかしながら近年，縫合糸近傍で炎症反応の発現が指摘され，シルク製縫合糸の使用頻度の増加を阻害する一因となっている。もしこの反応を抑制することができれば，シルクをより広く医療分野へ提供できると考えられる。そこで，我々はシルクへ生体適合性を付与できる素材としてMPCに着目した（図1）。生体膜の主要な構成成分であるリン脂質の極性基を有するMPCをコートした材料はタンパク質，血小板，単球およびマクロファージの吸着を効果的に抑制することが知られている。これは材料表面でリン脂質が組織吸着層を形成し生体膜類似構造をとるためであると考えられている。また，MPCポリマーは製膜性にも優れているために，人工腎臓，グルコースセンサーにも応用されており，基材に生体適合性，特に血液適合性を付与する良好な材料として注目されている[3]。本章では，MPCをシルク表面へグラフトし，その活性を血小板粘着試験にて評価した。

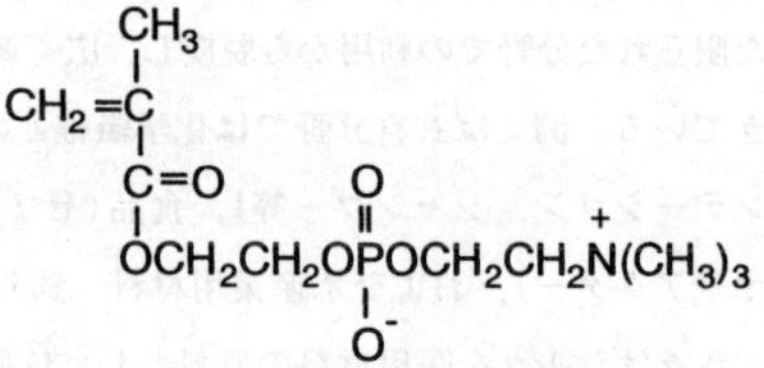

図1　MPCの構造式

2.2 MOIによる化学修飾

MPCグラフトシルクは2段階法を用いて調製された。まず第1段階として無水ジメチルスルホキシド（DMSO）中でシルク布（羽二重，直径1.5cm）と2-メタクリロイルオキシエチルイソシアネート（MOI）をジラウリン酸ジブチルスズ（IV）（触媒），ヒドロキノン（重合禁止剤）存在下で35℃，所定時間反応させ，シルク表面にビニル基を導入した。

シルクフィブロインにはカルボン酸基（2.9mol％）およびアミノ基（1.0mol％）を有するアミノ酸に比較して多くの水酸基を有するアミノ酸（セリン：10.6mol％，チロシン：5.0mol％，スレオニン：0.9mol％）が含まれている。したがって，MOIの化学修飾にイソシアネートと水酸基との反応を効果的に触媒するジラウリン酸ジブチルスズ（IV）を用いた。

図2に反応時間とMOI化学修飾によるシルクの重量増加との関係を示す。重量増加は反応時間4時間以上で一定値（7.3wt％）を示した。この値からMOIによって全シルクフィブロイン中3.5mol％のアミノ酸残基が修飾されたと算出できた。反応時間を5時間と一定にし，反応温度を20℃，50℃および80℃と変化させMOIの化学修飾を行うと，シルクの重量増加はそれぞれ0，18.9および31.0wt％と変化した。これらの場合，その後のMPCグラフト重合が進行しなかったことか

第10章 MPCおよびアパタイトとのシルクハイブリッド材料の開発

ら,反応温度20℃の場合,重合が進行せず,また50℃および80℃の場合は,MOIの熱重合が生じたものと推察された。

図3にMOIで化学修飾されたシルクのFT-IRスペクトルを示す。2960cm^{-1}に帰属されるC-H伸縮振動の吸収はMOIの付加量増加とともに増加した。これはMOIの化学修飾率が反応時間によって制御できることを示している。MOIモノマー中のビニル基の赤外吸収はシルクフィブロインの吸収と重なるため確認できなかった。しかしながら,この後のMPCによるグラフト重合が十分に進行することから,反応温度35℃は妥当であり,MOIのビニル基はシルク表面に固定化されていると推察された。

2.3 MPCによるグラフト重合

次に水溶性アゾ系開始剤としてVA-044を用い,MPCをシルク表面のビニル基を介してグラフト重合させた。アゾ系開始剤の未処理シルク基材に対するグラフト効率は一次ラジカルの反応性の違いにより過酸化物に比較して著しく低下することが知られている[4]。事実,過硫酸アンモニ

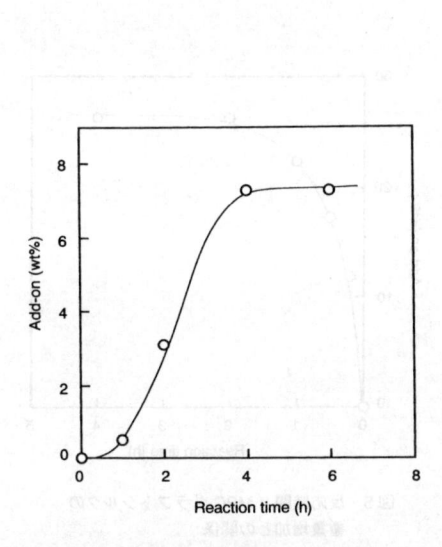

図2 反応時間とMOI化学修飾によるシルクの重量増加との関係

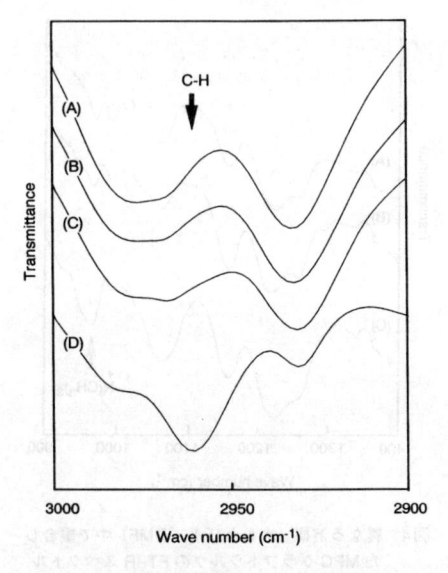

図3 MOIで化学修飾したシルクのFT-IRスペクトル
(A):未処理シルク,(B):MOI修飾シルク(重量増加3.1wt%),(C):MOI修飾シルク(重量増加7.3wt%),(D):MOIモノマー

ウム (APS) の代わりに VA-044 を用いて未処理シルクへグラフト重合を行った場合，全く重合が進行しなかった。したがってアゾ系開始剤を用いた場合，シルクに導入したビニル基を介してのみグラフト重合が進行すると言える。

図4に蒸留水および水/N,N'-ジメチルホルムアミド (DMF) 混合溶媒 (容積比1：1) を使用したときのMPCグラフトシルクのFT-IRスペクトルを示す。970cm^{-1}の赤外吸収はMPCのコリン残基に帰属される。MPCグラフト重合は水/DMF混合溶媒を用いた方が水単独より良好に進行していることがわかる。水はMPCホモポリマーに対して良溶媒であるが，MOIを修飾したシルクに対して貧溶媒である。逆にDMFはMOI修飾シルクに対して良溶媒であるが，MPCホモポリマーに対して貧溶媒である。おそらく混合溶媒を用いることにより両者の溶解性が増加し，グラフト効率が水単独溶媒より増加したものと推察された。

図5に反応時間とMPCグラフトによるシルクの重量増加の関係を示す。この重量増加は反応時間が進行するにつれて増加し，26.0%で一定値を示した。このことからMPCのグラフト率は反応時間により制御できることが示された。また最大重量増加値は開始剤にAPSを用いた場合

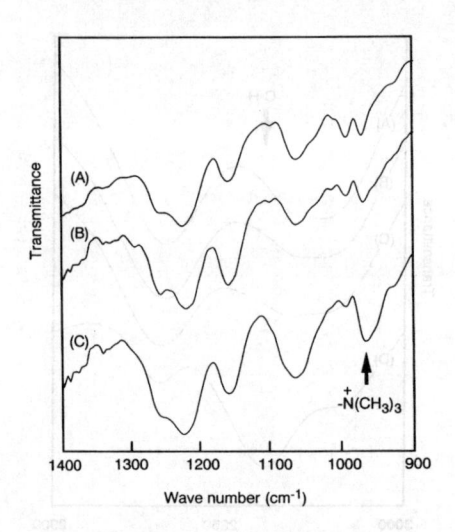

図4 異なる溶媒（水および水/DMF）中で重合したMPCグラフトシルクのFT-IRスペクトル
水溶媒での重合反応は60℃にて20時間行い，混合溶媒では同温で1時間行った。(A)：未処理シルク，(B)：水溶媒でのMPCグラフトシルク（重量増加6.9wt%），(C)：混合溶媒でのMPCグラフトシルク（重量増加18.2wt%）

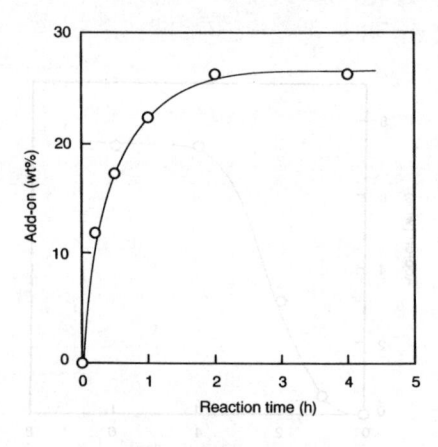

図5 反応時間とMPCグラフトシルクの重量増加との関係
MOI修飾率が7.3wt%のシルクを用いた

第10章　MPCおよびアパタイトとのシルクハイブリッド材料の開発

の約2.5倍であり[5]，MOIを用いた2段階法によるグラフト重合の方がより効果的であった。

2.4　血小板粘着試験

シルクへグラフトしたMPCの機能を評価するために血小板粘着試験を用いて検討した。サンプル布に粘着した血小板数は，粘着血小板中の乳酸脱水素酵素（LDH）量を測定することから算出した。まず多血小板血漿（血小板数 1.8×10^6 個）にシルク布を37℃，60分浸漬した後，十分に洗浄した。このサンプルを0.5％Triton X-100含有PBS（－）に浸漬し細胞膜を破壊後，放出されたLDH量をLDHモノテスト™キット（ベーリンガー・マンハイム社製）を用いて定量し，血小板数に換算した[6]。図6にグラフト率のことなるMPCグラフトシルク布の血小板粘着数を示す。未処理シルクとMOI化学修飾シルク布における接着数に差違は認められなかった。これは表面自由エネルギーの違いにより，疎水性であるビニル基が水溶液中でシルク基材のバルク中へ移動し，さらにシルクのアモルファス部分の未反応水酸基，カルボキシル基，アミノ基およびカルボニル基の親水性基が表面へと移動したことにより，水溶液中でMOI処理表面が未処理シルク表面とほぼ同一構造を呈したためと推察した。

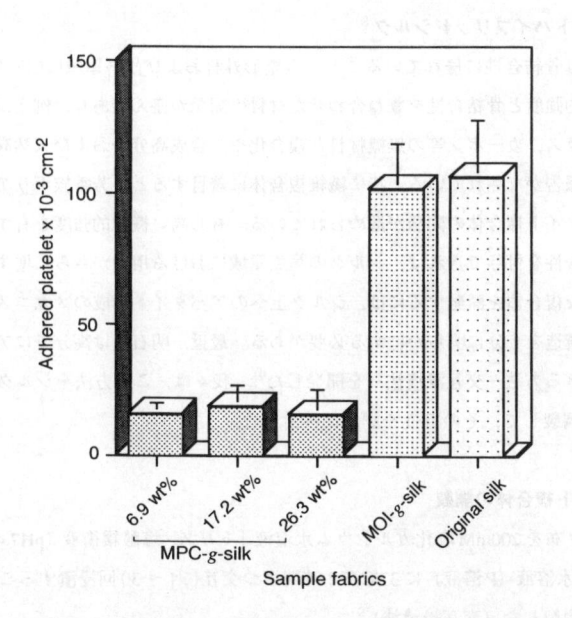

図6　グラフト率のことなるMPCグラフトシルクの血小板粘着数
エラーバーは標準誤差を示す（$n = 3$）

開始剤にAPSを用いて合成した2.8〜10.2wt%のMPCグラフトシルクに対して同様な試験を行ったが，血小板粘着数に差違は認められなかった[5]。MPCをグラフトしたセルロース膜においてMPCのモル分率が血小板接着数に大きく影響するとの報告がある[7]。このことからMPCグラフト量を増加することにより血小板との相互作用がさらに弱まることを予想した。しかしながらMPCグラフト量を今回6.9〜26.3wt%へと増加させても，粘着血小板数は未処理シルクの約1／5の値を維持し不変であった。シルクの場合は少量のグラフト量（2.8wt%）でも十分に血小板との相互作用を減少させることができた。グラフトポリマーの血液適合性は基材，グラフトポリマー種，およびその組み合わせで決まることが知られていることから，MPCグラフトシルクの血液適合性はMPCの機能だけはなく，基材としてのシルクの性質にも依存していると予想された。

本節ではシルクへのMOIを介したMPCのグラフト重合法に関して詳細に検討した。その結果，より高い生体適合性，特に血液との適合性をシルクに付与できた。

3 アパタイトシルクハイブリッド材料

3.1 アパタイトハイブリッドシルク[8]

アパタイトは骨結合性に優れていることから整形外科および歯科領域に広く用いられている。最近では機械的強度と骨結合性を兼ね合わせた材料の開発が盛んであり，例えばアパタイトをチタニウム，ガラス，カーボン等の無機材料と複合化や，合成高分子および天然高分子の有機材料との複合化の報告がなされている。特に繊維複合体に着目すると，芳香族ポリアミド，綿，キチン等とのアパタイト複合体の開発が進められている。もし高い機械的強度を有するシルクにアパタイトの骨結合性を付与できれば，シルクの医療領域における用途がさらに増すものと期待される。このような複合体を開発するには，シルク上へのアパタイト形成のメカニズムや形成されたアパタイトの構造を十分に明らかにする必要がある。最近，明石らは高分子にアパタイトを短時間で複合化できる方法－交互浸漬法－を開発した[9]。我々は，この方法をシルクに適応しアパタイト複合体を調製して，その特性を詳細に検討した。

3.2 アパタイト複合体の調製

羽二重シルク布を200mM塩化カルシウム水溶液［トリス・塩酸緩衝液（pH7.4）］（Ca溶液）と120mMリン酸水溶液（P溶液）に37℃で1時間ずつ交互に1〜30回浸漬することによりアパタイト複合体を調製した（交互浸漬法）[9]。

基材の性質によるアパタイト堆積挙動の違いを明らかにするために，シルクとナイロン布[JIS

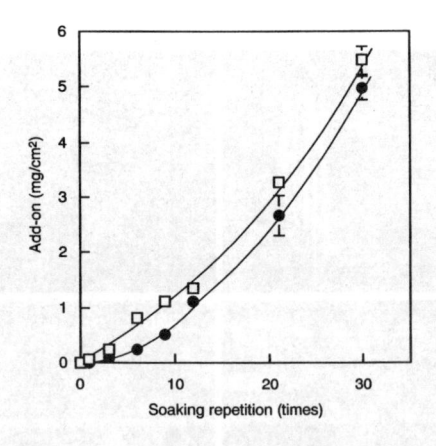

第10章　MPCおよびアパタイトとのシルクハイブリッド材料の開発

図7　交互浸漬回数とシルク（□）およびナイロン（●）布上に形成したアパタイト重量増加との関係
エラーバーは標準偏差を示す（$n = 3$）

規格（染色）ナイロン6］とを用いて堆積重量変化を調べた（図7）。アパタイト重量は浸漬回数が増加するに従い増加する傾向を示した。シルクにおけるアパタイト重量はナイロンより高い値を示した。特に第1回目の浸漬にて重量の違いが顕著に認められた。走査型電子顕微鏡にてシルク布に形成されたアパタイトの形態を観察した（写真1；サンプルはRn（nは交互浸漬回数）で表記）。R1サンプルの表面には多数の微小なリン酸カルシウム粒子が付着していた。R3サンプルになるとアパタイト層で糸表面が覆われたが，繊維織り目は依然として観察された。R30サンプルになると表面がアパタイト層で完全に覆われた。また浸漬回数21回以上でアパタイト層の厚さは約20μm以上であった。

シルクフィブロインは親水性基（水酸基16.5mol％，カルボキシル基2.9mol％）を有するアミノ酸を含んでいる。カルシウムイオンはカルボキシル基とイオン-イオン相互作用にて，また水酸基およびカルボニル基とイオン-極性相互作用にてシルクフィブロインのアミノ酸残基と相互作用する。シルクやナイロン主鎖の分子間水素結合に寄与していないペプチド（アミド）結合はカルシウムイオンと部分的に相互作用していると考えられる。第1回目のCa溶液への浸漬にて，Caイオンはシルク布表面の極性基と相互作用しコンプレックスを作る。次に後P溶液に浸漬すると，リン酸イオンはシルク布上に結合したCaイオンと相互作用する。アパタイトの核形成はこのようにして進行すると考えられ，それはシルクの方がナイロンより親水性アミノ酸に富むため，アパタイト層がより形成し易いと考えられる。

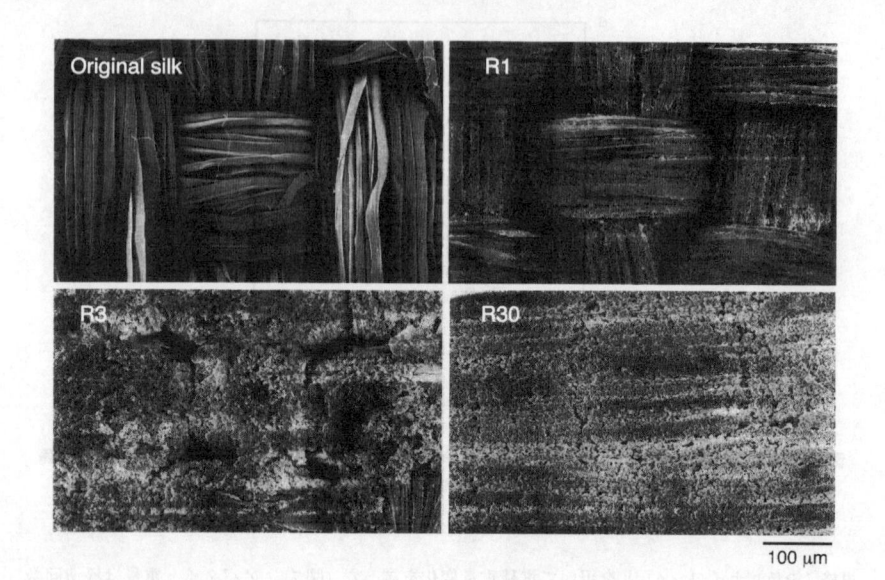

写真1　アパタイト／シルク複合体のSEM像

3.3　X線回折（XRD）分析

アパタイト／シルク複合体のXRDパターンを図8に示す。これらのXRDパターンにおいて20.5°（2θ）のハローピーク［シルク基材の結晶領域（シルクⅡ）］とハイドロキシアパタイトに帰属されるピークのみが観測された。このアパタイトの結晶性は焼結体に比較すると低いことは明白であるが，交互浸漬回数が増加するに従いハイドロキシアパタイトに帰属されるピークが明確に分離されることから，交互浸漬回数の増加に伴って形成されたアパタイトの結晶性が増加することが認められた。一般に溶液法によるアパタイト形成過程において，前駆体のリン酸カルシウムが徐々にハイドロキシアパタイト安定体に移行することが知られている[10]。本法による結晶性の増加に関する議論はFT-IRおよびXPSの項に後述する。

シルク上のアパタイトの（002）面に相当するピーク強度がスタンダードハイドロキシアパタイトに比較して強い。これはシルクに堆積したアパタイト結晶がc軸に沿って伸張していることを示していた。田中らはアパタイトのc軸配向性は生体骨およびコラーゲン／ハイドロキシアパタイト複合体に認められるが，コラーゲンを含まないハイドロキシアパタイトには認められないこと，およびアラキジン酸からなるLangmuir-Blodgett単分子膜を用いて，c軸への結晶配向性は表面のカルボキシル基と相互作用することにより生じることを報告している[11]。シルクの場合，

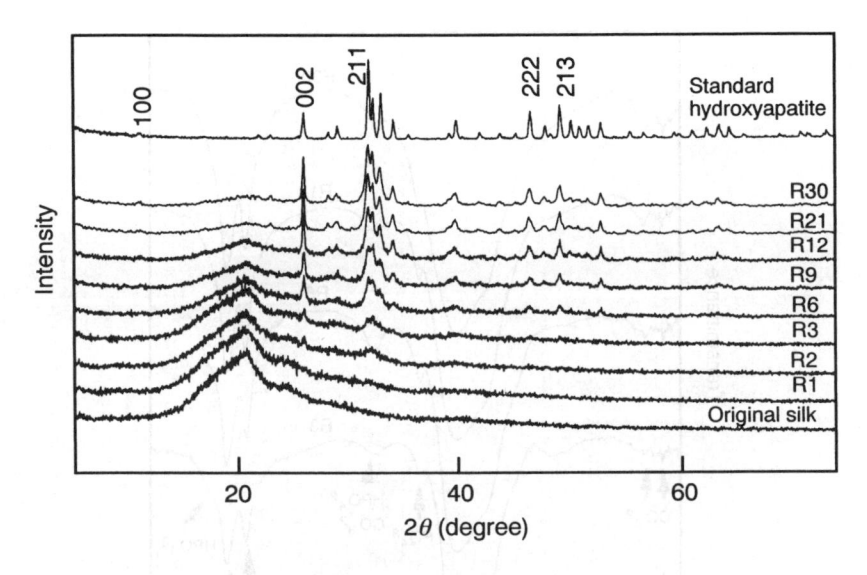

第10章　MPCおよびアパタイトとのシルクハイブリッド材料の開発

図8　アパタイト／シルク複合体のXRDパターン

フィブロイン表面の極性基とアパタイト結晶が強く相互作用した結果，c軸配向したと予想される。交互浸漬法にてシルク布上に形成したアパタイトは生体内アパタイトに見られるように自己組織化した配向性を示すようである。

3.4　フーリエ変換赤外（FT-IR）分光法

図9にシルク上に形成されたアパタイトのFT-IRスペクトルを示す。全てのスペクトルに604/565cm^{-1}にアパタイトの$\nu_4 PO_4^{3-}$の吸収が認められる。962cm^{-1}の吸収は$\nu_1 PO_4^{3-}$に帰属され，1100/1038cm^{-1}の吸収は$\nu_3 PO_4^{3-}$に帰属される。1460/1423cm^{-1}の吸収は$\nu_3 CO_3^{2-}$に帰属され，874cm^{-1}の吸収は$\nu_2 CO_3^{2-}$とHPO$_4^{2-}$とが重複している。この重複した吸収は交互浸漬回数を増すに従い鋭い形状へと変化した。$\nu_3 CO_3^{2-}$の吸収（1460/1423cm^{-1}）はやや増加するにもかかわらず，530cm^{-1}付近のHPO$_4^{2-}$に帰属されるショルダーピークは浸漬回数が増すにつれて減少した。

カーボネートが保持されたままHPO$_4^{2-}$が減少する現象は，溶液法で作製したアパタイトを焼結するときに認められる。アパタイト／シルク複合体においては，加熱することなしに同様な現象が確認された。シルク上に形成されたアモルファスアパタイトにおいて，純粋なハイドロキシアパタイト結晶に不要なHPO$_4^{2-}$はPO$_4^{3-}$に転換されるか，もしくはより安定化したハイドロキ

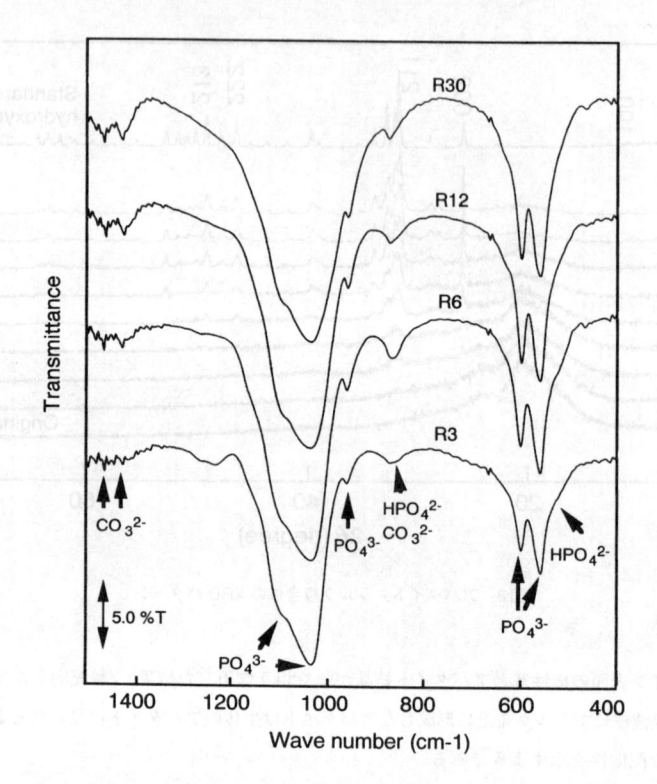

図9 シルク布上へ形成したアパタイトのFT-IRスペクトル

シアパタイト結晶から水溶液中に放出されると予想され,それがアパタイトの結晶性増加をもたらす要因であると考えられる。HPO_4^{2-}は水溶液中のアパタイト表面層で2つの興味ある挙動を示すことが知られている。まず第一にHPO_4^{2-}はアパタイト結晶の最外層に存在し,第二に結晶中のPO_4^{3-}は表面層において加水分解によりHPO_4^{2-}へと還元される。このことから,交互浸漬回数の増加に伴いHPO_4^{2-}は減少傾向を示しているが,おそらくHPO_4^{2-}は形成したアパタイトの表面層に残存していると予想される。

3.5 X線光電子分光法(XPS)

XPS(90°TOA)にて未処理シルクとアパタイト形成シルクの表面を分析した(図10)。R1サンプルのスペクトルにおいて,Ca $_{(2s, 2p, 3s, 3p)}$, P $_{(2s, 2p)}$, O $_{(1s, 2s, auger)}$, Na $_{(1s, 2s, auger)}$ およびN_{1s}が観察された。シルク基材に依存するN_{1s}ピークは浸漬回数3回で(R3サンプル)消滅した。こ

第10章　MPCおよびアパタイトとのシルクハイブリッド材料の開発

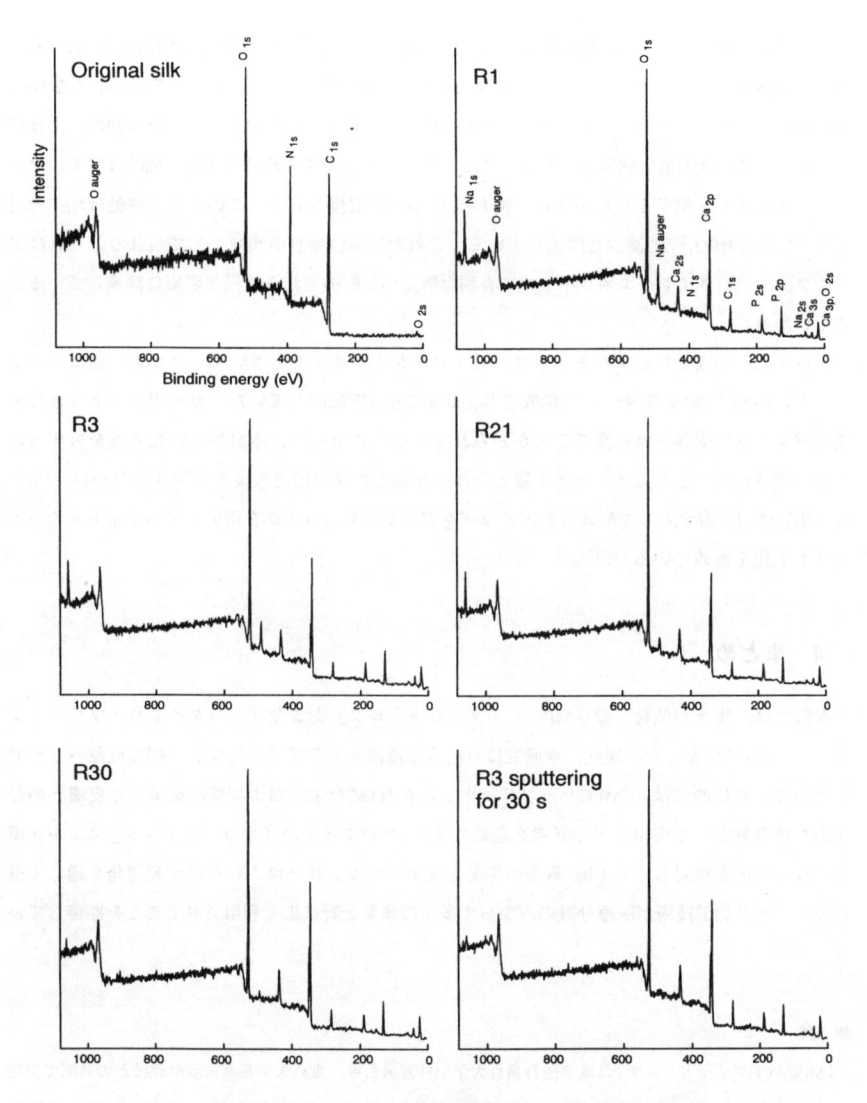

図10　アパタイト／シルク複合体表面のXPSスペクトル

のことからR3サンプルでは数ナノメーター以上の厚さのアパタイト層が形成されていることが示された。これはSEMによる観察と一致している。

R30サンプルを360秒間スパッタしてもNa^+の存在が確認された。このことからNa^+はアモ

ルファスアパタイト格子中に配位していることが推察された。交互浸漬回数の増加につれてNa^+のピーク強度が減少しているが，この現象は次のように説明される。イオン半径の小さなNa^+は電解質溶液からアモルファス状のアパタイト格子中へ容易に配位できる。これは初期の交互浸漬における結晶性の低い状態を示している。その後，交互浸漬を繰り返すと，Na^+はアモルファス状のアパタイト格子から放出され，換わってCa^{2+}に置換される。このイオン移動はNa^+の対イオンであるHPO_4^{2-}の減少と関連している。これが結晶性増加の現象として現れる。これはアモルファスアパタイトがエネルギー的に有利な構造へと転換される過程と密接に関連していると考えられる。

シルク上に形成されたアパタイトはハイドロキシアパタイトを構成するイオンの他にカーボネート，HPO_4^{2-}およびNa^+から構成され，c軸に沿って配向していた。カーボネートを含む欠陥アパタイトは生体活性に富むことが知られていることから[12]，本材料は骨結合性を有することが示唆された。さらにアパタイト層とシルク界面との高い接着強度を実現するために，Caと強い相互作用を有するリン酸基含有ポリマーをグラフトしたシルクを用いてアパタイトとのハイブリッド化を進めている[13, 14]。

4 まとめ

本稿では，我々が開発した「MPCハイブリッドシルク」および「アパタイトハイブリッドシルク」について紹介した。現在，本研究は材料合成段階からアプリケーション開発段階へと進展している。具体的には，「MPCハイブリッドシルク」は縫合糸，および炎症を呈した皮膚への効果的な被覆材として応用すべく研究を進め，また「アパタイトハイブリッドシルク」はシルク繊維の高い強度を利用して人工腱・靱帯の開発を進めている。我々はこれらの研究開発を通して得られたシルク加工技術が医療分野のみならず多くの産業分野に広く利用されることを期待している。

謝 辞

「MPCハイブリッドシルク」は東京医科歯科大学中林宣男教授，東京大学石原一彦助教授との共同で開発し，「アパタイトハイブリッドシルク」は鹿児島大学明石満教授，岸田晶夫助教授（現：厚生省国立循環器病センター研究所），田口哲志博士（現：科学技術庁　無機材質研究所）との共同で開発した。本稿をまとめるにあたり，共同研究者である上記の関係諸氏に感謝致します。本研究は科学技術庁科学技術振興調整費による中核的研究機構（COE）育成制度による支援を受けた。

第10章　MPCおよびアパタイトとのシルクハイブリッド材料の開発

文　　献

1) シルクサイエンス研究会編, シルクの科学, 朝倉書店(1994).
2) T. Furuzono, *et al., Biomaterials*, 21, 327(2000).
3) K. Ishihara, *et al., J. Biomed. Mater. Res.*, 39, 323(1998).
4) 井出文雄, グラフト重合とその応用, 高分子刊行会, p.5(1977).
5) T. Furuzono, *et al., J. Appl. Polym. Sci.*, 73, 2541(1999).
6) Y. Tamada, *et al., Biomaterials*, 16, 259(1994).
7) K. Ishihara, *et al., ibid.*, 13, 145(1992).
8) T. Furuzono, *et al., J. Biomed. Mater. Res.*, 印刷中.
9) T. Taguchi, *et al., Chem. Lett.*, 8, 711(1998).
10) 金澤孝文, 無機リン化学, 講談社サイエンティフィク(1985).
11) 田中順三他, 顎顔面バイオメカニクス学会誌, 2, 14(1996).
12) V. Midy, *et al., J. Biomed. Mater. Res.*, 41, 405(1998).
13) Y. Tamada, *et al., J. Biomater. Sci. Polmer Edn.*, 10, 787(1999).
14) T. Furuzono, *et al., ibid.*, 投稿中.

II 応用編

第II部

第1章　無機・有機ハイブリッドコート材の開発と応用

阪上俊規＊

1　はじめに

当社では1975年頃から界面重縮合法によるシリコーンラダーポリマーの研究に着手，耐熱性と絶縁性に優れた半導体用絶縁膜を開発した[1]。この研究を足がかりに，より汎用性の高いコート材を開発するべく分子レベルでの有機と無機のハイブリッド化を行い，有機材料の加工性と無機材料の耐久性を併せ持つ有機－無機境界材料の開発に取り組んだ。開発当初，高耐久性のニーズが高まりつつある建築外装用塗料用途で特長が活かせると考え有機－無機ハイブリッドコート材の開発・商品化を行った。

本稿では有機－無機ハイブリッドコート材の合成プロセス，特性および応用例について述べる。

2　有機－無機ハイブリッド体の合成

ゾル－ゲル法では200℃以下の熱処理で得られる乾燥ゲルは多孔質で多数の欠陥を有するために非常に脆く500℃以上の高温熱処理によって緻密化・高強度化している[2]（図1）。ガラスの耐久性は高温熱処理によって形成される構造（構成元素と架橋密度）に由来しており，熱処理に代えて有機分子で緻密化，架橋欠陥封鎖を行うことで高強度化に加えて柔軟性・加工性付与も期待できると考え，分子レベルでの有機－無機ハイブリッド化を行った。

有機－無機ハイブリッド体の合成法には有機成分と無機成分の結合状態より，H.Schmidtら[3]のOrmocerに代表される共有結合型ハイブリッドと三枝ら[4]のHybrid Polymers等の水素結合型ハイブリッドの例がある。

我々は水素結合等の分子間相互作用は水，熱等で切断されやすく耐久性が十分でないとの考えから共有結合型ハイブリッド体の合成を意図した。さらに，珪素－酸素－炭素結合はイオン結合性が高く加水分解されやすいため安定な共有結合である珪素－炭素結合を介した有機－無機境界材料の創製をめざした。

＊　Toshinori Sakagami　　JSR㈱　スペシャリティ事業部　事業企画部　主査

$$M(OR)_n + nH_2O \xrightarrow{加水分解} M(OH)_n + nROH$$
金属アルコキシド

$$M(OH)_n \xrightarrow{縮合} M(OH)_pO_r \xrightarrow{焼成} MO_{n/2}$$
　　ゾル　　　　　　ゾル～ゲル　　　　ガラス・セラミックス

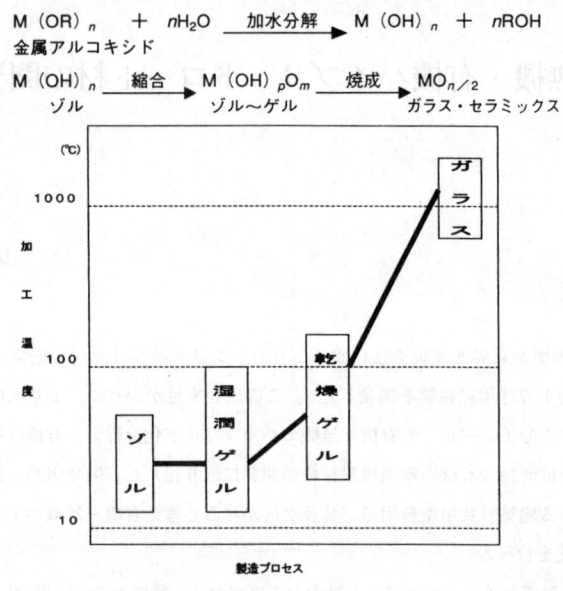

図1　ゾル-ゲルプロセス

　開発に際しては耐熱性や硬度等の無機的特性を重視した側鎖修飾型と柔軟性，厚膜性および加工性等の有機的特性を付与したハイブリッド型の2種の材料を開発・商品化した[5-8]。

2.1　側鎖修飾型

　テトラアルコキシシランを出発原料とする従来のゾル-ゲル材は，乾燥硬化過程でクラックが生じやすく，限界膜厚は1μmにも満たなかった。そこで，①側鎖にアルキル基を有するアルキルアルコキシシランを出発原料に，②コロイダルシリカ等の金属酸化物微粒子の存在下でゾル-ゲル反応させ，③塗布溶液（プレポリマー）を高分子量化，することにより限界膜厚を20～30μmに向上させた。さらに，④特定硬化触媒の使用により200℃以下の低温硬化性も実現した。
　側鎖修飾型の基本合成反応と硬化塗膜の推定構造を図2に示す。これから得られる硬化膜はソーダガラス類似のメチルシルセスキオキサン（$MeSiO_{1.5}$）を基本骨格とする強固な3次元網目構造を形成した。

2.2　ハイブリッド型

　有機ポリマーの靭性，加工性に分子量効果が大きいことは周知であり，有機材料と同等の加工性を付与するために有機ポリマーとのハイブリッド化を行った。その際，ポリシロキサンと有機

第1章　無機・有機ハイブリッドコート材の開発と応用

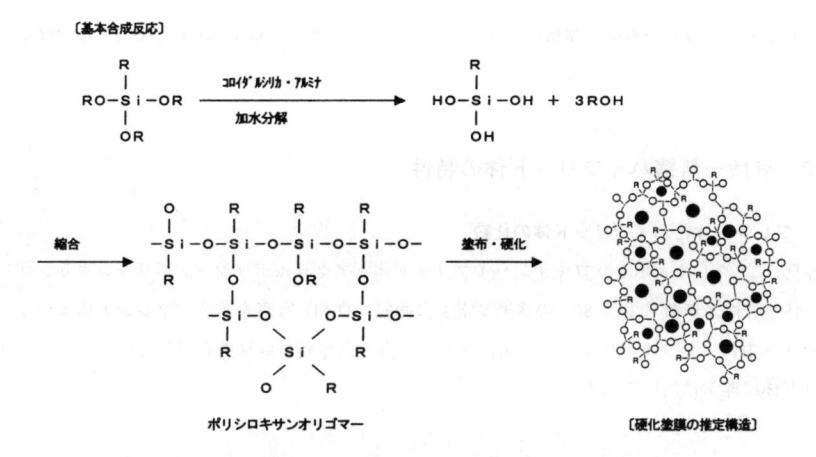

図2　側鎖修飾型の基本合成反応と硬化塗膜の推定構造

ポリマーの機械的混合では耐候性や耐汚染性が著しく低下することを確認していたので，アルコキシシリル基含有ビニルポリマーとアルコキシシランとを①特定の縮合触媒存在下で加水分解・共縮合反応を行い，その後，②触媒活性失活剤を添加することにより一種のグラフト構造を有す

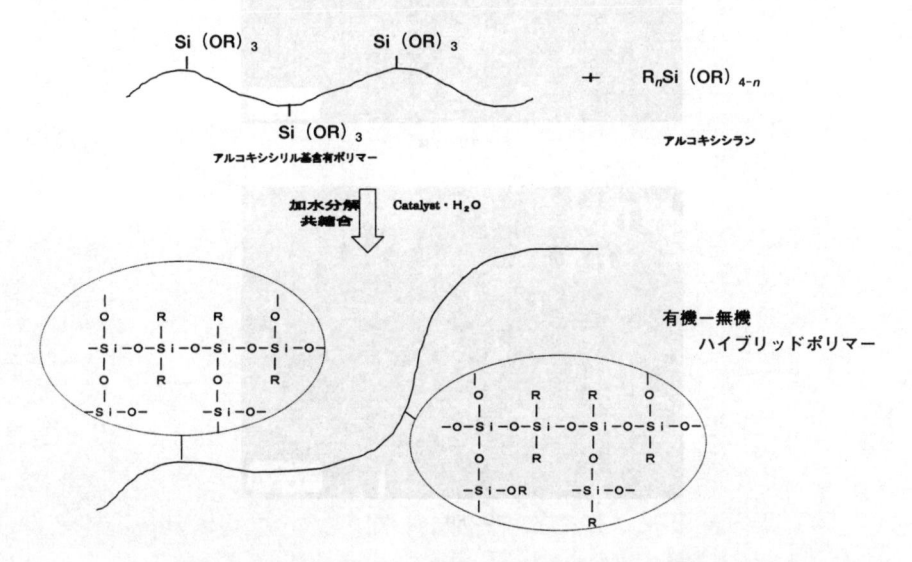

図3　有機－無機ハイブリッドポリマー基本合成反応と推定構造

る長期安定性に優れた有機－無機ハイブリッドポリマーを得た。図3に基本合成法と推定構造を示す。

3 有機－無機ハイブリッド体の特性

3.1 ブレンド体とハイブリッド体の比較

写真1にアクリルとポリシロキサンハイブリッド体とアクリルポリマー／ポリシロキサンブレンド体（有機／無機＝20／80）の透過型電子顕微鏡（TEM）写真を示す。ブレンド体はポリシロキサン中にアクリルポリマーが島状に分散した海－島型相分離構造を呈しているが，ハイブリッド体は非常に均一である。

ハイブリッド体

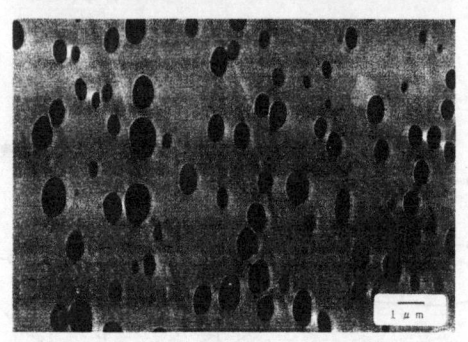

ブレンド体

写真1　ハイブリッド体とブレンド体の電子顕微鏡写真

第1章 無機・有機ハイブリッドコート材の開発と応用

図4にハイブリッド体とブレンド体のUVスペクトルを示す。ブレンド体は低波長域でUV吸収が認められるがハイブリッド体はこのような吸収がほとんどなく、有機成分と無機成分との均質性が非常に高いことを確認した。

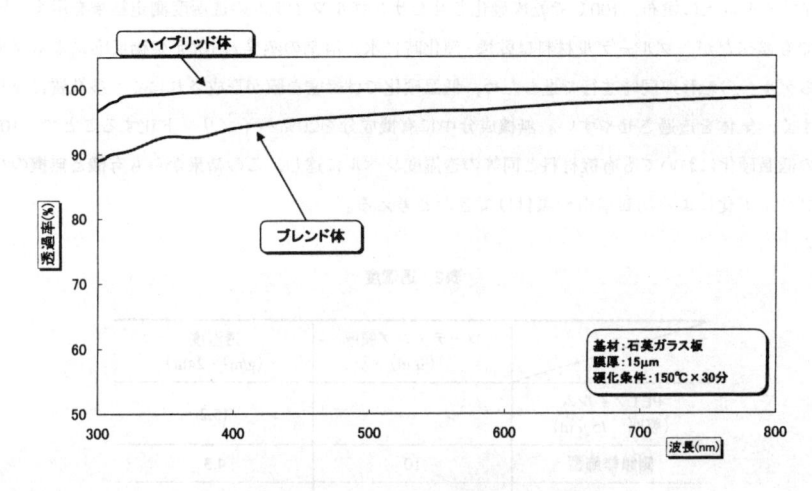

図4 ハイブリッド体とブレンド体のUVスペクトル

表1にハイブリッド体とブレンド体の塗膜物性を側鎖修飾型と対比して示す。

表1 塗膜物性

	表面硬度	伸び（％）	耐アルカリ性 （NaOH濃度％）	耐候性 （光沢保持率％）
側鎖修飾型	4H	3～5	1	95
ハイブリッド体	3H	30	10	90
ブレンド体	3H	10	3	50

(注) 表面硬度：鉛筆硬度　伸び：引張試験による破断伸びを示す（膜厚10μm）
　　耐アルカリ性：NaOH水溶液スポット試験
　　耐候性：超促進耐候性試験機　1000hr

側鎖修飾型は硬さや耐候性に優れる反面、伸び（柔軟性）や耐アルカリ性に欠ける。ブレンド体は側鎖修飾型と比べると伸び（柔軟性）や耐アルカリ性の向上が認められるが、耐候性は大幅に低下している。一方、ハイブリッド体は無機の特長である硬さや耐候性を維持したまま伸び

(柔軟性)や耐アルカリ性等の有機的特性の大幅な向上が認められ，有機－無機の機械的混合(ブレンド)では得られない新規な有機－無機境界材料を得た。

表2に側鎖修飾型および有機／無機＝20／80のアクリルとポリシロキサンハイブリッド体をPETフィルム上に塗布，100℃で乾燥硬化させたサンプルフィルムの透湿度測定結果を示す。冒頭でも述べたが，ゾル－ゲル材料は乾燥・硬化時に水，溶剤の蒸発と3次元架橋反応によるゾルからゲルへの転移が同時並行で進むため，低温硬化では緻密な膜が形成されにくく多孔質になりやすい，気体を透過させやすい。無機成分中に有機成分を20％ハイブリッド化することで，100℃の低温硬化においても有機材料と同等の透湿度レベルに達し，この結果からも有機と無機のハイブリッド化による均質構造が裏付けできたと考える。

表2 透湿度

	コーティング膜厚 (μm)	透湿度 ($g/m^2 \cdot 24hr$)
PETフィルム (膜厚 75μm)	－	15.2
側鎖修飾型	10	4.3
ハイブリッド体	10	2.3
アクリルポリマー	10	2.9

(注) ハイブリッド体：有機／無機＝20／80

3.2 側鎖修飾型とハイブリッド型の特性

図5に側鎖修飾型とハイブリッド型（有機／無機＝20／80）および有機材料（アクリルポリマー）の熱重量分析（TGA）結果を示す。側鎖修飾型は空気中400℃まで重量減少がなく，800℃でも10％程度の重量減少を示すにすぎない。ハイブリッド型は有機成分を含むために側鎖修飾型ほどの耐熱性は得られないが，アクリルポリマー等の有機材料に比べるとはるかに優れた耐熱性を有している。

図6に側鎖修飾型とハイブリッド型（有機／無機＝20／80）および各種有機材料の白色塗板でのアリゾナ集光曝露結果を示す。太陽光の単位面積当たりの照射エネルギーで表すと，日本（東京）の1年間の光量は約10万ラングレー（Lys）であり，この図の160万ラングレーは約16年間の曝露に相当する。

$1MJ／m^2 ≒ 0.0418Lys$

この結果から，側鎖修飾型およびハイブリッド型は高耐候性塗料であるフッ素樹脂塗料と同等

第1章　無機・有機ハイブリッドコート材の開発と応用

以上の耐候性を有することを確認した。

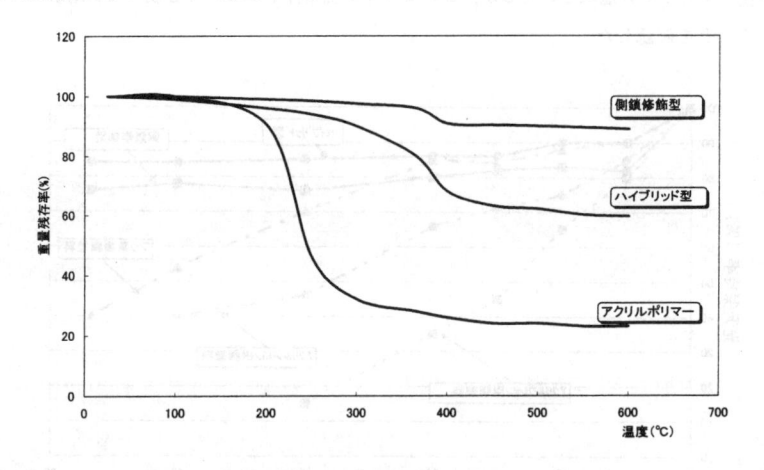

図5　熱重量分析（TGA）
測定条件：空気中　昇温速度　20℃／min.

図6　アリゾナ集光曝露試験（EMMAQUA）

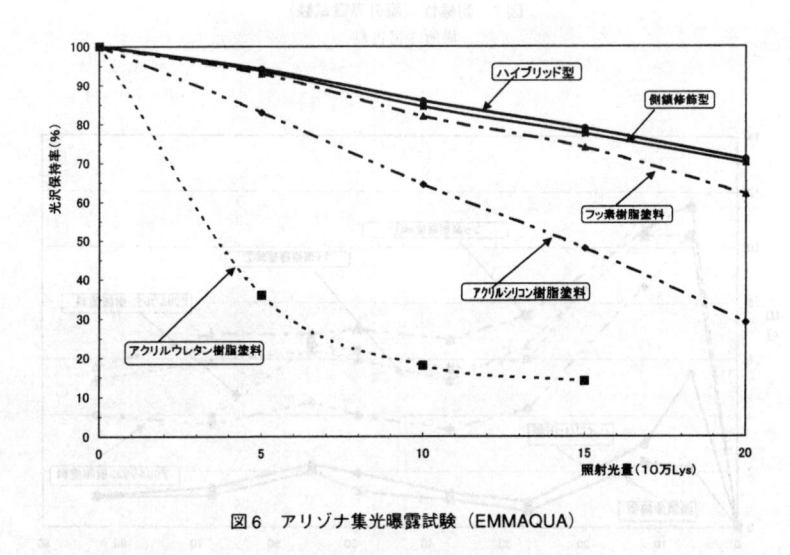

　図7に図6同様塗板を宮古島にて約4年半屋外曝露試験を行った結果を示す。高耐候性塗料であるフッ素樹脂塗料は光沢が大きく低下しているが，側鎖修飾型とハイブリッド型は80％ないしはそれ以上の光沢を保持している。この地域は本州地区と異なり紫外線や気温の影響が大きく

151

耐候劣化の生じやすい地域といえるが，このような環境条件下においても優れた長期耐候性を有していることを確認した。

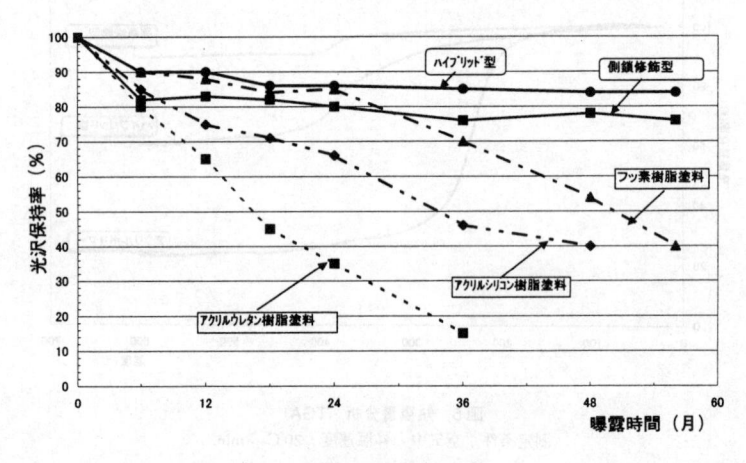

図7 耐候性（屋外曝露試験）
場所：宮古島

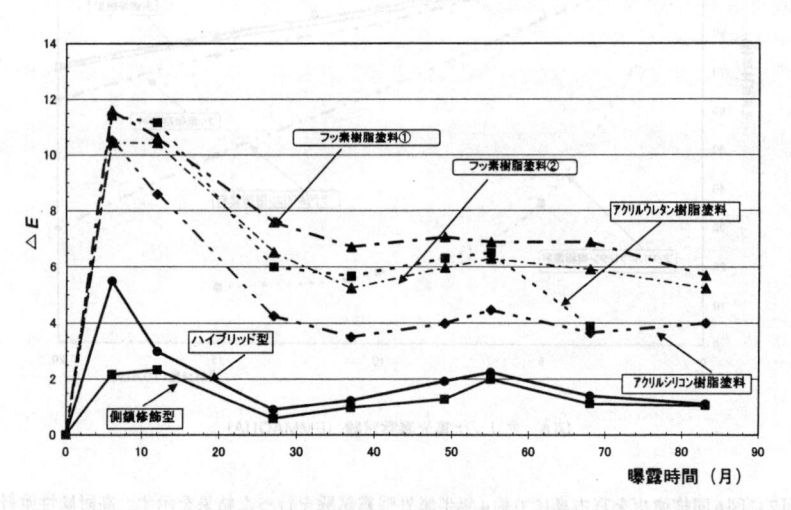

図8 耐汚染性（屋外曝露試験）
曝露場所：四日市（45度傾斜）

第1章　無機・有機ハイブリッドコート材の開発と応用

図8は四日市における屋外曝露試験結果を示す。色差$\triangle E$は色の視覚的な相違を数量的に表したものであり次式で求められる。

$$\triangle E = \sqrt{(L_0-L)^2+(a_0-a)^2+(b_0-b)^2}$$

　　L_0, a_0, b_0：初期の表色
　　L, a, b：試験後の表色

曝露試験場所は工場地帯にあり、側を国道が通っているため、工場煤煙と車の排気ガスによる黒ずみ汚れが発生しやすい。側鎖修飾型およびハイブリッド型は市販有機樹脂塗料と比較して$\triangle E$の値が小さく屋外曝露による塗板の汚れ付着が小さいことを確認した。

プレハブ住宅やビル等景観性を必要とする用途では汚れにくい性質はその資産価値維持の点からも耐久性の重要な要素であり、長期耐候性と耐汚染性の両立が望まれ、我々の開発した材料はこれらの要求に合致するものである。

4　水系有機－無機ハイブリッド体の開発

当社有機－無機ハイブリッド化技術をベースに独自技術で共有結合水系有機－無機ハイブリッド体（水系ハイブリッド）を開発した。

この水系ハイブリッドは架橋可能なポリシロキサンと有機ポリマーが共有結合により一種のグラフト構造を形成し、分子レベルで均質なエマルション（平均粒子径約130nm）となっている。図9に推定構造を、図10に白色塗膜の鹿児島における屋外曝露試験結果を示す。この地区は日

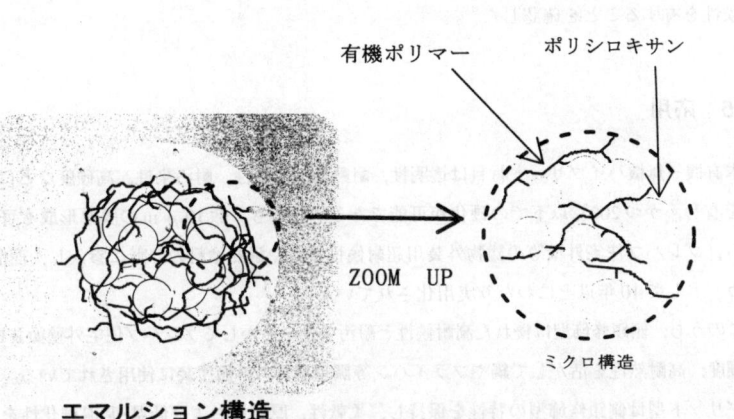

図9　水系ハイブリッド体の推定構造

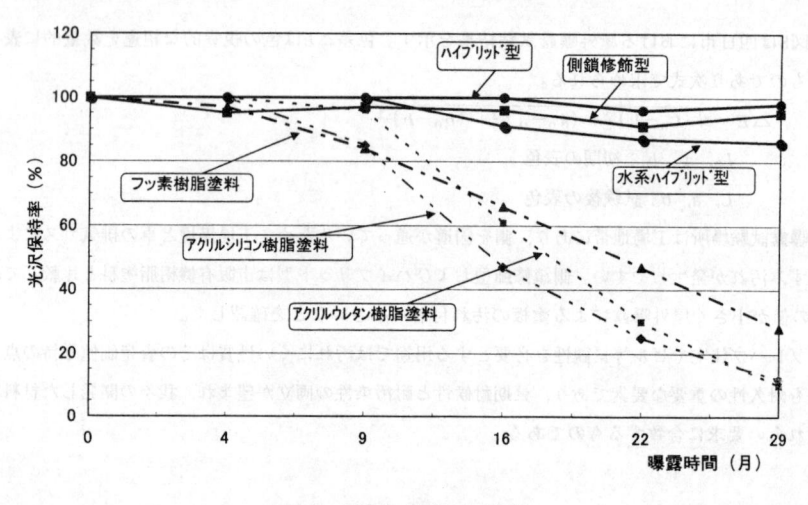

図10 耐候性（屋外曝露試験）
場所：鹿児島（45度傾斜曝露）

射量，気温および桜島の降灰の影響から非常に厳しい環境条件を有する地域といえる。塗膜耐候性の評価に際しては塗板上の火山灰を水洗除去して後光沢等の物性測定を行った。その結果，屋外曝露約29ヵ月で高耐候性塗料である市販溶剤系シリコンアクリル樹脂やフッ素樹脂塗料では大幅な光沢の低下が生じているが，水系ハイブリッドは側鎖修飾型やハイブリッド型同様優れた耐候性を有することを確認した[9]。

5 応用

本有機-無機ハイブリッド材料は透明性，耐熱性，耐候性，耐汚染性，高硬度などに優れた性質を有し，かつ200℃以下での硬化が可能である。しかも，数10 μm の膜厚形成も可能なことから，プレハブ住宅外壁等の建物外装用超耐候性塗料や耐熱塗料の分野に参入し，商品名「グラスカ」として10年以上にわたり実用化されている。

このうち，側鎖修飾型は優れた高耐候性と耐汚染性を活かしてプレハブ住宅外壁塗装に，また，高硬度，高耐熱性を活かして鍋やフライパン等調理器具の外面塗装に使用されている。また，ハイブリッド型は側鎖修飾型の特性を保持し，柔軟性，厚膜性および低温・常温硬化性を付与させた材料としてプレハブ住宅外壁や屋根材を中心に使用されており，プレハブ住宅では約1万戸／年以上使用されている。さらに，環境対応型の水系ハイブリッドもプレハブ住宅外壁用塗料に採

第1章　無機・有機ハイブリッドコート材の開発と応用

写真2　プレハブ住宅（外壁材，屋根材）への応用例

用され，今後，溶剤型に代わり大きく伸びていくものと期待している（写真2）。

また，塗料用途以外にも本有機－無機ハイブリッド材料の優れた透明性，耐熱性，耐候性，耐汚染性，高硬度など加え，例えば，紫外線カット機能や撥水・撥油機能等を有するグレード開発を進めており，表3に一例を示す。これらのグレードは低温硬化性を活かしてプラスチックス成形品やフィルムに塗布・硬化させ，例えば，紫外線カットグレードでは屋外での優れた防汚性に加えて製品の耐久性向上を計ることができ，撥水・撥油グレードは撥水・撥油性を活かした防汚

表3　新規機能性グレード例

	紫外線カット	撥水・撥油
表面硬度	H	3H
透明性（可視光透過率）　*1	≧95%	≧95%
UVカット能　≦390nm　*1	≧95%	—
接触角　　水	89°	105°
サラダ油	36°	65°
コールタール	—	70°
摩擦係数　　*2	—	0.01

（注）　*1：膜厚＝3μm　　*2：対金属

フィルム等への展開とその優れたすべり性と非粘着性から剥離紙等への展開も期待できる。これらのグレードについては現在種々の用途での商品化検討が進んでいる。

6 おわりに

我々の開発した共有結合構造有機－無機ハイブリッド材料「グラスカ」は特殊な装置・条件を必要とせず，従来の有機材料の汎用的なプロセスで加工可能であることと，無機材料の特長である「熱，光，汚れ」に強いことから，大手プレハブ住宅外壁用途を中心に多大な評価を得ている。これは我々の意図した汎用有機材料の加工性とガラスに匹敵する耐久性の両立が市場で評価された結果と考えている。

今後はさらに市場拡大を計るために，紫外線カット，撥水・撥油グレード等種々の付加機能を有するグレード開発と市場投入を積極的に進めていく考えである。

文　献

1) 例えば，特公昭60-017214, 特公平01-043773
2) 作花済夫："ゾル－ゲル法の応用"，アグネ承風社(1997), P6
3) G.Philipp, H.Schmift : *J.Non-Cryst.Solids*, 63, 283 (1984)
4) T.Saegusa : *J.Macromol. Sci.-Chem.*, A28, 817 (1991)
5) 花岡秀行：塗装技術, 5, 112 (1992)
6) 山田欣司：色材協会関東支部主催 塗料講座講演資料(1994.11.30)
7) 阪上俊規，石川悟司，石附健二：日本化学会産業委員会・産業懇談会主催「化学テクノフォーラム21―産学研究：その芽と成果」発表予稿(1998.3.28)
8) 阪上俊規：工業材料, 46, 〔8〕, 57 (1998)
9) 阪上俊規，清水達也，安藤民智明：㈳色材協会主催 1998年度色材研究発表会発表予稿(1998.9.16～17)

第2章　歯科材料の無機・有機ハイブリッドの応用

山内淳一[*]

1　はじめに

歯科材料について本論に入る前に，歯の構造，特性，成分について少し触れときたいと思う。歯は人体のなかでは最も硬い硬組織で，その構造は主に最表層のエナメル質，その内側の象牙質，歯根部のセメント質および内部の歯髄から構成されている。各成分を表1に示す。エナメル質はヒドロキシアパタイト（リン酸石灰）と他の少量成分から成るほとんどが無機質であるが，象牙質，セメント質はそもそも天然の無機・有機ハイブリッド構造になっている。すなわち，ヒドロキシアパタイトとコラーゲンの複合体で，コラーゲン線維の長軸と一致した方向にヒドロキシア

表1　歯の成分

	エナメル質	象牙質	セメント質
硬さ（モース硬度計）	7（石英）〜6（正長石）	5（リン灰石）〜4（蛍石）	5〜4以下
無機物の含有量（％）			
リン酸石灰	90	67	54
その他	6〜8	5	11
計	96〜98	72	65
（有機物と水）	4〜2	28	35
無機物の成分（％）			
Ca	36	27	25
P	17	13	11.4
CO	2.5	3	3.30
Mg	0.4	0.8	
Na	0.90	0.3	
K	0.05	0.07	
Fe	0.0218	0.00719	
Cl	0.3	0.00	
Zn	0.0259	0.0256	
Li, Sr, Pb, Cu, Bi, U, Fそれぞれ微量			

---

[*]　Junichi Yamauchi　㈱クラレ　メディカル事業本部　学術主管

パタイトの板状結晶が密に沈着した無機・有機ハイブリッド構造になっている。物理的性質を表2に示すが，強い咬合に耐えられるように高い硬度や，圧縮強度を有しているのが特徴的である。したがって歯の代替としての歯科材料は基本的には歯と類似した物理的性質を有することが要求される。古くは歯科材料としてアマルガムや金合金に代表されるような金属が主体であったが，高分子化学と無機との複合技術の進歩により，近年，無機・有機ハイブリッド構造からなるコンポジットレジンが多用されるようになってきた。

表2 歯の物理的性質

項目	エナメル質	象牙質
屈折率	1.626	1.571
硬度（ヌープ）	340	70
〃 （バーコル）	78	68
引張強度 (kg/cm^2)	110	520
曲げ強度 (kg/cm^2)	100	510
弾性率 (kg/cm^2)	5×10^5	1×10^5
圧縮強度 (kg/cm^2)	4000	3500
熱膨張係数 (ppm/℃)	12	8

2 歯科用コンポジットレジンとは

歯科用コンポジットレジンは虫歯を除去した後詰める充填材料や歯の大部分が虫歯でやられて歯全体を被せる歯冠材料として用いられる。したがって要求される特性は上述のように歯質に近似した高硬度，高強度を有することは言うまでもないが，それ以外に天然歯に近い色調および透明性を有すること，数分以内に硬化（重合）して硬化物の得られること，重合収縮の小さいこと，熱膨張係数の小さいことおよび生体為害性の小さいこと等が要求される。

このため，歯科用コンポジットレジンに用いられるモノマーは（メタ）アクリル系モノマーが多く，高い物理的性質（高硬度，高強度），低重合収縮を考慮して図1に示すように比較的分子量が高い，ジメタクリレート，テトラメタクリレート等の多官能性メタクリレートが用いられる。その他の因子として，極性（親水性，疎水性），屈折率，粘性等が挙げられる。またフィラーとしては高硬度を考慮して，α-石英，シリカ，バリウムガラス，窒化ケイ素等の硬いフィラーが用いられる。その他の因子として，屈折率，形状，粒度分布，X線造影性等が挙げられる。粒度分布としては，通常0.1～数10μmの範囲の粒径が用いられるが，平均0.05μm程度のミクロフィラー（ヒュームドシリカ）を用いる場合もある。フィラーの表面処理は補強効果を高めるために重要で，通常シランカップリング剤が用いられ，代表的には，バインダーモノマーと共重合

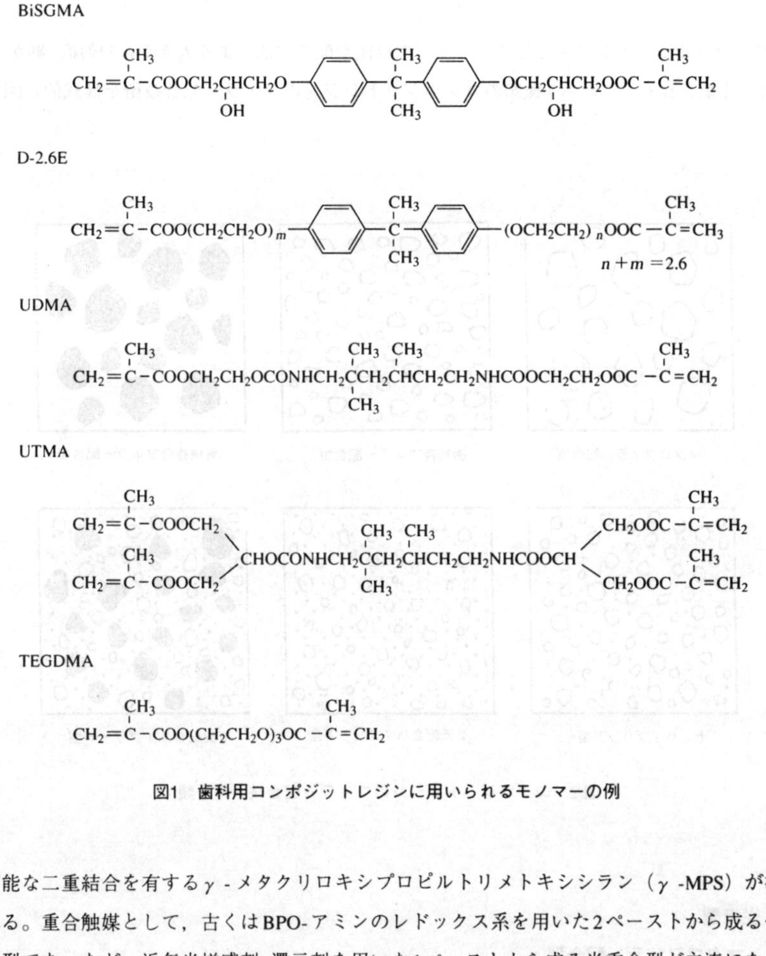

第2章　歯科材料の無機・有機ハイブリッドの応用

BiSGMA

$CH_2=C(CH_3)-COOCH_2CH(OH)CH_2O-C_6H_4-C(CH_3)_2-C_6H_4-OCH_2CH(OH)CH_2OOC-C(CH_3)=CH_2$

D-2.6E

$CH_2=C(CH_3)-COO(CH_2CH_2O)_m-C_6H_4-C(CH_3)_2-C_6H_4-(OCH_2CH_2)_nOOC-C(CH_3)=CH_3$
$n+m=2.6$

UDMA

$CH_2=C(CH_3)-COOCH_2CH_2OCONHCH(CH_3)CH_2CH(CH_3)CH_2CH_2NHCOOCH_2CH_2OOC-C(CH_3)=CH_2$

UTMA

$(CH_2=C(CH_3)-COOCH_2)_2CHOCONHCH(CH_3)CH_2CH(CH_3)CH_2CH_2NHCOOCH(CH_2OOC-C(CH_3)=CH_2)_2$

TEGDMA

$CH_2=C(CH_3)-COO(CH_2CH_2O)_3OC-C(CH_3)=CH_2$

図1　歯科用コンポジットレジンに用いられるモノマーの例

が可能な二重結合を有するγ-メタクリロキシプロピルトリメトキシシラン（γ-MPS）が挙げられる。重合触媒として，古くはBPO-アミンのレドックス系を用いた2ペーストから成る化学重合型であったが，近年光増感剤-還元剤を用いた1ペーストから成る光重合型が主流になっている。

　コンポジットレジンそのものには通常歯との接着性がないので，充填材料や歯冠材料として用いる場合に，別途接着剤や接着性セメントと組み合わせることが必要となる。

3 歯科用コンポジットレジンのフィラー配合による分類

歯科用コンポジットレジンとしてフィラーの粒径や配合方法により大まかに3種類、細かくは6種類に分類される。これら3種類のコンポジットレジンのフィラー配合技術を模式的に図2に示す。

マクロフィラー配合型　　　微粉砕フィラー配合型　　　有機複合フィラー配合型

セミハイブリッド型　　　2元配合ハイブリッド型　　　3元配合ハイブリッド型

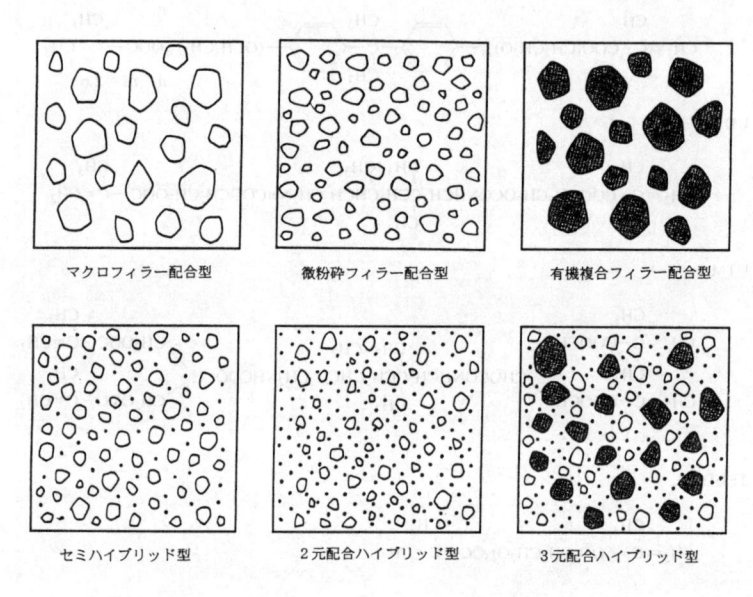

図2　コンポジットレジンのフィラー配合技術の分類

3.1 従来型

3.1.1 マクロフィラー配合型

歯科用コンポジットレジン出現の初期のころの技術で、比較的大きなフィラー（平均粒径：2〜10 μm、粒径範囲：0.1〜100 μm）を配合したもの。通常、粗いフィラーを粉砕して得られた破砕状フィラーを75％（重量）程度に含有されていた。

3.1.2 微粉砕フィラー配合型

マクロフィラー配合型の後に出たもので、表面の研磨性（滑沢性）を上げるために、より微細なフィラー（平均粒径：1〜5 μm、粒径範囲：0.1〜20 μm）を配合したもの。さらに粒度分

布の調節によりフィラー含有量も80%（重量）程度まで向上された。

3.2 有機複合フィラー配合MFR型

研磨性をさらに上げるため，0.05μm程度のコロイド状のミクロフィラーを配合したもの。しかし，ミクロフィラーそのものを配合すると粘度の上昇が極めて大きく，ペーストのべたつきも強く，そのままでは歯科用コンポジットレジンとしては使えない。そこで，ミクロフィラーを最少限度のモノマーに分散させ，いったん硬化させたものを再粉砕して得られるフィラーを用いるため，有機複合フィラー配合MFR（ミクロフィルドレジン）型と言われる。通常ミクロフィラーとしてはアエロジルで代表されるヒュームドシリカが用いられる。

フィラー含有量としては60%（重量）程度が限度であり，研磨性には優れるが，硬度や強度面では劣る。

3.3 ハイブリッド型

研磨性と高強度を両立させるために，新しく開発された技術である。これによりフィラーの一層の最密充填が図られ，82%～86%（重量）の高密度充填が可能になった。クラレ製品の歯科用コンポジットレジンはハイブリッド型が主流になっている。

3.3.1 セミハイブリッド型

微粉砕フィラーと数%以内の少量のミクロフィラーを配合させたもの。初期の頃のハイブリッド型は，多量にミクロフィラーを配合するとペーストの粘性が大きくなり，多量の配合が困難であった。

3.3.2 2元配合ハイブリッド型

微粉砕フィラーと数%以上の多量のミクロフィラーを配合させたもの。微粉砕フィラーの粒度分布のコントロールおよびミクロフィラーの表面処理技術の向上により，多量のミクロフィラーの配合が可能になった。この2元配合ハイブリッド技術の開発により，強度の向上と共に臼歯部修復に重要な特性である優れた耐摩耗性が得られるようになった。

図3にミクロフィラーの配合量と強度（圧縮）および耐摩耗性（突き合わせ）の関係を示す。ミクロフィラー配合の増加と共に，強度の向上と著しい摩耗量の減少が認められる。

3.3.3 3元配合ハイブリッド型

さらにトータルのミクロフィラーの配合量を高るため，少量の微粉砕フィラーにミクロフィラーと有機複合フィラーの混合物を多量に配合したもの。これにより，多少の強度の低下は見られるが，良好な研磨性が得られる。

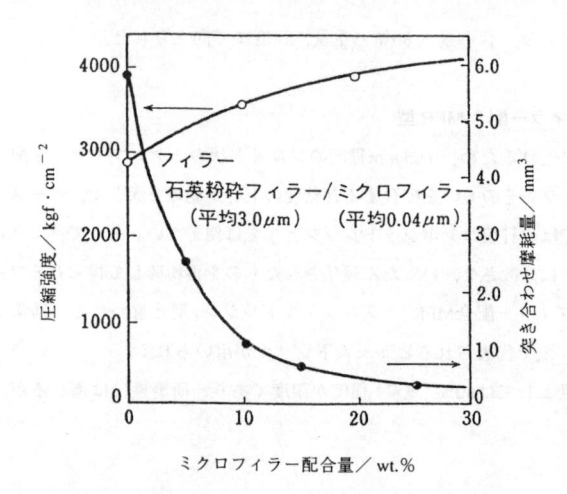

図3 ミクロフィラー配合による物理的性質に与える影響

4 ハイブリッドセラミックスへの発展

4.1 ハイブリッド型コンポジットレジンの限界

臼歯部修復の比較的小さな窩洞に充填するインレーやアンレーには，前記ハイブリッド型コンポジットレジンの出現により高強度が得られるようになり，適用が可能になったが，歯冠全体を覆うような大型の臼歯部修復材料（クラウン）は金属が主体で，一部セラミックスが用いられているに過ぎなかった。しかし，金属は審美的でなく，天然歯に類似した審美性に富んだ歯冠修復材料の出現が望まれていた。

そこでクラレでは，通常のハイブリッド型コンポジットレジンよりもさらに無機フィラーを高密度に充填し，天然のエナメル質に近似した臼歯部修復材料の開発に取り組んだ。本題の無機・有機ハイブリッドの概念は広いが，まさにその無機・有機ハイブリッド技術開発がベースと考えている。その技術的課題は大きくは以下の二点に集約される。

①一般にミクロフィラーを多量に用いると，粘度の上昇が著しくなりペーストの流動性が悪くなってフィラーの高密度充填は困難になる。このためには，無機フィラー（無機）のレジンマトリックス（有機）との相溶性を高めて，多量に配合しても粘度の上昇をできるだけ抑える必要がある。即ち，新しい有機・無機ハイブリッド化技術の開発が必要である。

②一般にミクロフィラーはヒュームドシリカが用いられ，その屈折率は約1.45であり，ハイブリッドとして組み合わせて用いるX線造影性フィラーは屈折率が高い（通常1.55前後）。した

第2章　歯科材料の無機・有機ハイブリッドの応用

がって，両者多量に配合すると屈折率の違いから，得られる材料は不透明になり，審美的な歯冠修復材料にはならない。このため，屈折率の近いミクロフィラーとX線造影性フィラーの選択が重要になってくる。

4.2　ハイブリッドセラミックスの基本技術と組成

上記技術的課題①は無機フィラーの新規表面剤の開発により解決し，総フィラー含有量92重量％（82容量％）を達成した。新規表面処理技術の詳細は開示できないが，分子オーダーで無機フィラーに化学的に吸着しやすいように表面処理させ，より無機・有機の結合を高めた点にある。

これにより，従来の表面処理に比べ，同じフィラー含有量でも低い粘度になることを可能にした。その関係を図4に示した。従来処理は前にも触れたγ-MPS（γ-メタクリロキシプロピルトリメトキシシラン）によるシラン処理によるものである。例えば粘度10000cpsを与えるフィラー含有量は未処理フィラーでは約7vol％であるが，従来表面処理では約18vol％になるのに対し，さらに新規表面処理では約34vol％に増加することが分かる。新規表面処理の開発により，従来処理に比べ2倍弱のフィラーを加えても同一の粘度を与えることになる。

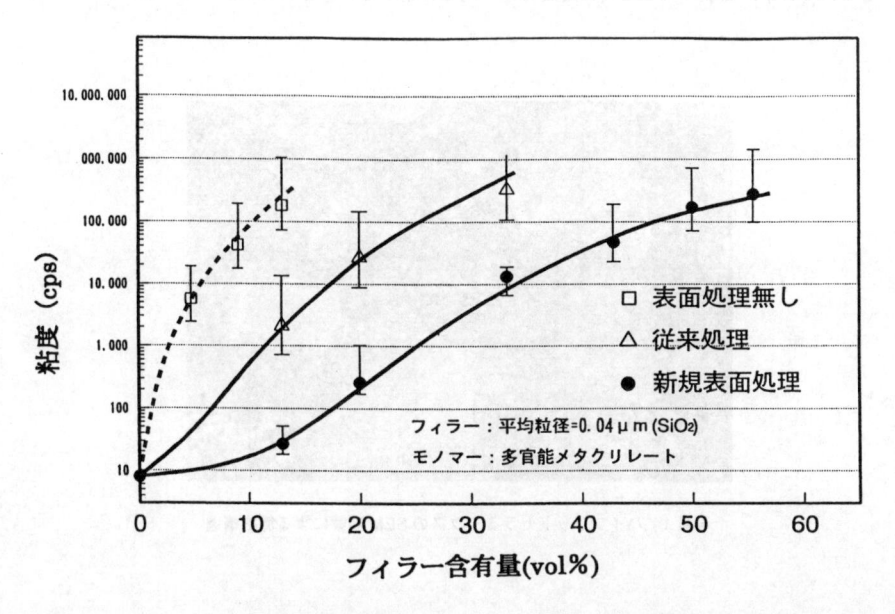

図4　フィラー表面処理によるフィラー含有量と粘度との関係

上記技術的課題②は，ミクロフィラーとして従来のコロイダルシリカに対し，高屈折率(1.65)コロイドフィラーの採用により，高屈折率(1.58)X線造影性フィラーと組み合わせて適度に調整することにより，透明性の高い超ハイブリッド型コンポジットレジンを開発することができた。

組成としては光重合触媒を加えた多官能性メタクリレートモノマー組成物8重量%を達成した，平均粒径0.02μmのコロイドフィラー（ミクロフィラー）が16重量%，平均粒径1.5μmのX線造影性ガラスフィラー76重量%が充填され，トータルフィラー含有量92重量%になる。無機フィラー量が極めて高密度に高められた点で，従来のハイブリッド型コンポジットレジンに対し【ハイブリッドセラミックス（HC）】と称して，新しいコンセプトを打ち出している（商品名はエステニア）。

写真1にHC硬化物のSEM観察による微細構造を示す。粒径の比較的大きなガラスフィラーの間のマトリックス部分に平均粒径0.02μmの超微粒子ミクロフィラーが高密度に充填されている様子が観察される。図5に組成物全体に占めるガラスフィラーの体積を一定にし（65vol%），マトリックス中の超微粒子ミクロフィラーを増加させた場合の圧縮特性との関係を示す（横軸50vol%が製品のエステニアに相当する）。マトリックス中に占める超微粒子ミクロフィラーが増加するに伴い，圧縮強度が著しく向上することが認められる。特に圧縮比例限が破断強度に接近してきており，強度の向上と共に耐疲労性の向上に繋がると考えられる。

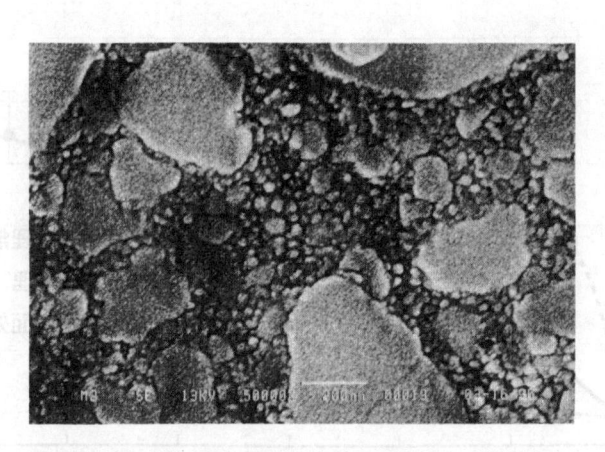

写真1 ハイブリッドセラミックスのSEM観察による微細構造

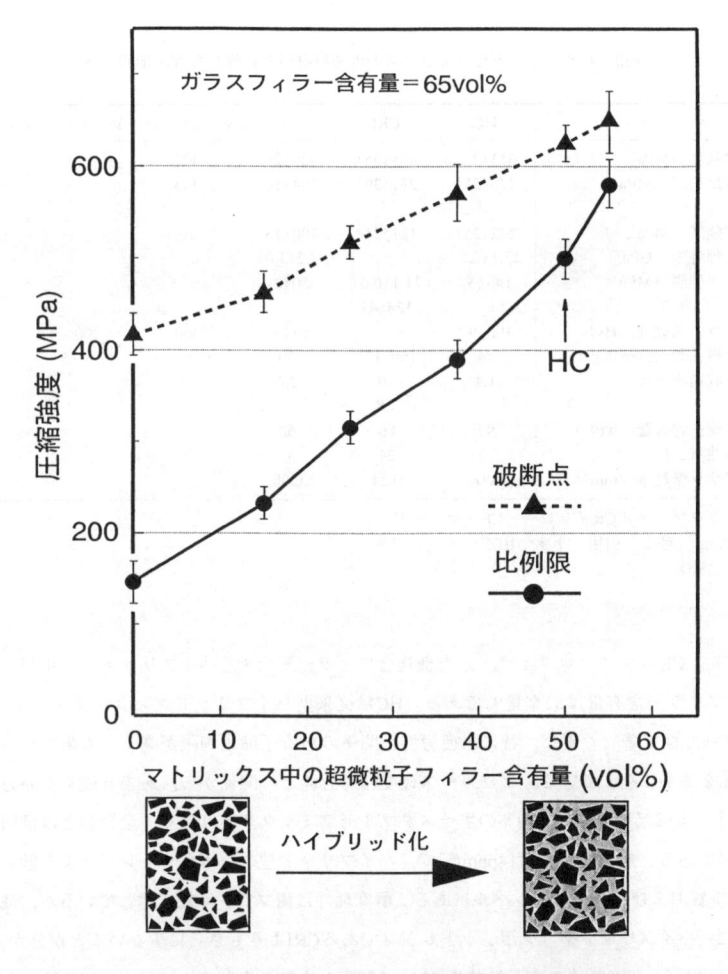

第2章 歯科材料の無機・有機ハイブリッドの応用

図5 マトリックス中の超微粒子フィラー含有量と圧縮強度との関係

4.3 ハイブリッドセラミックスの特性

ハイブリッドセラミックス (HC) の理工学的性質を当社の従来型ハイブリッドコンポジットレジン (臼歯インレー用コンポジットレジン (クリアフィル CR インレー (CRI))，前歯歯冠用コンポジットレジン (セシード (CE))，他社歯科用キャスタブルセラミックス (ダイコア，ダウコーニング社) および天然の人歯エナメル質と比較して表3に示す。

CRIはマイクロフィラー配合2元ハイブリッドコンポジットレジンでフィラー含有量は86重量

表3 ハイブリッドセラミックスの他歯科材料と比較した理工学的性質

	HC	CRI	CE	エナメル質	金合金(*)	ダイコア(**)
圧縮強度（MPa）	613(20)	458(35)	426(26)	400		828
圧縮比例限（MPa）	470(25)	231(29)	104(19)	344		
曲げ強度（MPa）	202(25)	181(21)	100(13)	10		152
曲げ弾性率（GPa）	23.1(0.8)		7.2(1.0)			
曲げ比例限（MPa）	143(3)	21.1(0.6)	50(3)			
		124(4)				
ビッカース硬度（Hv）	190(9)		64(5)	360	200	362
熱膨張係数（ppm/deg）	14	150(12)	30	10～15	12～15	7.2
重合収縮率（%）	1.4	19	2.0			
		1.8				
フィラー含有量（wt%）	92	86	62			
透明性（ΔL）	33	24	35			
歯ブラシ摩耗量（mm³）	0.18	0.24	0.98			

CRI：クリアフィルCRインレー　CE：セシード
＊：Craig[2]等より引用　＊＊：山本[1]等より引用
（ ）：S.D.

%であり，CEはマイクロフィラー／有機複合フィラー配合3元ハイブリッドコンポジットレジンで，フィラー含有量は62重量%である。HCは従来型ハイブリッドコンポジットレジンCRIやCEより強度面で著しく優れ，特に耐疲労性と関係のある圧縮比例限が高く，人歯エナメル質の344MPaを遥かに超えている。ビッカース硬度は対合歯との関係から，あまり硬くない方が良いと言われているが，無機質100%のキャスタブルセラミックスより低く，金合金とほぼ同じレベルの190である。熱膨張係数は14ppm/℃で，ハイブリッド型コンポジットレジンより低く，人歯エナメル質および金合金と同レベルにある。耐摩耗性は歯ブラシ摩耗で示しているが，従来の高密度型2元ハイブリッド型コンポジットレジンであるCRIよりもさらに少ないことが分かる。HCとCRIの歯ブラシ摩耗後の表面性状をSEMで観察した結果を写真2に示す。CRIはマトリックスの摩耗により段差が明瞭に見られるのに対し，HCはマトリックスとの間での段差が生じず，全体が非常に滑沢であることが分かる。これは，HCはマトリックス部分を$0.02\mu m$の超微粒子ミクロフィラーで高密度に充填したことにより，マトリックス相の補強が効果的に働き，極めて高い耐摩耗性が得られたものと考えられる。

第2章　歯科材料の無機・有機ハイブリッドの応用

CRI

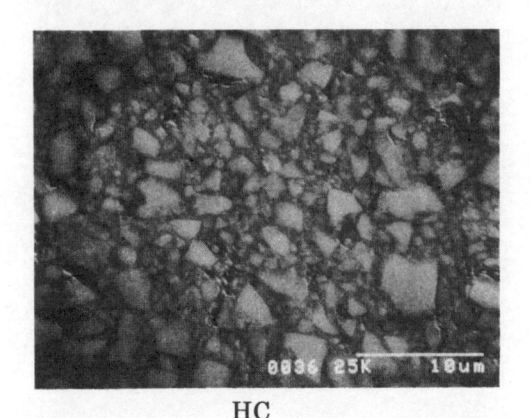

HC

写真2　歯ブラシ摩耗後のSEM観察による表面性状

5　おわりに

　複合材料（コンポジットレジン）の技術は工業界での技術と相俟って飛躍的に進歩してきた。当初は粗いフィラーの使用から微粒子フィラーへの移行，単一フィラーから超微粒子ミクロフィラーと微粒子フィラーを組み合わせたハイブリッド型への移行，さらにフィラーの新規表面処理の開発により，超微粒子ミクロフィラーを多量に配合しても90重量％以上に高密度にフィラーを充填可能としたハイブリッドセラミックスの出現と進歩してきた。歯科修復で古くは金属材料が主流であったが，審美性の高いコンポジットレジンの出現により，益々審美性の要求は高まり，

セラミックス,陶材が用いられた領域にハイブリッドセラミックスが好まれて使用されるようになってきた。今後,無機・有機ハイブリッド技術がさらに発展して,一層天然のエナメル質・象牙質に近似した審美性の歯科修復材料の出現が望まれる。

文 献

1) 藤田恒太郎,歯の話,岩波新書(1965)
2) Craig R.G., *et al.*, "Dental Materials", C.V. Mosby Co.,(1979)

第3章 無機・有機ハイブリッド前駆体のセラミックス化とその応用

長谷川良雄[*]

1 はじめに

　無機高分子は，それ自体でも有用な機能性材料であることは周知の事実であるが，セラミックスの前駆体としてもその地位を築いている。特に繊維や薄膜など特殊な形状のセラミックスの製造には無機高分子を前駆体とする方法は重要な技術である。その理由の一つは前駆体として使用される無機高分子そのものが有機－無機モレキュラーハイブリッドといえる構造を有しているからにほかならない。一方で，機能材料としてのセラミックスに対する形態の多様性に対する要求はますます厳しくなり，無機高分子のみを前駆体とする方法ではその要求を十分満たすことができなくなっているのが現状である。

　例えば，大気汚染物質や水質汚染物質の低減は，21世紀に向けた持続可能な社会の構成にとって最優先される課題の一つであり，光触媒により環境汚染物質を除去しようとする最近の考えが注目されている。すでに光触媒の研究は数多く報告され，チタニア(TiO_2)を中心として実用化開発も盛んに行われている[1]。このような光触媒は一般に微粉末で取り扱いにくいため，光触媒で劣化しないバインダーを用いてなんらかの基材表面に固定化された形態で利用される。これは，必然的に微粉末が有する本来の環境汚染物質の分解能力を低下させるだけでなく，困難な製造プロセスを含み，光触媒の用途拡大を妨げている。これに対して，例えばTiO_2が繊維の形態を有する環境浄化デバイスでは，光触媒反応に利用できる有効表面積が基材に固定化したものより格段に高くすることができる。このような基材を必要としない光触媒を自立型光触媒とよび，その有効性についてはすでに報告している[2]。

　ここでは，自立型光触媒を始めとして，機能性セラミックスの形態の多様性に対する要求に応える新しい合成法として，有機－無機ハイブリッド熱分解法を紹介する。特に，光触媒の利用が難しいとされる水質汚染物質の浄化デバイスとして開発された，高強度で耐摩耗性に優れた高比表面積 TiO_2 球状多孔質体[3] を中心に述べる。

---

[*] Yoshio Hasegawa　㈱化研　機能材料研究所　主幹研究員

2　有機-無機ハイブリッド熱分解法

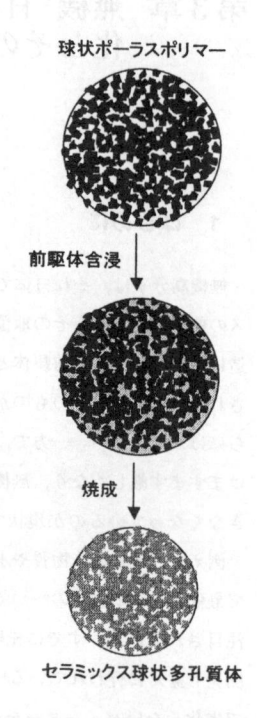

開発したTiO$_2$球状多孔質体の製造法の概念を図1に示す。この方法は，セラミックス前駆体を多孔質で球状の有機物基材に含浸したもの，すなわち有機-無機ハイブリッド，を大気中で焼成することにより球状酸化物を得ようとするものである。この方法の特徴は，有機高分子の複雑に成形できる成熟した技術を利用し，セラミックスの前駆体である無機高分子が複雑な形態に成型でき，これを熱分解することにより，組成，細孔構造，形態が独立して制御できる点にある。

このような方法により，例えばTiO$_2$球状多孔質体を合成し，環境浄化用，特に水浄化用，の自立型光触媒デバイスとするためには，形態だけでなく，比表面積が大きく，しかも使用中にその形態が崩れない強度を有することや，耐摩耗性に優れていることが必要である。写真1に細孔構造が異なる3種類のTiO$_2$球状多孔質体のSEM写真を示す。

TiO$_2$球状多孔質体のさまざまな特性を制御する因子がいくつか存在する。大別すると，①有機物基材の特性，②セラミックス前駆体の特性，③含浸方法，④焼結方法である。以下，これらについて具体的に説明するが，必ずしも独立した因子ではなく相互に関連していることに注意しなければならない。

図1　TiO$_2$球状多孔質体の製造法の概念

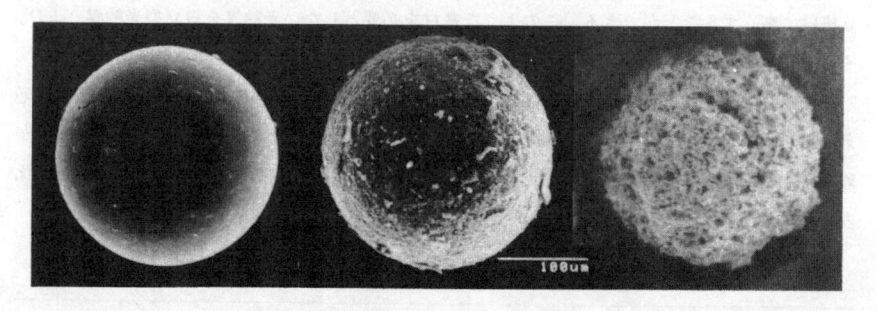

写真1　細孔構造が異なるTiO$_2$球状多孔質体

第3章 無機・有機ハイブリッド前駆体のセラミックス化とその応用

2.1 有機物基材の効果

　直径数 $100\,\mu\mathrm{m}$ の TiO_2 球状多孔質体を有機-無機ハイブリッド熱分解法で製造する場合,有機物基材としてはイオン交換樹脂が利用できる。

　イオン交換樹脂は官能基の種類,樹脂の母体である架橋高分子の化学構造,架橋剤の含有率,樹脂粒の物理構造などによって細かく分類されている。例えばイオン交換樹脂の物理構造に注目して,物理的な多孔性のないゲル型,多孔性のあるポーラス型およびハイポーラス型などと分類されており[4],TiO_2 球状多孔質体の製造上重要な因子でもある。有機物基材としてゲル型,ポーラス型およびハイポーラス型イオン交換樹脂を乾燥後,テトライソプロポキシチタン(**TPT**)のヘキサン溶液を含浸して合成された TiO_2 球状多孔質体のSEM写真を写真2に示す。ゲル型では球状体がまったく得られないこと,ポーラス型およびハイポーラス型では多孔性の制御ができることがわかる。これは,まさに有機物基材中の物理的な多孔性の有無と細孔構造に依存している。

　　　　ゲ ル 型　　　　　ポ ー ラ ス 型　　　　ハ イ ポ ー ラ ス 型

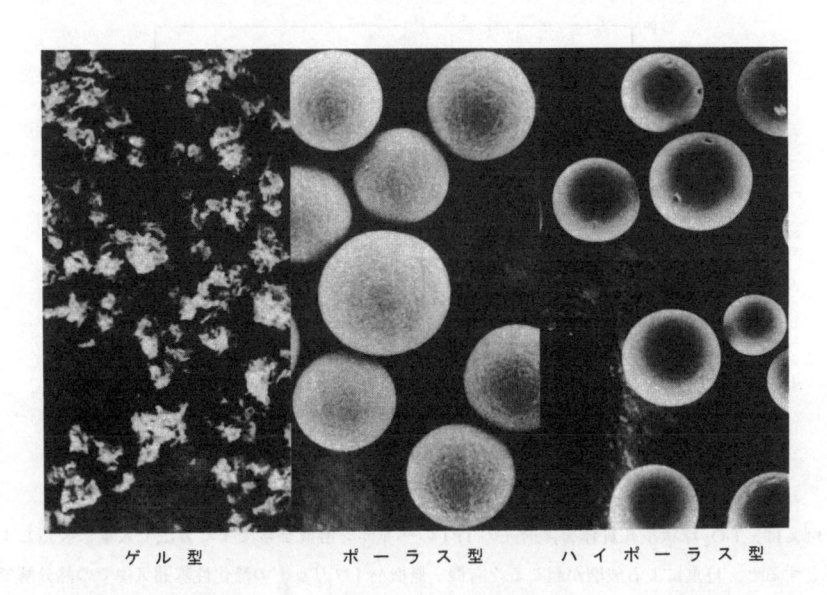

写真2　ゲル型,ポーラス型およびハイポーラス型イオン交換樹脂にTPTヘキサン溶液を含浸して合成した TiO_2 多孔質体のSEM写真

2.2 セラミックス前駆体

セラミックス前駆体はセラミックスの組成を決定する点で重要であることは言うまでもないが，焼結過程における形態保持の点でもきわめて重要な役割を演じている。

一般的に，セラミックス前駆体として無機高分子を用いて有機－無機ハイブリッド熱分解法を行う場合，熱分解が進行する過程で有機－無機ハイブリッドの強度が低下する温度領域が存在する。図2に，セルロース－ポリカルボシランハイブリッドの熱分解によるSiC多孔質シート[5]の合成過程での，シートの引張強度と熱分解温度の関係を示す[6]。強度低下のメカニズムは，セルロースの熱分解による強度低下とポリカルボシランの熱分解縮合による高強度化の開始温度のずれである。有機－無機ハイブリッドの酸化性雰囲気中での熱分解で酸化物系セラミックスを合成する場合，この傾向はもっと大きい。強度が低下する温度領域である程度の強度を維持できないと形態の保持ができなくなる。

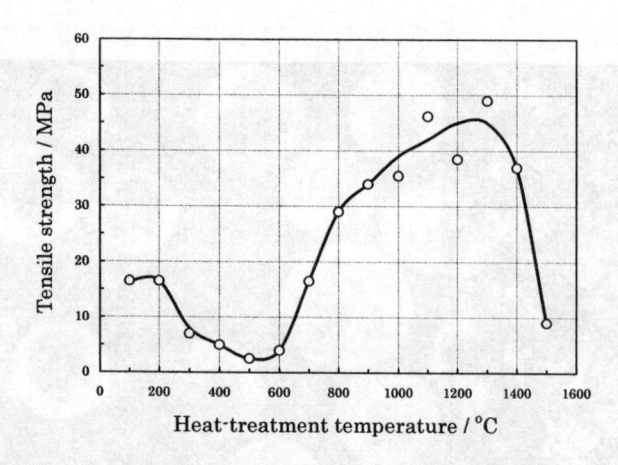

図2　セルロース－ポリカルボシランハイブリッドシートの熱分解過程の引張強度の変化

例えば，TiO_2球状多孔質体を，前述のTPTのヘキサン溶液を含浸する方法で大量に製造しようとすると，自重による破壊が起こる。有機－無機ハイブリッドの酸化性雰囲気中での熱分解では，大量の水蒸気が生成する。含浸されたTPTは，形態を保持するのに必要な強度を維持するポリマーネットワークを形成できず，大量の水蒸気の影響を受け3次元の粒子を形成し析出すると予想される。

これに対して，いわゆる in situ のゾルゲルプロセスにより高分子量化していく前駆体を使用することにより大量製造が可能になる。このような前駆体として，例えば，β-ジケトンでキレー

第3章　無機・有機ハイブリッド前駆体のセラミックス化とその応用

ト化したTPTから合成されるポリチタノキサンがある。これはTiO$_2$繊維の前駆体でもある[7]。このポリチタノキサンは図3に示すスキームで合成される[7,8]。得られたゾルは，5カ月以上の長期にわたって見かけ上の変化はなく，これを紡糸して得られた繊維も，空気中で比較的安定で，かつ，柔軟性も保たれている。これは，チタンキレートの中でもβ-ジケトンキレートが最も安定性が高く，加水分解，熱分解のいずれに対しても安定で，アルコキシ基などと比較すると環の脱離が起こりにくいためである。このようなポリマーを用いて有機－無機ハイブリッド熱分解法を行うと，in situのゾルゲルプロセスにより3次元網目構造の発達したゲルが形成され，自重で壊れることのない形態保持能が発現すると考えられる。現にこの方法でTiO$_2$球状多孔質体の大量製造が可能となった。

$$Ti(OR)_4 + LH \longrightarrow LTi(OR)_3 + ROH$$
$$\beta\text{-diketone}$$

$$x\, LTi(OR)_3 \xrightarrow{HCl/H_2O} \left(\begin{array}{c}L\\|\\Ti-O\\|\\\end{array}\right)_x + nxROH$$
$$\text{Polytitanoxane}$$

図3　ポリチタノキサンの合成スキーム

2.3　含浸，焼結方法

含浸，焼結方法は，前者が形態，後者が構造を制御するための特に重要な因子である。

含浸方法がTiO$_2$球状多孔質体の形態におよぼす影響を，ジビニルベンゼン系のポーラスポリマー基材にTPTのヘキサン溶液を含浸した場合の，含浸溶液濃度の例で写真3に示す。濃度が高

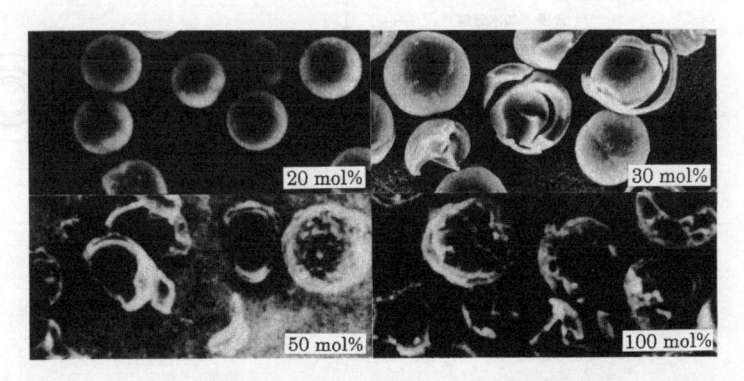

写真3　TiO$_2$球状多孔質体の形態におよぼす含浸溶液濃度の影響

くなるにしたがって，球状多孔質体が得られにくくなることがわかる。このような系では，低濃度の溶液を繰り返し含浸させるほうがよい結果を与える。

　含浸方法を工夫することにより中空状の球状体を作ることもできる。例えば，ポーラス型あるいはハイポーラス型で適度に水分を吸着した基材に加水分解縮合性の前駆体を含浸することにより図4のようなメカニズムで中空体が得られる。この操作の繰り返しにより，多層の構造体を合成することもできる。

　焼結方法は，セラミックスの結晶構造はもちろん，焼結状態を制御する重要な因子を含んでおり，温度，時間，雰囲気などがある。ここでは球状多孔質体を中心に紹介しているが，焼結条件を選択することにより，ハイポーラス型基材を使用しても，写真4に示すように緻密なセラミックス球状体を製造することができる。このように緻密化が可能であることは，後述するように有機－無機ハイブリッド熱分解法の応用範囲を広げるものである。

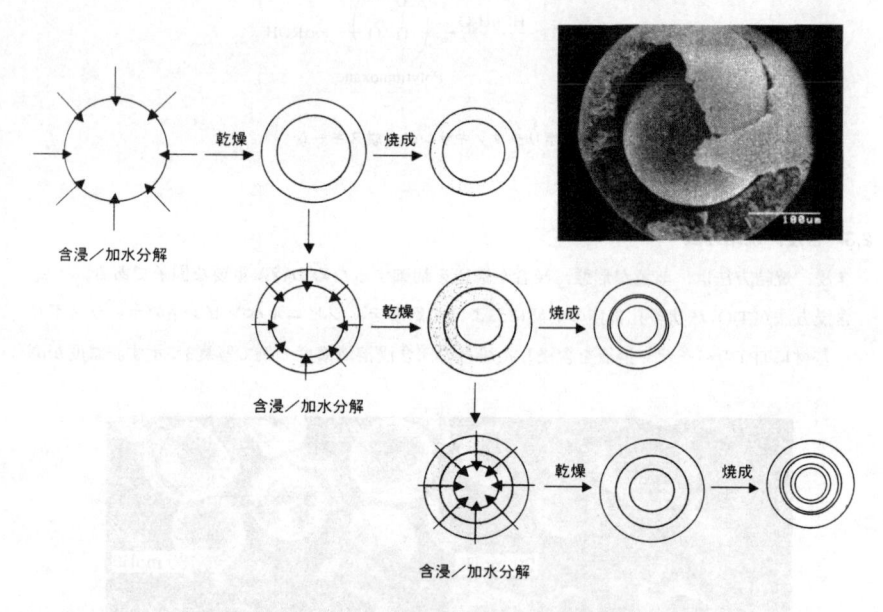

図4　TiO_2球状中空体，多層構造体の生成メカニズム

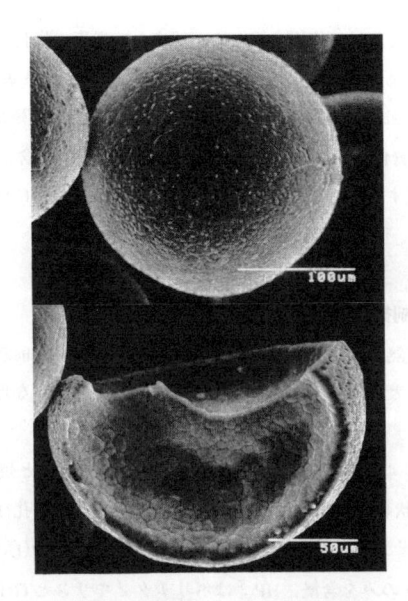

第3章 無機・有機ハイブリッド前駆体のセラミックス化とその応用

写真4 緻密なセラミックス球状体

3 有機－無機ハイブリッド熱分解法の特徴

3.1 プロセス

　使用中にその形態が崩れない強度を有し，耐摩耗性が優れている TiO_2 球状多孔質体が合成できる有機－無機ハイブリッド熱分解法は，光触媒用の球状多孔質体以外にも応用範囲の広い球状セラミックスの合成法である。

　原子力産業の分野では，被覆粒子燃料の燃料核用の ThO_2 および (Th, U) O_2 の緻密な微小球やペレット燃料調製用原料粒子，また，振動充填燃料用小径粒子の効率的な製造技術がキーテクノロジーの一つといわれている。これらの小径粒子の効率的な製造法として，振動ノズルや二流体ノズルにより小径液滴を製造し，この液滴をゾルゲル法を利用してゲル化後焼結するというプロセスが検討されている[9]。このプロセスにより 50～1000 μm の小径粒子が製造されるが，大量の放射性廃液が生ずる欠点が指摘されている。有機－無機ハイブリッド熱分解法は，含浸溶液の量を制御することで放射性廃液を極限まで少なくすることができる。

　始めにも述べたように，この方法の最大の特徴は，有機高分子の複雑に成形できる成熟した技術を利用し，セラミックスの前駆体である無機高分子に複雑な形態を付与できる点にある。しか

し，一方では，有機高分子を基材に使用するため，望まない炭素や炭化物が目的とする生成物中に残留することが危惧される。例えば，ハイポーラス型メタクリル系基材に，β-ジケトンでキレート化した熱安定性に優れたポリチタノキサンを含浸して500℃で焼成して得られた直径100μm程度のTiO$_2$球状多孔質体中には，およそ700ppmの残留炭素が含まれる。しかし，焼成条件を変えることにより低減することが可能であり，有機高分子を基材に使用するデメリットはない。

3.2 比表面積と細孔径の制御

有機－無機ハイブリッド熱分解法では，有機物基材，セラミックス前駆体，含浸方法，焼結方法などの条件を制御することにより，マクロな形態だけでなくミクロな形態も制御することが可能である。

ハイポーラス型メタクリル系基材を用いて，セラミックス前駆体と焼結方法を変えることによって合成されたTiO$_2$球状多孔質体の，水銀圧入法で測定された細孔径分布を図5に示す。いずれも大気中，100℃・h^{-1}で500℃で焼成されたものであるが，HP①はβ-ジケトンでキレート化したポリチタノキサンのみを含浸，HP②はポリチタノキサンとTPTを含浸したハイブリッドを出発物質としている。HP③はHP②と同じ出発物質を用いて，焼成過程に250℃，3時間保持を付加したものである。細孔径分布を単分散にしたり，平均細孔径を制御できることがわかる。また，これらのBET-N$_2$法で測定した比表面積は，HP①，HP②，HP③に対してそれぞれ53, 40, 46 m^2・g^{-1}で，標準的な粉末のTiO$_2$光触媒であるP-25の53m^2・g^{-1}と同等であるこ

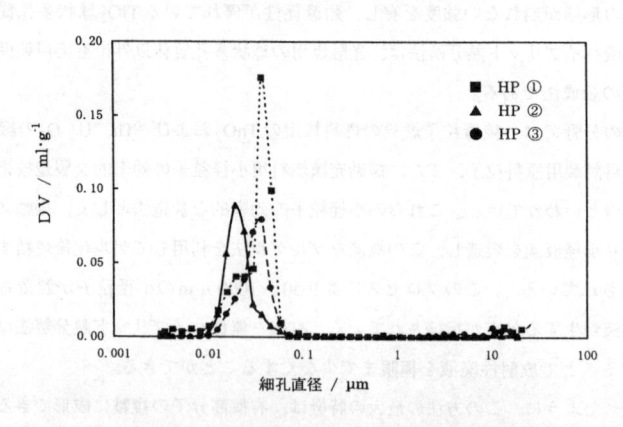

図5 水銀圧入法によるTiO$_2$球状多孔質体の細孔径分布

第3章 無機・有機ハイブリッド前駆体のセラミックス化とその応用

とがわかった[1]。

このように，有機-無機ハイブリッド熱分解法では，マクロな形態だけでなくミクロな形態も制御することが可能である。合成条件を変えることにより，用途に合わせた形態制御を行い作製したセラミックス多孔質体の応用例を紹介する。

4 応用例

これまでに主に紹介したTiO_2球状多孔質体は，現在我々が進めている光触媒デバイス開発の一環である。球状多孔質体の他に，繊維や鱗片状のTiO_2などのデバイス化を図り，これらをモジュール化し，有害物質に対する親和性や選択性を高め，微弱な光エネルギーを利用する，小型，簡便なエネルギーミニマム型環境浄化システムの提案を行いたいと考えている。

繊維（写真5）や鱗片状（写真6）のTiO_2なども分子レベルの有機-無機ハイブリッド熱分解法で合成できる。繊維の場合には自立型光触媒として，および，繊維表面にホーランダイト型化合物[10]などを担持したいわゆるハイブリッド光触媒[2]としてモジュール化が検討されている。鱗片状TiO_2は，自立型薄膜としてその機能が調べられているところであり，二次元的な構造から生ずる特異性を活かした展開ができるのではないかと考えられる。

浄化モジュールには遅かれ早かれ寿命がくる。その時にはデバイスの交換が必要となることも当然予想される。その場合，交換が容易であることが必要である。また，水系での浄化モジュールの使用環境は一般に流動しており，場合によっては空気などのバブリングにさらされるなど過酷であることが予想される。また，光触媒として微粉末を用いれば，限外ろ過膜等を用いて光触媒微粉末を回収しなければならず，したがって，流通系での使用は現実的ではなかった。そこ

写真5 TiO_2繊維

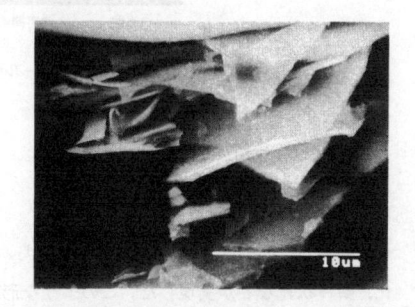

写真6 鱗片状TiO_2

で，例えば，内（外）面にTiO_2をコーティングした管状のモジュールにせざるを得ないことになり，必然的にコストと効率の問題が生ずる。

TiO_2球状多孔質体はこれらの方法が抱える問題点をクリアしている点で極めて有望である。特に，高強度であるため流動層を形成させながら光照射することができ，水系環境浄化モジュールとして期待される。

試作した水系環境浄化モジュールは，写真7に示したように，期待どおり流動層を形成させながら通水できる。

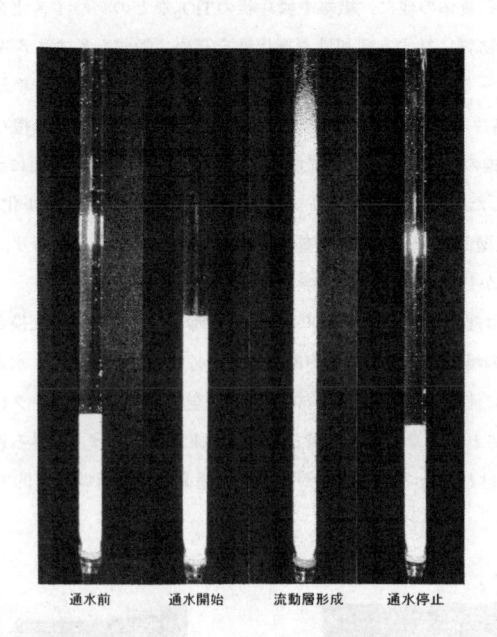

写真7 水系環境浄化モジュール中で流動層を形成するTiO_2球状多孔質体

5 まとめ

光触媒の形態制御に有機－無機ハイブリッド熱分解法を利用することにより，繊維化，微小球化，鱗片状化などが実現した。このような形態を有する光触媒の有害物質の分解効率の検討は現在進行中であるが，例えば，繊維ではバルクの10倍程度にまで達することが明らかになった[2]。

第3章　無機・有機ハイブリッド前駆体のセラミックス化とその応用

また，従来の光触媒がなんらかの形で基材に固定化されて利用されているのに対し，光触媒のみを空間に低密度で固定化することができるため，大気中および水中有害物質の浄化用光触媒に，自立型光触媒デバイスという一つの方向を現実化したと考えている。

最後に，有機－無機ハイブリッド熱分解法は，マクロおよびミクロ構造を制御したセラミックスの量産を可能にする技術であり，より広範に応用できると期待している。

文　献

1) 竹内浩士，村澤貞夫，指宿尭嗣，光触媒の世界，工業調査会(1998)
2) 長谷川良雄，中村和，清浄で安心な生活環境の創造：環境低負荷型技術の開発と応用(平成8年度～10年度)成果報告書，科学技術庁研究開発局，82(1999)
3) 南条吉保，長谷川良雄，第18回無機高分子研究討論会要旨集，73(1999)
4) 清水博監修，吸着技術ハンドブック，エヌ・ティー・エス，pp.279-314(1993)
5) Y.Hasegawa and K.Okamura, *J.Mater.Sci. Lett.*, **4**, 356(1985)
6) 長谷川良雄，西野瑞香，第18回無機高分子研究討論会要旨集，69(1999)
7) 鈴木潤，長谷川良雄，阿部芳首，第15回無機高分子研究討論会要旨集，85(1996)
8) 長谷川良雄，鈴木潤，阿部芳首，第16回無機高分子研究討論会要旨集，77(1997)
9) 山岸滋，高橋良寿，JAERI-M93-122(1993)
10) 渡辺遵，清浄で安心な生活環境の創造：環境低負荷型技術の開発と応用(平成8年度～10年度)成果報告書，科学技術庁研究開発局，96(1999)

第4章 ポリマー—粘土鉱物のナノコンポジット

細川輝夫[*]

1 はじめに

層間化合物の応用分野では層間に挿入される化学種によって耐熱性，機械的特性，光学特性，染色性，バリヤー性，電気的性質等に大きな機能を付与あるいは影響を与える用途が期待できる。
最近，層間化合物に粘土鉱物を利用したポリマー—粘土鉱物の応用報告[1~3]が多数なされているのでそれを主に報告する。
ナノコンポジットは1~100nmの微細な無機充填相を持つ複合材料である。ミクロ，マクロのコンポジットに比較して新しい機能の発見や，性能の著しい向上が報告されている。例えばデバイス，ケミカルセンサー，強化プラスチックス材料分野にも利用されている。ここでは特徴，機能に着目した応用分野について説明する。

2 ポリマーナノコンポジットの分類

ナノコンポジットは構造的に二種類に分類される。(1)粘土鉱物の層間内にポリマーが規則的インターカレートされているもの（Intercareted hybrids）と(2)ポリマー中に層状粘土鉱物の各層が剥離，単層レベルか一部あるいは10層レベルを含むレベルで分散しているもの（Delaminated hybrids）が存在する。

2.1 Intercarated hybrids
2.1.1 ポリスチレン（PS）[4]

コーネル大学の研究グループはポリマー粘土ナノコンポジットの形成方法でソルベントレスのルートを発見している。コンポジットの調製は有機処理をしたモンモリロナイトとポリスチレンをドライブレンドし，ポリスチレンの加熱溶融によって得られることを報告している。その構造はシリケート二次元平面の層状空間中にポリマー鎖が導入されている（図1）。

---

[*] Teruo Hosokawa 昭和電工建材㈱ 開発技術部 主席

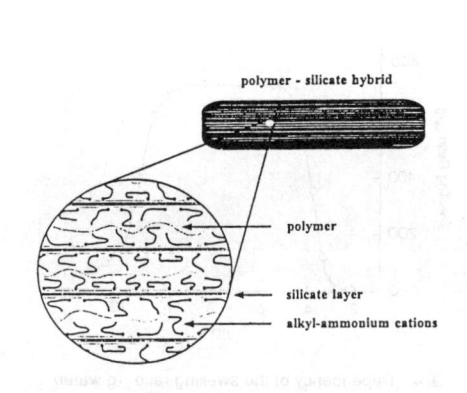

第4章　ポリマー-粘土鉱物のナノコンポジット

図1　Schematic illustration of polymer chains Intercalated in organosilicate

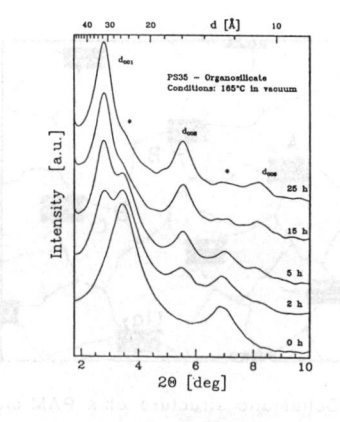

図2　XRD patterns of PS/organosilicate composite heated to 165℃ for various time.

　工業的にみた場合，ノンソルベントでインターカレーションが可能であることは直接溶融法でナノコンポジットを得る手段としての可能性を示唆しており，その意味合いは大きい。但しポリマーの層間内への挿入には長い時間を費やす必要が有ることがXRDの観測から報告されている（図2）。

2.1.2　ポリアクリルアミド（PMA）[5]

　吸水性ポリアクリルアミドー粘土ナノコンポジット（SAPC）はオイル回収剤，止水剤，土壌改良剤として注目されている。粘土鉱物内にポリマーは2分子2層配列でインターカレーションした後，電子線照射で3次元的に架橋が行われる。得られたハイドロゲルは粘弾性体でイオン環境や電場力で選択的な反応性を示す。またレオロジー的動力学や応力緩和研究から水：固体比が99：1でも3次元構造が保持される事が報告されている（図3，図4）。

電気的特性

　層間化合物は層内にインターカレーションされた場合配列制御する事ができる。その機能を利用したものに電気伝導性ポリマーがあげられる。

2.1.3　ポリピロール（PPY）[6]

　In-stiue重合によって粘土鉱物層間内にPPY鎖が単層構造で存在し，それが交互に積層した物が形成される。ヨウ素をドーパントとして蒸気（$10^{-2} \sim 10^{-3}$Torr）で曝すとPPY-粘土コンポジットの平面内電気伝導率は2×10^{-5}から1.2×10^{-2}S／cmに増加する。このときのナノコンポジットの底面間距離は14.15Åで単層ポリマー鎖をインターカレートした層間距離と一致し，ナノメーターの周期性を示している。構造的には二次元的に電気伝導性ポリマーが配列制御され

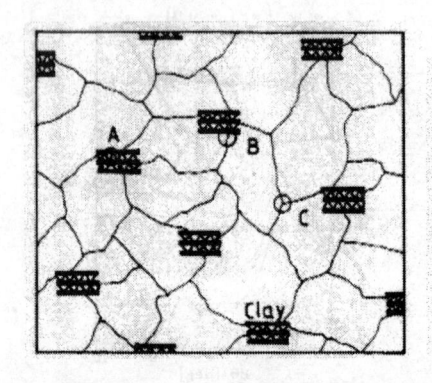

図3 Schematic structure of a PAM-clay superaborbent polymer composite (SAPC). A-site, polymer intercalated into the lamina of clay, B-site polymer attached to the surface of the clay, C-site, free polymer network

図4 Dependency of the swelling ratio (g water/SAPC composite) on the pH of the surrounding solution

てLB膜と同じ様な機能を発現している。

色素材料

層間化合物の貯蔵性、徐放性を生かして応用分野に色素材料分野があり、ここでは貯蔵性の一例を挙げた。他にも印刷材料分野に昇華型色材等、広く適用が期待されている。

2.1.4 キトサン複合体[7)]

キトサンと食用青色1号染料（図5）から生成させたカチオン性ゾルをスメクタイト層間に固定させて、人体に無害な顔料生成法が報告されている。

図5 青色1号の化学式

手法は水溶液中で青色1号（ブリリアントブルー）のアニオン染料とキトサンと当量以下で反応させてカチオンゾルを調製し、これをスメクタイトと接触反応する。スメクタイト層間にカチオンゾルがインターカレートされた層状構造が形成される。

第4章 ポリマー－粘土鉱物のナノコンポジット

カチオンゾルはキトサンが染料アニオンによって架橋されたものであり，染料含有率が高いほど架橋化度は高くなる。キトサンと染料カチオンとが同一平面内で結合した厚みは6Åの挿入層となる。XRD底面間隔で15.4Åの積層構造をとっている。

得られた複合体はアニオン染料を不溶化し，色素含有率，及び耐溶出性においてもアルミレーキに匹敵する（図6）。

2.2 Delaminated hybrids
2.2.1 ポリアミド（PA）[8, 9]

豊田中研ループは結晶性PA6マトリックス中に有機モンモリロナイト層間化合物を分子状分散させたPAナノコンポジットの報告を行っている。

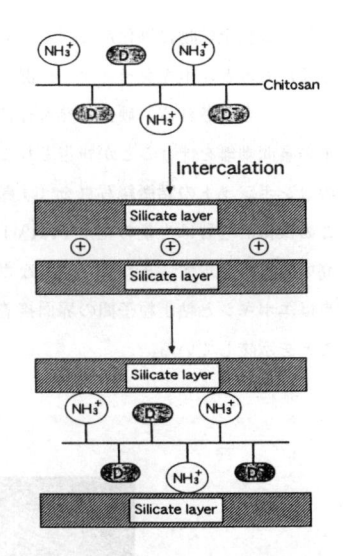

図6 キトサンとの複合体の層間化合物

表1 Properties of Nylon 6-Clay nanocomposite containing 5wt% smectite （A.Okada et al., 1990）

Specimen Montmorillonite (wt%)	Tensile strength (MPa)	Tensile modulus (GPa)	Charpy impact strength (KJ/m^2)
NCH-5 (4.2)	107	2.1	6.1
NCC-5 (5.0)	61	1.0	5.9
nylon 6 (0)	69	1.1	6.2

*In-stiue*重合法で2ステップの合成手順を踏んでいる。最初にモンモリロナイト中にnドデシルアミノカルボン酸をインターカレーションさせ，有機モンモリロナイトを得る。次いで層間中でεカプロラクタムを重合させる。それによって，ポリアミド6－粘土ハイブリッド（NCH）が生成される。NCHはポリアミド材料単独の場合と比較すると機械的性質が向上し，高剛性，高強度の材料が得られる。更に粘土鉱物が分子状分散しているため，ガスの拡散平均工程が長くなりガスバリヤー性能が向上される（図7）。

2.2.2 エポキシ樹脂[10, 11]

エポキシー粘土ナノコンポジットは粘土鉱物，硬化剤，エポキシモノマーを同時に混合するか

183

あるいは粘土鉱物に硬化剤となるアミンを吸着させたものとエポキシモノマーを混合することによって合成される。硬化発熱過程において粘土の層間剥離を伴うことが報告されている。そのコンポジットの顕微鏡写真を（写真1）示す。この機械的性質は少量の粘土（4wt%）の添加で高い弾性率を示す。またブロードなガラス転移点はエポキシと粘土粒子間の界面接着が良好なことを示唆している。

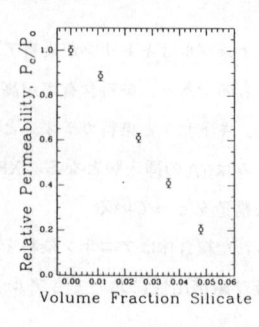

図7 Relative permeability (P_c/P_o) versus volume fraction silicates for nanocomposite films. (P.B. Messersmith and E.P. Giannelis, 1995)

写真1 TEM micrographs of thin section of fully cured nanocomposite containing 4% silicate by volume.

3 ブレンドによる方法

従来の系中重合法では膨潤性粘土化合物に有機カチオンを挿入し，次いでモノマーを挿入後，重合する工程を経てナノコンポジットを得るようになっている。[13-20]これらの手法は粘土鉱物を確実に分子上分散を行うことが出来る利点があるが，有機カチオンをインターカレーションした親有機化粘土化合物にモノマーを接触させた段階で高粘度化する。そのため重合の際に撹拌，冷却が困難となるので高濃度のフィラー含有量の製造には適さない。重合の反応系が縮合反応に限られる点で単一ポリマーにしか適用出来ない。例えばポリマーアロイの分野ではフィラーの分散を制御して一方に分散させて機能を発現させる場合，ブレンド法は応用範囲が広く，今後種々

第4章　ポリマー－粘土鉱物のナノコンポジット

層間重合法（他社技術）

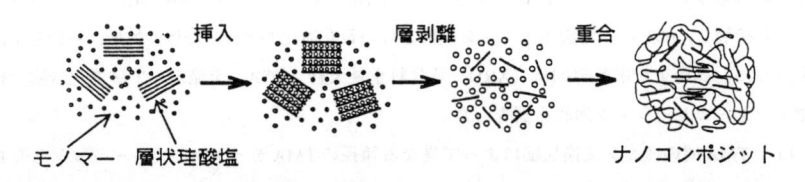

図8（a）　層間重合法によるNCH合成のプロセス

ブレンド法

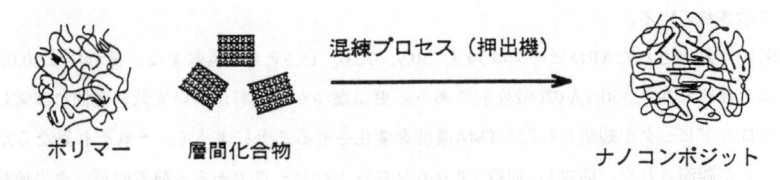

図8（b）　層間化合物の最適化による押出機を用いたナノコンポジット製造プロセス

の可能性に期待するところが多い。
　これらの問題を解決する無機質フィラーが高濃度，ポリマーの選択肢が広く取れるポリマーと親有機化粘土鉱物を直接接触する事を検討した。

3.1　層間化合物のキャラクタリゼーション

　in-stiue重合では層間化合物の層間距離がポリマー中への分散に大きく寄与することが報告されている。福嶋らはεカプロラクタムを親有機化モンモリロナイトにインターカレーションし，その後縮重合した場合，層間距離が広がるほどファンデルワールス力が小さくなり粘土鉱物が分子状分散しやすくなることを説明している。
　層間化合物の物理化学的性質はポリマーの力学的特性に大きく影響する。ブレンド法に適した層間化合物の調査を目的に二つの異なる性質の層状珪酸塩について有機分子のインターカレーション性について調べた。
　層状珪酸塩はスメクタイト型珪酸塩のフッ素ヘクトライト（FHT）とマイカ型のフッ素テニオライト（FTN）を使用した。組成式はそれぞれ$LiMg_{1.67}Li_{0.33}Si_4O_{10}F_2$及び$LiMg_2LiSi_4O_{10}F_2$で示される。酢酸アンモニウム法（CEC）は215meq/100g及び58meq/100gであった。有機カチオンに

は [$CH_3(CH_2)_nN(CH_3)_3$]$^+$ Cl$^-$, $n = 4 \sim 22$ で表される鎖長の異なる n-アルキルトリメチルアンモニウムクロライド（TMA）を用いた。層間化合物はモル比 TMA$^+$/Li$^+$ = 0.5, 1.0, 2.0 で混合接触し，60℃の水溶液中でイオン交換を行い親有機化処理後，洗浄，乾燥，粉砕して調製を行った。試料を粉末X線回折（XRD）及び熱重量天秤（TGA）を測定して層間化合物の構造やインターカレーション過程を調査した。

Li と TMA 間のイオン交換反応によって異なる鎖長の TMA をインターカレーションした FTN と FHT のイオン交換比は TGA のデータから見積もった。その結果，交換比率は約0.3から0.7である。nオクタデシルトリメチルアンモニウム（C18）／FHT 及びドコサイルトリメチルアンモニウム（C22）／FTN 層間化合物の XRD パターンを図9と図10にそれぞれ示す。異なる TMA 濃度（TMA$^+$/Li$^+$ = 0.5, 1.0, 2.0）処理された試料の XRD パターンはそれぞれ曲線1, 2, 3として示されている。

図10で観察された XRD ピークは 39.8, 30.9, 20.0, 15.5 と 13.4 Å にある。その中で 20.0, 15.5 Å はそれぞれ 39.8, 30.9 Å の002反射である。更に幾つかの試料において低角度側に非常に小さなブロードピークが観測された。TMA 濃度を変化させることによって，それぞれ異なる XRD パターンが観測された。曲線1は曲線3よりもブロードなピークである。前者のピーク半値幅は後者の1.5倍以上ある。曲線2は曲線1と3の中間的な状態を示しており，インターカレーションの中間過程を示している。

FHT／TMA 及び FTN／TMA 化合物すべてのピークの d 値を TMA の炭素数でプロットした図を示す。図11，図12は過剰の TMA 処理（TMA$^+$/Li$^+$ = 2.0）を行った時の最大底面間距離であ

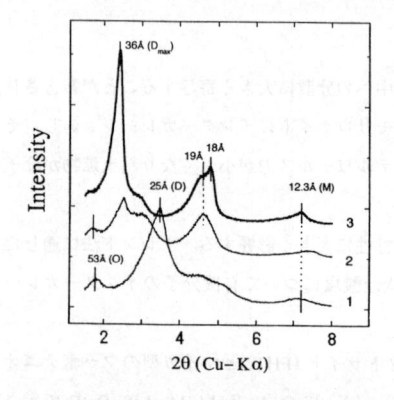

図9 TMA (C-18) FHT 層間化合物の XRD パターン

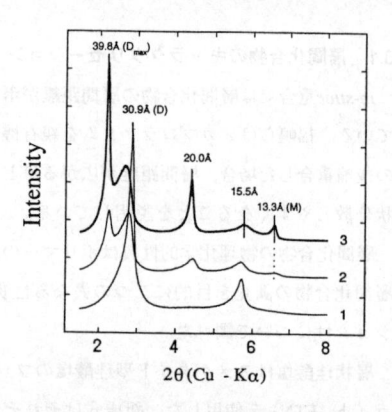

図10 TMA (C-22) /FTN 層間化合物の XRD パターン

る。○，△はその他すべての観測されたピークの d 値を示した。双方の層間化合物について C8 から C22 までの領域では 3 本の直線関係が見られる。その中で最小の d 値は約 13 Å であり，これは炭素数に依存しない（破線 M）。TMA 処理量の少ない試料において（$TMA^+/Li^+ = 0.5$, 1.0）最も大きな d 値が炭素数に対応して増加が見られる（破線 O）。メインの反射ピークも炭素数に依存して直線的に増加が認められる（実線 D_{max}）。以上の結果から FHT，FTN のインターカレーションの過程では図 13 に示す様に TMA/珪酸塩層間化合物は TMA^+/Li^+ が小さいとき規則混合

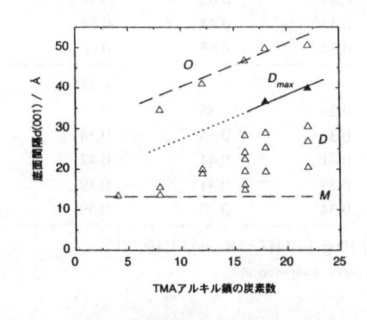

図 11　FHT/TMA 層間化合物の底面間隔と TMA アルキル鎖長との関係

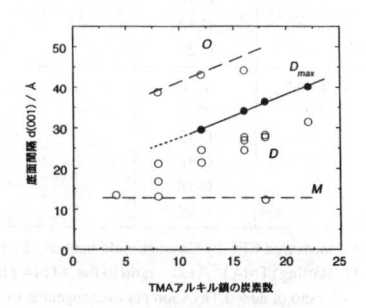

図 12　FTN/TMA 層間化合物の底面間隔と TMA アルキル鎖長との関係

Interstratified Structure

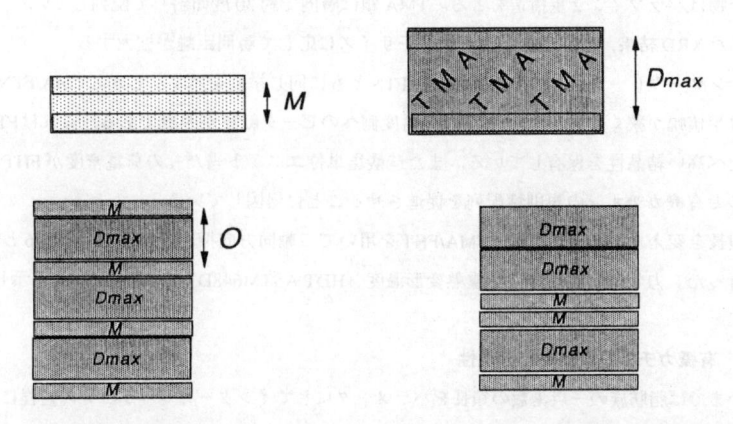

Regularly interstratified structure　　*Randomly interstratified structure*

図 13

表2 層間化合物のイオン交換比（TMA^+/Li^+）

Host material	Carbon No	$[TMA]^+/[Li]^+$比 in suspension**	イオン交換比***		
			0.5	1.0	2.0
Li-FTN*	C-4				0.45
	C-8		0.57	0.62	0.63
	C-12		0.36	0.57	0.64
	C-16		0.49	0.63	0.72
	C-18		0.34	0.43	0.64
	C-22		0.52	0.63	0.60
Li-FHT*	C-4				0.27
	C-8		0.30	0.35	0.36
	C-12		0.32	0.35	0.38
	C-16		0.41	0.41	0.42
	C-18		0.37	0.41	0.49
	C-22		0.34	0.43	0.39

* measured CEC by Ca adsorption method; Li-FTN : 215 meq / 100g, Li-FHT : 58 meq / 100g.
** starting $[TMA]^+/[Li]^+$ ratio in the ［TMA / layer silicate / water］ suspension.
 ; ratio of added TMA ion per exchangeable Li^+
***obtained by TGA measurements from 150℃ to 1000℃.

相（Regulaly interstratified structure），不規則混合相（Randomly interstratified structure）の混在した状態をとり，TMA^+/Li^+が大きくなるにつれ規則混合相が増える。その時TMA/珪酸塩層間化合物はパラフィン2重構造をとる。TMA鎖は層内で約30度傾斜して配列している。

またXRD結果，層状珪酸塩は有機分子サイズに応じて層間距離が拡大する。

インターカレーションの挙動はFHT，FTNともに同じ挙動を示す。しかしTMA/FTNの001反射は半値幅が狭くTMAの増加と共に低角度側へのピーク転移が明瞭である。これはFTNがFHTに比べ高い結晶性を保有している。また珪酸塩単位ユニット当たりの荷電密度がFHTの3倍高いので有機カチオンの規則性配列を促進させることに帰因している。

鎖長を変えたTMA/FTN及びTMA/FHTを用いて二軸同方向押出機でポリアミド6と溶融混練を行った。力学的特性並びに荷重熱変形温度（HDT ASTM648D）の関係を図14に示した。

3.2 有機カチオンから見た分散性

今までは脂肪族の一炭素数の鎖長をパラメータにしてインターカレーションの過程における珪酸塩化合物の影響を見ていたが，珪酸塩化合物を固定して種々の有機カチオン種について分散の検討を行った。

層間距離が拡張した層間化合物が分子状分散を行う際に層間化合物に求められる必須条件では

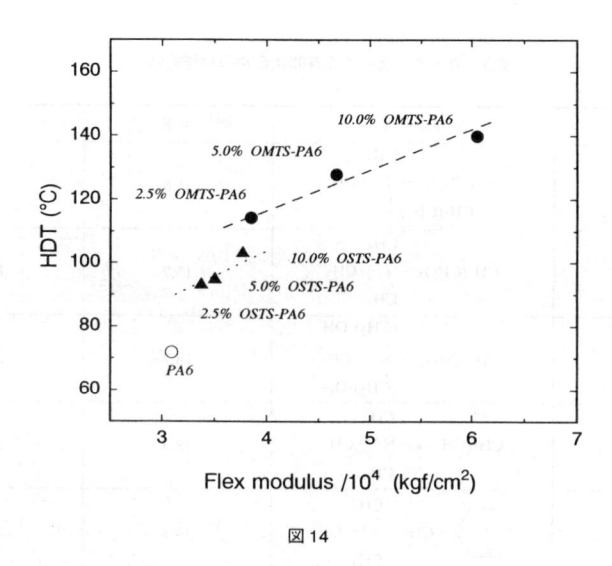

第4章 ポリマー−粘土鉱物のナノコンポジット

図14

ない。例えば表3に示すような親有機化粘土鉱物についてポリアミドとブレンドによる分散を行った。

ブレンド物の機械的特性（曲げ弾性率：FM (kgf/cm^2)），並びに耐熱性を図15に示す。結果から，層間化合物は豊田中研の特許に記載されている層間距離20Å以下の親有機化粘土鉱物，例えばC16-MEやC12-MEを挿入した膨潤性マイカとのポリアミドとのブレンド物と層間距離のより広いジnオクタデシルジメチルアンモニウムを挿入したマイカ（80-MAE）とのブレンド物と性能を対比してみた。機械的特性は層間距離の小さい方が高く分散性の良さが示唆される。むしろより嵩高な有機化合物，例えばジnオクタデシルジメチルアンモニウムの層間化合物（80-MAE）から得られたナノコンポジット耐熱性は分子量の小さなオクタデシルトリメチルアンモニウムを用いた層間化合物（C16-ME）やnドデシルモノメチルジエタノールアンモニウムを用いた（C12-ME）の方が剛性及び熱変形温度で優れている（図16）。親有機化粘土鉱物が分子状分散したのち，層間に存在する有機アンモニウム塩はポリマーマトリックス中で分子量が大きいほどポリマーブレンド物自体の耐熱性を低下させる要因として作用することが考えられる。

3.3 ポリマーの結晶性が耐熱性能に及ぼす影響

ポリアミドが非晶と結晶の場合ではどの様な挙動が観測されるか調べてみた。ジオクタデシルジメチルアンモニウムを挿入したマイカの層間化合物と結晶性ポリアミド6及び非晶性ポリアミド（三菱エンジニアリングプラスチックス㈱製のノバミッド）を用いて層間化合物中のフィラー

表3 カチオン種による層間化合物の物理的特性

サンプル	層間カチオン	層間距離 (Å)	カチオン含有量 (%)
80-MAE m.w. 516	$CH_3(CH_2)_{17}-\overset{CH_3}{\underset{CH_3(CH_2)_{17}}{N^+}}-CH_3$	35.6	39
C8-ME m.w. 172	$CH_3(CH_2)_7-\overset{CH_3}{\underset{CH_3}{N^+}}-CH_3$	13.7	11.7
C12-ME m.w. 284	$CH_3(CH_2)_{11}-\overset{(CH_2)_2OH}{\underset{(CH_2)_2OH}{N^+}}-CH_3$	18.7	21.6
C16-ME m.w. 288	$CH_3(CH_2)_{15}-\overset{CH_3}{\underset{CH_3}{N^+}}-CH_3$	18.3	20.3
BTMAC m.w. 185	$C_6H_5-CH_2-\overset{CH_3}{\underset{CH_3}{N^+}}-CH_3$	14.8	9.3
ME100	—	12.4	0

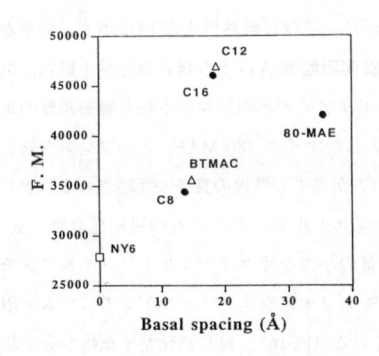

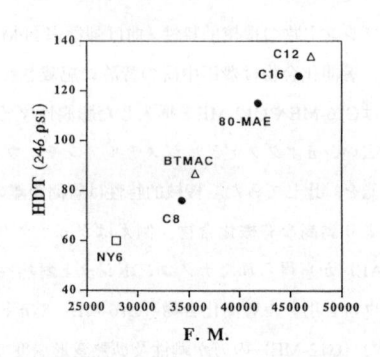

図15 層間距離による弾性率への影響

図16 層間カチオンの分子鎖長と性能との関係

含有量(粘土鉱物)を同じにしたブレンド物を調製した(表4)。

得られたブレンド物はXRDからマイカのd(001)に帰因する反射ピークは観測されず,分子状分散していることが分かった。

また機械的特性で両者の曲げ弾性率は一致するものの耐熱変形温度からは結晶性材料では高い耐熱性を示し,非晶性材料の熱変形温度は元のポリマーと変わらない性状を示した。これらの事

第4章 ポリマー－粘土鉱物のナノコンポジット

表4 ポリアミドの結晶性の有無による耐熱性への影響

	引張強度 (kgf/cm^2)	曲げ弾性率 (kgf/cm^2)	熱変形温度℃ 4.6／18.5(kgf/cm^2)
PA（ノバミッドX21）	990	28,000	123／117
PA X21／80MAE（2.5%）	939	36,700	121／116
PA X21／80MAE（5.0%）	1,000	40,000	120／115
PA 6	550	27,000	174／60
PA 6／80MAE（5.0%）	850	45,000	190／114
PA 6／48MAE（5.0%）	850	46,500	199／127

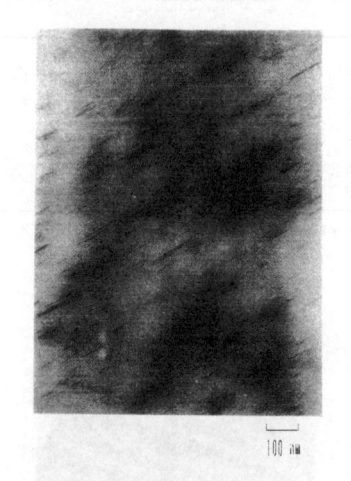

写真2 非晶性ポリアミドの分散性 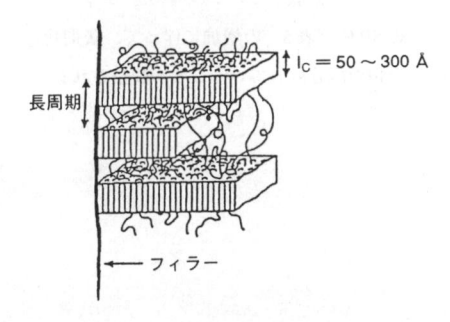　　図17 ナノコンポジットの高性能発現モデル

から分子状分散した粘土鉱物は結晶材料ではラメラ間を拘束する機能として働いている事が示唆される（図17）。

3.4 ポリマーの種類による分散性への影響

組成式NaMg$_{2.5}$Si$_4$O$_{10}$F$_2$で表される四珪素マイカ（コープケミカル㈱　ME-100）にジオクタデシルジメチルアンモニウムイオン［CH$_3$（CH$_2$）$_{17}$N$^+$（CH$_3$）$_2$］をインターカレートした層間化合物OMTS（Organo mica-type silicate）を数種の樹脂材料と溶融混練してコンパウンドを調製し

た。OMTSの底面間距離は $d\,001 = 39\,\text{Å}$ で，37重量％が有機カチオン成分であった。

用いた樹脂はポリアミド66（PA66，システマーA216 昭和電工㈱製），アクリロニトリルースチレン共重合体（AS，スタイラックSEAS 旭化成工業㈱製），ポリスチレン（PS，エスブライト8 昭和電工㈱製），ポリプロピレン（PP，ショウアロマーMA810B 昭和電工㈱製）を使用した。層間化合物は珪酸塩成分がコンパウンド中5重量％になるように配合ブレンドした。混練は同方向に軸押出機でペレット化した。

コンパウンドの評価は射出成形機にて試験片を作成し，曲げ弾性率及び荷重たわみ温度HDT（（18.5kgf/cm^2）Heat distortion temperature ASTM D684）の測定を行った。またOMTSの分散状態はクライオミクロトームで薄片切片を切り出し透過電子顕微鏡（TEM）で観察を行った。

PA66, AS, PS, PPにOMTSを珪酸塩換算で5重量％ブレンドしたとき，各試料中のOMTSの分散状態を写真3～6に示す。PP中の層間化合物は十数枚重なった珪酸塩シートが300から500nmのドメインとして分散している（写真6）。ポリマーのSP値（表5）の増加に伴って，層間化合物が微分散していくことが観察される。

表5 各樹脂材料の混練温度と溶解パラメータ（SP値）

樹脂	樹脂温度 ℃	SP値* (cal/cm^3)$^{1/2}$
PA	270-280	13
AS	170-200	11
PS	190-230	9
PP	190-210	8

＊Polymer Handbookより

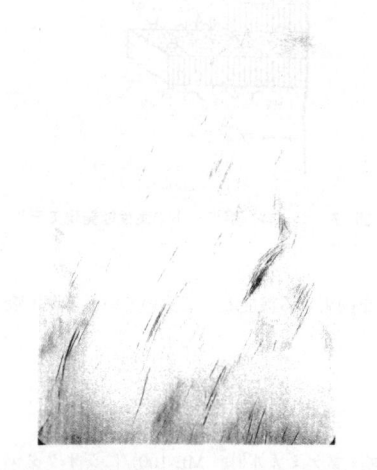

写真3 PA66/OMTS（5wt％）のTEM像
　　　SP値 $\delta = 13$
（曲げ弾性率：18,000kgf/cm^2, HDT：＋70℃）

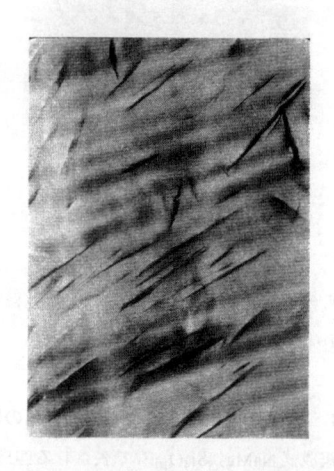

写真4 AS/OMTS（5wt％）のTEM像
　　　SP値 $\delta = 11$
（曲げ弾性率：10,000kgf/cm^2, HDT：＋2℃）

第4章　ポリマー―粘土鉱物のナノコンポジット

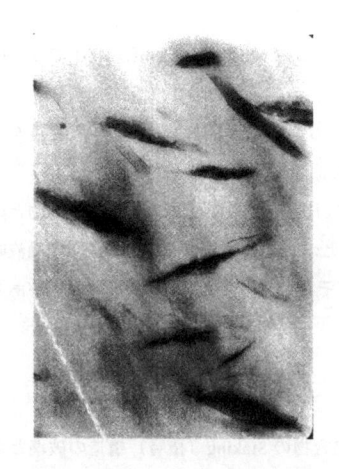

写真5　PS/OMTS（5wt%）のTEM像
SP値　δ＝9

写真6　PP/OMTS（5wt%）のTEM像
SP値　δ＝8
（曲げ弾性率：2,300kgf/cm², HDT：＋11℃）

分散の度合いは（良）PA66＞AS＞PS＞PP（凝集）の傾向にある。PA66ブレンド物では層状珪酸塩がほぼ1nmの厚みで単層剥離し，ポリアミド中に分子状分散している（写真3）。それぞれの試料でOMTSの添加時の曲げ弾性率とHDTの関係を表に示す。OMTS/PA66ナノコンポジットとOMTS/PA66ナノコンポジット（OMTS：organo smeectite-type silicate），未処理マイカ添加系の曲げ弾性率及びHDTの関係を図18に示す。5重量％添加系で比較するとOSTS，未処

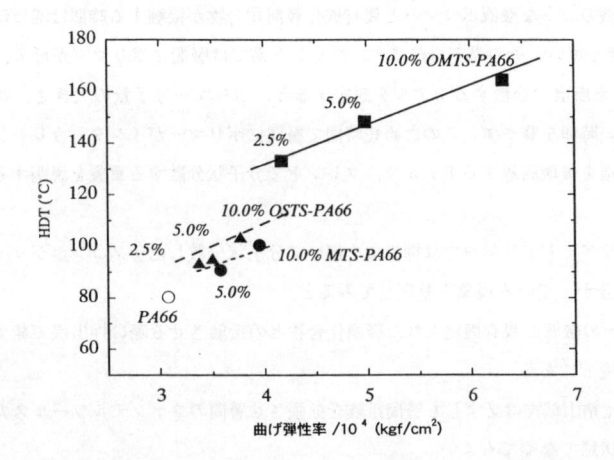

図18　PA66ナノコンポジットの曲げ弾性率とHDTの関係

193

理のマイカ（MTS）に比べOMTSブレンド系は曲げ弾性率で約＋12,000kgf/cm^2，HDTでは＋60℃の性能向上を示した。

またSPの最も低かったPPでも特定の極性官能基を有する反応性モノマーでグラフト変性をすると層間化合物は微分散し，力学的性質が改善されることも分かっている。

ここで分散指標にポリマーのSP値を用いたのはブレンド時，ポリマー融液と層間化合物との接触反応でフィラーの濡れ性も分散に大きく起因することが想定される。一般にポリマー融液時のフィラーに対する濡れ性は接触角（γ）を用いるが，それとポリマーのSPは正の関係があるとされているのでSPを用いた。

3.5 ブレンドによる分散のメカニズム（モデル）

粘土鉱物をポリマー中に分子状分散させるには層間化合物のStaking（積層）構造の破壊とポリマー融液への均一化分散の2つの要素が求められている。

ブレンド系では*in-stiue*重合法によるプロセスで分散が開始するとは考えにくい。すなわち，*in-stiue*重合による分子状分散プロセスは2ステップからなり有機カチオンによる粘土鉱物の親有機化ステップ1とそれに次いで層間にモノマー挿入と重合による分子成長のステップ2で層間距離の増大を生じる。その結果，層間に作用しているファンデルワールス力の減少によって粘土鉱物のStaking構造崩壊が生じるとされている。

しかしながらブレンド系による分散ではVaia[4]らの報告のように親有機化された粘土鉱物の層間内にポリマーがインターカレーションされるには長い時間が費やされることが分かっている。このため押出機のような融液ポリマーと親有機化層間化合物が接触する時間は滞留時間として30秒～180秒程度と短い。その事実を踏まえ，ブレンド系では層間にポリマーが挿入，層間化合物のStaking構造を崩壊，分散するモデルを想定すると，ポリマー分子量の大きさ，並びに平衡に達するまで長い時間を費やす。このため短時間で層間にポリマーがインターカレーション，粘土鉱物の種層構造を破壊剥離するモデルで，ブレンドで分子状分散する事象を説明するには無理がある。

筆者らはポリアミドポリマーでは押出機を用いて分子状分散したナノコンポジットが調製できる事実の上に分かっている現象を整理してみると，

① ポリマーの融液と親有機化された層間化合物との接触させる際に押出機で発生する程度の剪断力環境下にある。

② 親有機化粘土鉱物は必ずしも層間距離を拡張させ層間のファンデルワールス力を弱めるほどの膨潤状態でなくてもよい。

③ ポリマーは極性基が多いほど分散しやすい傾向にある。

第4章 ポリマー―粘土鉱物のナノコンポジット

以上の観点から考えて親有機化された粘土鉱物にポリアミドの様な極性のある融液ポリマーが接触，吸着し層間化合物の層面荷電の場に揺らぎを作り，層間化合物がファンデルワールス力でStakingしている力を弱める。押出機のポリマーへの剪断力は運動量として十分伝達されるレベルなのでポリマーに吸着された状態ではぎ取られる工程が繰り返し行われ，結果として分子状分散する事がモデルとして想定出来る（図19）。

従って SP 値の低い PP に極性基を導入しても同じように分散しやすい環境が提供される。300nm 程度のレベルまで分散した例を写真7及機械的特性と HDT の関係を図20に示す。

このようにブレンド法は種々のポリマーでのナノコンポジットの可能性を秘めている。またポリマーアロイの領域ではマトリックス側，ドメイン側いずれにも粘土鉱物を分散させる事が可能

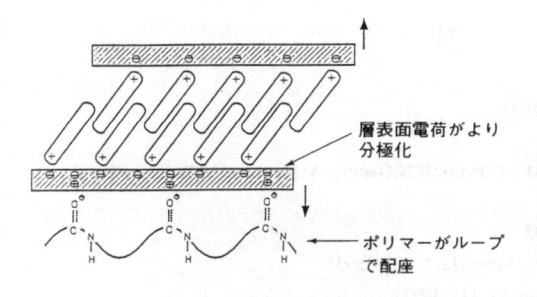

図19 ポリアミドへのテトラシリックマイカの分散モデル

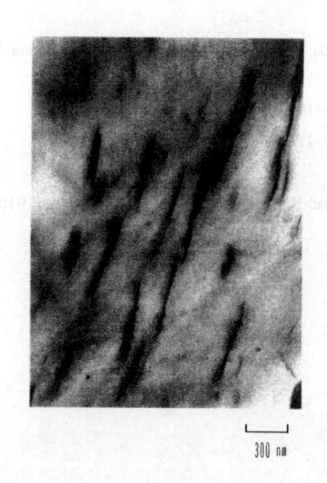

ステップ1：ポリマーがループで配座
ステップ2：層間の配座面が分極化
ステップ3：分極化した配座面の裏側がより分極化
ステップ4：層どうしがファンデアワールス力で反撥しあう
ステップ5：ループ配座したポリマーが一層をはぎ取る

写真7 PP（グラフト変性）／層間化合物の分散性

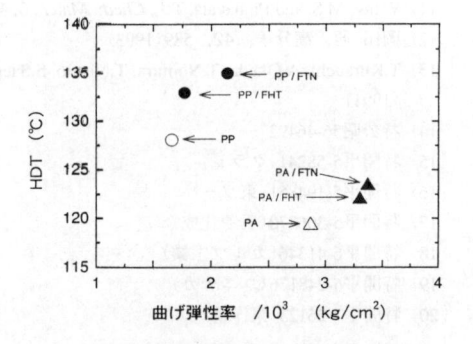

図20 PP及び非晶性PA／各層状化合物分散系の曲げ弾性率とHDT

であり，その機械的特性改善手段には重合法に比べて多くの選択肢の自由度を持つ可能性が大きい．最近，我々はPA6ナノコンポジットでは親有機化した層間化合物を30wt％含有するマスターバッチをブレンドで調製も可能となった．このようにブレンド法はポリアミドポリマーではナノコンポジットの製造では経済性に優れている．

更に一歩進んで，親有機化した層間化合物を30wt％含有するマスターバッチをブレンドで調製する事も可能となった．このようにブレンド法はポリアミドポリマーではナノコンポジットの製造では経済性に優れている．

文　献

1) S.Komarneni, *J.Matrer.Caterhem.*, 2, 1219(1992)
2) H.Gieiter, *Adv.Mater.*, 4, 474(1992)
3) R.F.Ziolo, E.P.Gennelis, B.A.Weistein, M.P.O'Horo, B.N.Gangly, V.Mehrota, M.W.Russell and D.R.Hoffman, *Science*, 257, 219(1992)
4) Vaia, R.A. et al.. *Chem. Mater.*, 5, 1694(1993)
5) Gao, D. and Heimann, P.B., *Polymer Gels and Networks*, 1, 225(1993)
6) Giannelis, E.P. and Mehrotra, V., *Solids Ionics*, 51, 115(1992)
7) 久保，色材，69, [8](1996)
8) Y.Fukushima and S.Inagaki, *J.Incl.Phen.*, 5, 473(1987)
9) Y.Kojima, A.Usuki, M.Kashisumi, A.Okada, Y.Fukushima, T.Kurauchi and O.Kamiga-ito, *J.Mater.Res.*, 8, 1185(1993)
10) Messersmith, P.B. and Giannelis, E.P., *Chem. Mater.*, 6, 1719(1994)
11) Wang, M.S. and Pinnavaia, T.J., *Chem. Mater.*, 6, 468(1994)
12) 岡田　茜，高分子，42, 589(1993)
13) T.Kurauchi, A.Okada, T.Nomura, T.Nishio, S.Saegusa and R.Deguchi, *SAE Technical Paper*, 910584 (1991)
14) 特公昭56-46492
15) 特開平5-58241(クラレ)
16) 特開平5-194851(東ソー)
17) 特開平5-306370(三菱化成)
18) 特開平6-41346(カルプ工業)
19) 特開平6-248176(ユニチカ)
20) 特開平7-26123(東洋紡)

第5章　シリコーンゲル変性フェノール樹脂の性能とその用途開発

大関真一[*]

1 はじめに

　フェノール樹脂は優れた機械的特性，電気特性，耐熱性および接着性などを有するバインダーである反面，その成形品は靱性，柔軟性，振動吸収性において欠点を持っている。これらの欠点を改善するため変性フェノール樹脂の研究が盛んに行われており，油変性フェノール樹脂，カシュー変性フェノール樹脂，エポキシ変性フェノール樹脂，メラミン変性フェノール樹脂などが検討され，一部実用に供されている。しかし，これらの変性フェノール樹脂は靱性，振動吸収性の面で未だ十分でない。また，柔軟性，振動吸収性に比較的優れる各種エラストマー変性フェノール樹脂が検討されているが，エラストマーそのものの耐熱性が乏しく，熱履歴により柔軟性，振動吸収性が欠落するという問題があった。

　シリコーンゲルは，柔軟性，振動吸収性，撥水性に非常に優れる材料で，かつ耐熱性も一般的なエラストマー系材料に比較し高いレベルを保持している。また温度依存性が小さく，広範囲の温度領域において優れた特性を維持できる[1]。

　このような材料をフェノール樹脂中に混合・分散させることによりシリコーンゲル変性フェノール樹脂を完成した。この樹脂はフェノール樹脂の特長である機械的特性，耐熱性，接着性等を保持し，かつ柔軟性，振動吸収性，撥水性を有している。また，従来の変性フェノール樹脂では何らかの変性を施すことで樹脂の反応性が損なわれるため，硬化が遅くなるという問題があり，その結果成形性の悪化により成形不良，成形歩留悪化という不具合が生じていた。しかし，本変性フェノール樹脂ではそのような不具合を生じさせないということを確認している。

　このシリコーンゲル変性フェノール樹脂は，主として摩擦材，砥石等のバインダー，成形材料用原料樹脂として採用，評価されており，特に摩擦材用途においては，振動吸収性，撥水性に優れることから，後述するような鳴き，ME（朝鳴き）といった問題解決に貢献している。

　なお，本稿の樹脂の開発経過，樹脂特性，物理的特性等は摩擦材への応用を中心に記述している。

---

[*] Shinichi Ozeki　住友デュレズ㈱　工業樹脂研究所　主任研究員

2 摩擦材の概要

摩擦材には，自動車，産業機械，農耕機械等に使用されているブレーキライニング，ディスクパッド，乾式クラッチフェーシング，湿式クラッチフェーシング，鉄道車両の制輪子等がある。これらは，機械的接触により生ずる摩擦抵抗を利用して動力の制御，および伝達を行うもので運動エネルギーを熱エネルギーに変換する重要な働きをしている。これらの摩擦材には，焼結合金を主体とした無機系摩擦材と，フェノール樹脂等を結合材とした有機系摩擦材があるが，自動車用ディスクパッド，ブレーキライニングは，フェノール樹脂を結合材とした有機系摩擦材が主流である。

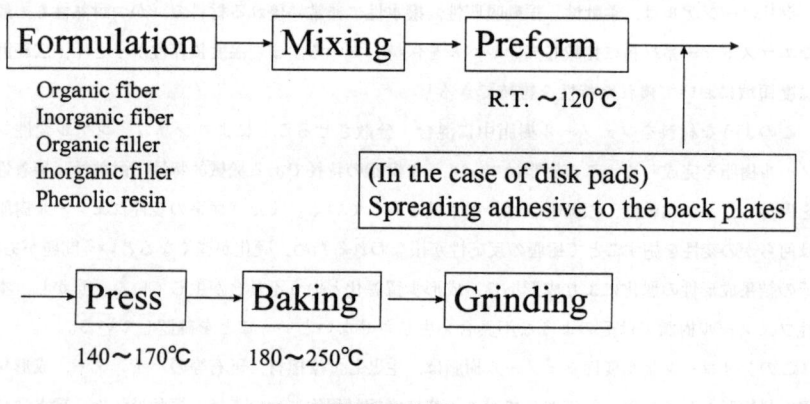

図1に有機系摩擦材製造プロセスの概略を示す。フェノール樹脂は有機，無機繊維，有機，無機フィラー等とともに混合され，その混合物は予備成形，熱成形，焼成（アフターキュア），研磨の工程を経て摩擦材として完成する。フェノール樹脂は各種繊維，フィラー等の結合材として用いられているため，その特性が摩擦材の工程，性能等に大きな影響を及ぼす，最も重要な原材料である。

```
┌──────────────┐    ┌────────┐    ┌────────┐
│ Formulation  │ →  │ Mixing │ →  │ Preform│ →
└──────────────┘    └────────┘    └────────┘
  Organic fiber                   R.T. ~120℃
  Inorganic fiber
  Organic filler       ┌─────────────────────────────────────┐
  Inorganic filler     │ (In the case of disk pads)          │
  Phenolic resin       │ Spreading adhesive to the back plates│
                       └─────────────────────────────────────┘

    ┌────────┐    ┌────────┐    ┌──────────┐
 →  │ Press  │ →  │ Baking │ →  │ Grinding │
    └────────┘    └────────┘    └──────────┘
    140~170℃      180~250℃
```

図1　有機系摩擦材製造プロセス

第5章　シリコーンゲル変性フェノール樹脂の性能とその用途開発

3　摩擦材の要求特性とフェノール樹脂への品質展開

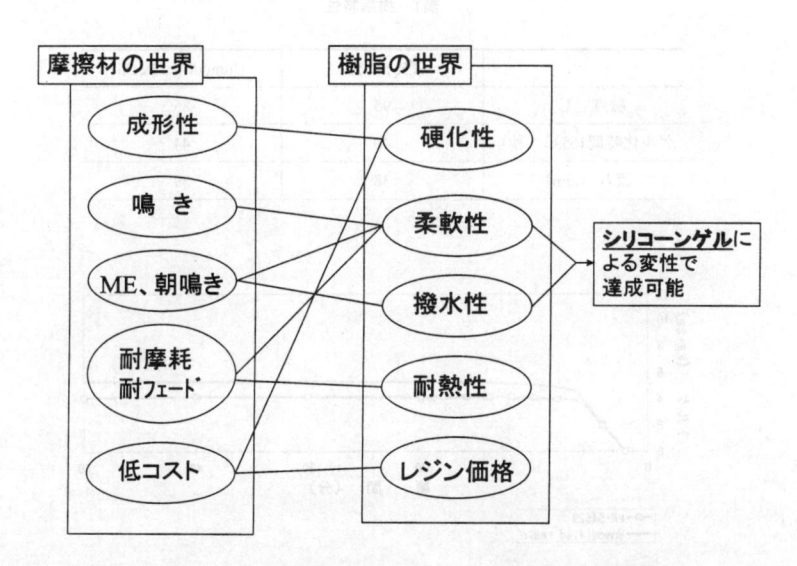

　図2に摩擦材に対する要求特性，およびフェノール樹脂への品質展開を示す。摩擦材の要求特性は成形性，鳴き（ブレーキング時の音，振動），ME（朝鳴き），耐摩耗，耐フェードがあり，特に鳴き，ME（朝鳴き）という問題は，一般ユーザーが自動車，摩擦材の品質を判断する大きな要素となっている。

　　　ME：Morning Effectの略。低温高湿度下におけるブレーキングで生じる鳴き，摩擦係数の
　　　　　急激な増大。特に朝方の1回目のブレーキングで発生する。

　摩擦材の鳴きは音，即ち振動に関する問題であるので，フェノール樹脂に柔軟性を付与し振動吸収性を高めることにより解決できると考えられる。一方，MEの発生原因については，振動のみならず，摩擦材表面に生じる微小な水滴が影響していると考えられている。したがって，フェノール樹脂に撥水性を付与し，摩擦材表面に水滴が付着しにくくすることによりMEといった問題を回避できると思われる。

　シリコーンゲルは柔軟性，振動吸収性，撥水性を兼ね備え，かつ耐熱性にも優れた材料である。このような材料をフェノール樹脂に混合・分散することで摩擦材の鳴き，MEといった問題を解決できるのではないかと考えられる。

図2　摩擦材に対する要求特性，およびフェノール樹脂への品質展開

4 シリコーンゲル変性樹脂の特長

シリコーンゲル変性フェノール樹脂(商品名:スミライトレジン PR-54529)は,従来のフェノール樹脂に比べ,高強度で,柔軟性,振動吸収性,撥水性に優れるという特長がある。以下に,樹脂特性,硬化特性,摩擦材モデル配合にてプレス成形した試験片の評価結果を示す。

摩擦材モデル配合:レジン/ケブラー/カシューダスト/硫酸バリウム/炭酸カルシウム
= 15/5/5/35/40

成形条件:温度= 150℃　時間= 10分

焼成条件:温度= 200℃　時間= 5時間

4.1 樹脂特性,および硬化特性

表1に樹脂特性,図3にキュラストメーター測定結果を示す。表1よりPR-54529は従来の未変性フェノール樹脂と比較した場合,樹脂特性上大きな変化が見られない。これは本フェノール樹脂を摩擦材等に応用する場合,配合条件,製造条件等を変更することなく利用できることを示唆するものである。

表1　樹脂特性

	PR-54529	Unmodified Resin
融点(℃)	95	85
ゲル化時間165℃(秒)	40	44
流れ(mm)	38	39

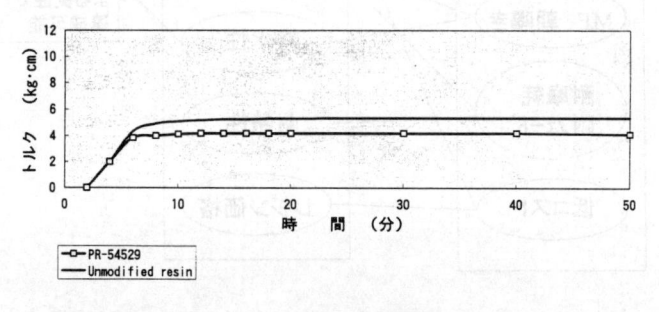

図3　キュラストメーター測定結果(温度165℃)

第5章　シリコーンゲル変性フェノール樹脂の性能とその用途開発

図3に示すキュラストメーターからは主として樹脂の硬化特性に関する情報を得ることができる[2]。即ち、時間に従って上昇するトルクの傾き、最大トルクへの到達時間より樹脂の硬化速度を比較することが可能である。PR-54529のそれらの測定値は硬化特性に優れる未変性フェノール樹脂と同等である。このことからPR-54529を用いた場合、摩擦材等の成形において、一般的な変性樹脂に見られるような成形不良、成形歩留悪化、成型品の強度低下といった不具合は回避できることが予想される。これは樹脂特性のゲル化時間（表1）の値からも推測されるものである。

4.2　柔軟性，および振動吸収性

図4に動的粘弾性における$\tan \delta$測定結果を示す。PR-54529の$\tan \delta$は、全温度域にわたって、未変性フェノール樹脂に比べ高く、振動吸収性、柔軟性に優れることがわかる。

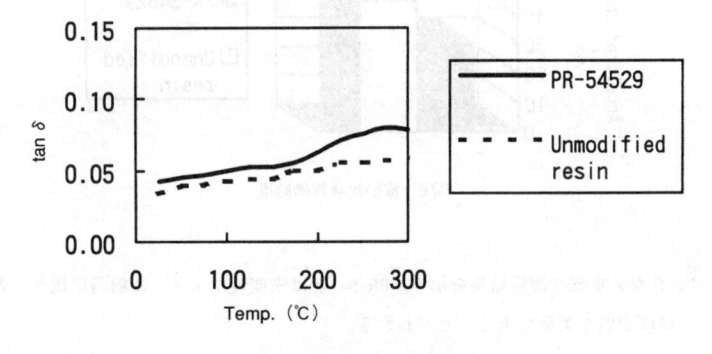

図4　動的粘弾性測定結果

振動吸収性については材料の固有振動数における振動増幅度により、さらに詳細に調査した。図5に動電型振動試験装置（IMV製 VS-2000A-100）の概略図を示す。試験方法は試験片の両端を加振機上部に固定し、加振機より0.5Gの加速度で100〜3000Hzの周波数の振動を加え、試験片に伝わる振動加速度を加速度センサーにより検出するものである。それぞれの材料は固有振動数を持っており、それに対応する周波数において振動を大きく増幅する。図6に評価結果を示す。未変性フェノール樹脂が、0.5Gの振動を45Gまで増幅するのに対して、PR-54529は30Gまでとなっており、増幅度が小さく、振動吸収性に優れることがわかる。

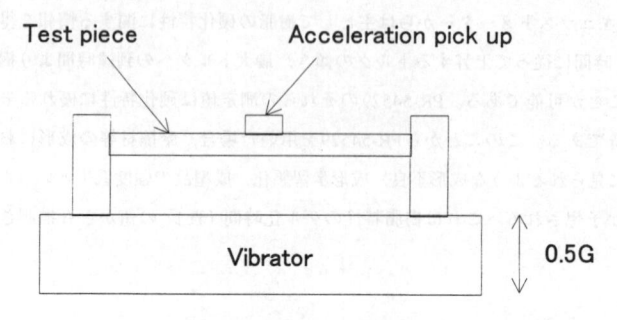

図5 動電型振動試験装置概略図

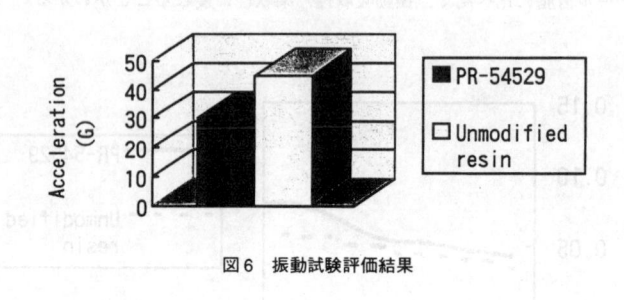

図6 振動試験評価結果

表2にロックウェル硬度測定結果を示す。PR-54529は未変性フェノール樹脂に比べ，各温度領域において硬度が低く柔軟であることがわかる。

動的粘弾性測定結果，振動試験結果，ロックウェル硬度測定結果よりPR-54529は柔軟性，振動吸収性に優れることが明らかであり，摩擦材の結合剤として用いた場合，鳴き問題解決への貢献が期待できる。

表2 ロックウェル硬度測定結果

(単位：HRS)

Test Conditions	PR-54529	Unmodified Resin
R.T.	77	88
100℃	63	75
200℃	57	71

第5章 シリコーンゲル変性フェノール樹脂の性能とその用途開発

4.3 撥水性

表3に撥水性評価結果を示す。試験方法は，試験片上に水滴を3滴ずつ滴下し，時間の経過によりどのような変化をするか観察するものである。未変性フェノール樹脂の場合，水滴は試験片上におかれた時点で試験片中へ吸収され始め，60分後には完全に試験片中に吸収され，消失する。一方，PR-54529の場合，水滴は試験片上におかれた時点で，はじかれており，その状態が60分以上保持される。最終的には水滴は大気中への揮発により消滅する。このようにPR-54529は撥水性に非常に優れることがわかる。

表3 撥水性評価結果

Resin	PR-54529	Unmodified Resin
20min.	R	P
40min.	R	P
60min.	R	A
80min.	P	A

R : Test piece repells water droplets.
P : Test piece partially absorbs water droplets.
A : Test piece absorbs water droplets.

4.4 機械的特性

表4に曲げ強度測定結果を示す。試験は常温，200℃の熱間，350℃で2，4，8時間の熱履歴後において実施した。PR-54529は各試験領域において，未変性フェノール樹脂に比べ強度が高く，特に200℃熱間，350℃の熱履歴2，4時間後での強度が高くなっている。このようにPR-54529は強度低下がないことから，変性による樹脂の硬化不足等に起因する成形不良が生じていないこと

表4 曲げ強度測定結果

(単位：MPa)

Test Conditions	PR-54529	Unmodified Resin
R.T.	54	52
200℃	48	39
350℃, 2hr	33	29
350℃, 4hr	31	21
350℃, 8hr	10	10

や，耐熱性の低下がないことがわかる。この結果は4.1項の樹脂特性，硬化特性の評価結果による推察を支持するものである。また，4.2項で記述したようにPR-54529は硬度が下がり，柔軟性が付与されているにもかかわらず，強度が高くなっていることから，シリコーンゲルを変性することにより強靭化されていることが予想できる。

5 今後の課題

本稿のシリコーンゲル変性フェノール樹脂は，摩擦材用で上市されており，砥石，成形材料用原料樹脂としての評価も進んでいる。しかし，この樹脂は硬化剤であるヘキサメチレンテトラミンを含有しているため，フェノール樹脂の応用分野に数多く存在するヘキサメチレンテトラミンを必要としない用途，あるいは入ってはならない用途への適用は困難である。したがって，そのような用途に適用するためにヘキサメチレンテトラミンを含有しないシリコーンゲル変性フェノール樹脂の開発が必要であり，既に着手している。今後それらの用途での採用，上市に結び付けていくことが今後の課題である。

また，本シリコーンゲル変性フェノール樹脂のベースとなるフェノール樹脂部分には，未変性フェノール樹脂を用いており，熱に対する要求が特に厳しい分野では耐熱性が不十分となることが予想される。よって，ベースとなるフェノール樹脂部分に高耐熱性変性フェノール樹脂を用いることにより，そのような要求特性に応えていく必要がある。

文　献

1) 中西幹育，桜井敬久，工業材料，Vol.40, No.11(1992)
2) 野口憲一ほか，熱硬化性樹脂，Vol.4, No.2(1983)

第6章 歯科用コンポジット材料

湯浅茂樹[*1]，風間秀樹[*2]

1 はじめに

歯科材料は用途に応じて金属，セラミックス，高分子，およびこれらの複合材料等が幅広く使い分けられる。特に，ここ30年間で歯科用修復材料としての有機・無機複合材料が大いに発展してきた。本稿では，特に現在市販され，日常の臨床の場で用いられている歯科用の有機・無機複合材料であるコンポジットレジンについて焦点をあて，それに使われている素材の面から見て，解説する。

2 歯科用コンポジットレジン

2.1 コンポジットレジンと構成成分

歯牙の齲蝕または破損した部分には，人工物を詰めることで歯牙と同様な咀嚼や審美といった機能を持たせる歯科修復が行われている。従来は，金属，セラミックス，高分子材料が試されていたが，金属材料は十分な強度と耐久性を有するものの，その金属色が嫌われ，セラミックス材料は，充填操作が困難なことと材料自身の脆さがある。さらに高分子は強度，耐摩耗不足，重合収縮と熱膨張収縮が大きいことなどの理由により，各材料は単独で歯牙の代替材料として満足していない。

そこで，これら各材料の長所を生かしつつかつ欠点を克服するために，無機・有機複合材料であるコンポジットレジンと呼ばれる材料が開発された。コンポジットレジンは，主にアクリルレジンのマトリックス中に無機フィラー（通常，フィラーは60～80％を占める）が分散された構造をとり，両者の欠点，即ち高分子材料の強度や耐久性の不足とセラミックスの脆さや成形しにくさを複合化することによって克服した材料設計となっている。

コンポジットレジンには以下の特性が必要となる。すなわち1）天然の歯牙と同様の優れた審美性を有すること，2）過酷な口腔環境下での長期の耐久性を有すること，3）咬合に対する耐摩

---

*1 Shigeki Yuasa ㈱トクヤマ つくば研究所 研究開発センター 所長
*2 Hideki Kazama ㈱トクヤマ つくば研究所 研究開発センター 主任研究員

耗性や弾性率を有すること，4）歯科医が容易に取り扱い可能な操作性と研磨性を有すること，5）硬化時に発生する重合収縮を低く抑えること，6）予後のX線診断を容易にするためのX線造影性を有すること，7）二次齲蝕予防のためのフッ素徐放性を有することなどである。

　コンポジットレジンは，分散相である無機フィラー，連続相であるマトリックスモノマーからなるが，その構成成分が最終的な材料の特性を決める。代表的なコンポジットレジンは，それに多量に充填されるフィラーの種類から分類される[1]。フィラー粒子径からみると1μm以上のもの，0.1μmから1μmのもの（サブミクロン粒子充填型），0.1μm以下のもの（超微粒子充填型），あるいはこれらの粒子径の異なる粒子を混合したもの（ハイブリッド型）などがある。粒子径3μmで分類する場合もある[2]。また，粒子形状から見ると不定形，球形状，繊維状などがあり，粒子組成から見ると，シリカ，バリウムアルミノシリケートガラス，シリカジルコニア，超微粒子を含むポリマー粉砕物などがあげられる。

　初期のコンポジットレジンには，フィラーとして数μmの不定形の粒子，特に石英粉末が主に用いられていた。X線造影性のない石英粉末を配合したコンポジットレジンで修復するよりも，予後のX線診査をより確実にするバリウムやジルコニウム，あるいはストロンチウム等の重金属元素を配合したフィラーが用いられるようになってきた。

　これらのフィラーは一般的に有機マトリックスモノマー成分との結合を得るために表面処理が施される。表面処理を行わない場合には，フィラー／マトリックス界面が欠陥となり機械的強度の低下や耐久性の低下につながる。表面処理は，各社，各製品によって種々の処理剤や処理方法が採用されているが，通常，γ-メタクリロキシプロピルトリメトキシシラン等のシラン化合物で処理することによってフィラー表面に重合性官能基を導入し，マトリックスとの親和性を得る。

　マトリックスモノマーには，生体への安全性や光重合性等を考慮してメタクリレート系モノマー，特に硬化後架橋構造を形成する多官能メタクリレートが用いられる（図1）。主にビスフェノールAを基本骨格とするものとウレタン骨格を有するジメタクリレートの2種類が使用されているが，粘度の調製や屈折率の調整のために比較的粘度の低いエチレングリコール鎖を有するジメタクリレート系と組み合わせて用いるのが一般的である。

　これまで，これら以外の新規モノマーや重合収縮を回避することを目的とした新しい開環重合系等が数多く提案されてきているが，採用には至っていないのが現状のようである。

　これらのモノマーは，その硬化前後で屈折率が大きく変化する。したがって，歯牙特有の色調と透明感を人工材料で再現し，審美的な回復を計るには，前述のフィラーとモノマーとの屈折率の調節は重要となる。通常モノマーの屈折率は重合硬化後に高くなるため，硬化前のモノマーとフィラーの屈折率を合わせると硬化後は不透明に変化する。逆に重合前に不透明の物でも，重合

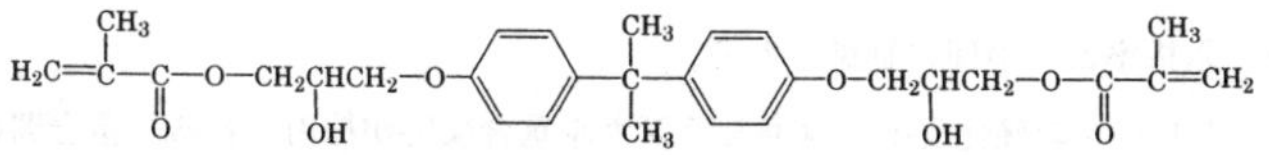

第6章 歯科用コンポジット材料

Bis-GMA
2,2-ビス〔4-（2-ヒドロキシ-3-メタクリロキシプロポキシ）フェニル〕プロパン

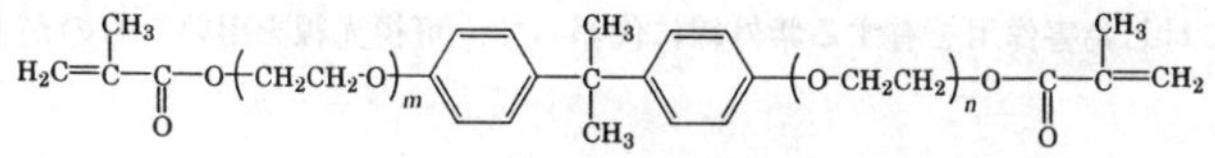

$m + n = 2.6$：Bis-EMA(2.6)
$m, n = 6$：Bis-EMA(6)
2,2-ビス（4-メタクリロキシポリエトキシフェニル）プロパン

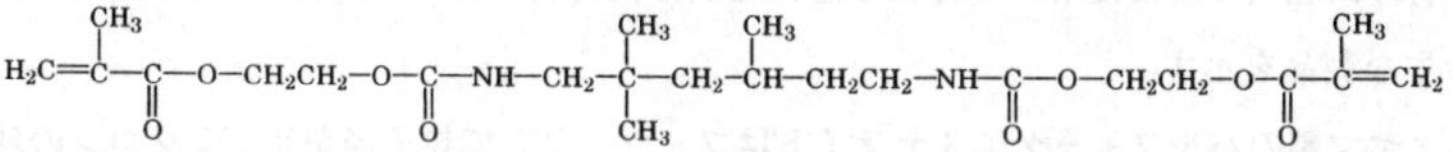

UDMA
ジ（メタクリロキシエチル）トリメチルヘキサメチレンジウレタン

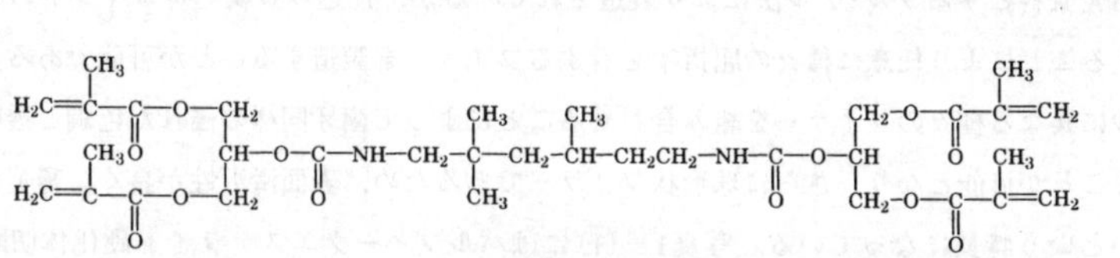

UTMA
N,N-(2,2,4-トリメチルヘキサメチレン) ビス 〔2-(アミノカルボキシ)プロパン-1,3-ジオール〕

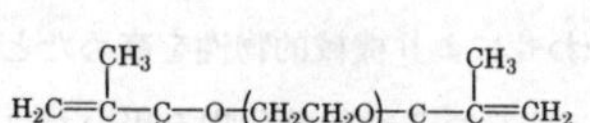

TEGDMA
トリエチレングリコールジメタクリレート

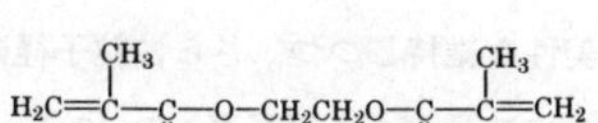

EDMA
エチレングリコールジメタクリレート

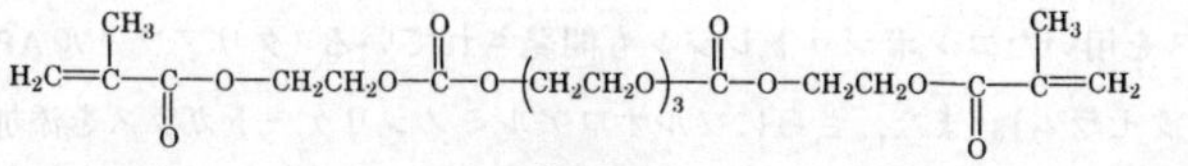

PCDMA
ポリカーボネートジメタクリレート

図1　コンポジットレジンに使用されるモノマーの化学構造式

後のポリマーとフィラーの屈折率が合えば透明になる。このため，フィラーの屈折率はモノマーの硬化前後の屈折率との中間に制御される。

　コンポジットレジンの硬化反応には通常ラジカル重合反応が採用される。重合開始剤の種類によって化学重合型と光重合型の製品に分類される。過酸化ベンゾイルと芳香族3級アミンの組み合わせからなる2ペーストの化学重合型と違って，光重合型は1ペーストよりなる。この点が化学重合型のものと比較して有利な点であり，練和の必要性がなく気泡の混入も少ない。光重合型でも，粘膜に対し為害作用を有する紫外線に代わって，可視光線を用いたものが主流を占めている。

2.2　市販のコンポジット材料
2.2.1　直接充填修復材料

　患者の口腔内で直接使用する材料を直接充填修復材料と称する。表1に日本国内で使用されている主な製品を示す。

　トクヤマ製のパルフィークエステライトはフィラーとして粒子径がサブミクロンの球形状のシリカジルコニア粒子が充填されている[3]。この球形状のシリカジルコニアは，金属アルコキシドを出発原料とするゾル・ゲル法により製造されているが，仕込み金属アルコキシドの組成を微調整することにより任意に種々の屈折率を有するフィラーを製造することが可能である。屈折率の微妙に異なる種々のフィラーを組み合わせることによって歯牙同様の優れた色調と透明感を実現することが可能となり，さらに球形状フィラーであるため，表面滑沢性が良く，審美性が極めて高いという特長になっている。写真1－(1)にはパルフィークエステライト硬化体切断面のSEM像を示すが，微粒子が均一に充填されている硬化体切断面が観察できる。一方，パルフィークタフウェルは，粒子径と屈折率の異なる2種類のサブミクロン球形状粒子を配合した材料であり，審美性を維持しつつ，さらに粒子径の異なるフィラーの組み合わせにより機械的物性を高めたところに特長がある（写真1の(2)）。同様にシリカとジルコニアからなる粒状酸化物を用いたコンポジットレジンとしては，Z250がある。粒子径分布は0.01から3.5μmの範囲にあり，平均粒子径は0.6μmである（写真1の(4)）。

　上述したシリカ／ジルコニアだけでなく，同様にX線造影性を有するバリウムアルミノシリケートガラスを用いたコンポジットレジンも開発されている（クリアフィルAP-X，ユニフィルS，テトリックセラム）。また，さらにフルオロアルミノシリケートガラスを添加することで歯質補強を意図したフッ素徐放性を付与したものもある（ユニフィルS，テトリックセラム）。

　フィラーの形状，粒子径，分布に注目すると，前述した当社の球状フィラー以外にクリアフィルAP-X（クラレ社製）では，最大粒子径10μm以下の幅広い粒度分布を持つバリウムガラスが

第6章 歯科用コンポジット材料

表1 光硬化型・直接充填修復用コンポジットレジン

		メーカー	トクヤマ	トクヤマ	クラレ	3M	GC	松風	松風	VIVADENT
		製品名	PALFIQUE ESTELITE	PALFIQUE TOUGHWELL	CLEARFIL AP-X	Filtek Z250	UniFil S	SOLIDEX-F	LITE-FIL ⅡP	Tetric Ceram
	項目	使用部位	前歯	前・白歯	前・白歯	前・白歯	前・白歯	前歯	白歯	前・白歯
構成		マトリックスモノマーの種類	Bis-GMA TEGDMA	Bis-EMA(2.6) UDMA TEGDMA	Bis-GMA TEGDMA	Bis-GMA Bis-EMA(6) UDMA TEGDMA	UDMA TEGDMA	UDMA	UDMA	Bis-GMA TEGDMA
		フィラーの種類	球形状無機 有機質複合	球形状無機	無機微粒子 不定形無機	不定形無機	球形状無機 不定形無機	特殊球状無機 有機質複合	無機微粒子 特殊球状無機 不定形無機	球形状無機 不定形無機
		フィラーの粒径分布（μm）	0.2~80	0.1~0.5	0.01~10	0.01~3.5	0.1~2	0.04~80	0.02~25	0.04~3
		フィラー充填率（wt%）	82	82	85	80	78	78	85	80
		無機フィラー充填率（wt%）	69	81	83	79	76	54	81	75
物性		曲げ強度（MPa）	96	171	171	174	150	73	159	137
		曲げ弾性率（GPa）	8.9	11.8	15.9	16.5	11.1	5.7	17.0	10.9
		重合収縮率（vol%）	1.4		1.8	1.6				
		X線造影性	◎	◎	◎	◎	◎	◎	◎	◎
		フッ素徐放性	×	×	×	×	○	×	×	○
審美性		硬化体表面の光沢度	78	75	36	62	49	81	47	57
		硬化前後の色調変化量：ΔE_{ab}^*	1.6	29	16.7	4.8	14.1	3.8	4.2	13.0
		硬化前後のコントラスト比変化量	−0.019	−0.010	−0.145	−0.032	−0.172	0.005	0.031	−0.160
		蛍光性	×	×	○	◎	○	○	○	○

㈱トクヤマつくば研究所測定値。ただし、重合収縮率は日大測定値。

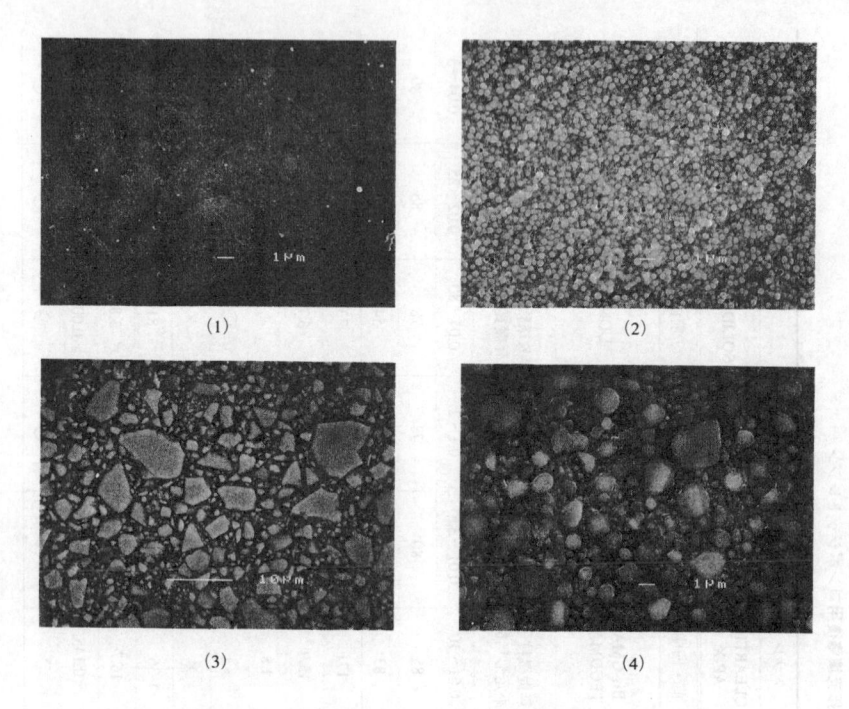

無機・有機ハイブリッド材料の開発と応用

写真1 各種直接充填修復材料コンポジットレジンの切断面の SEM 像（その1）
(1)：パルフィークエステライト，(2)：パルフィークタフウエル
(3)：クリアフィル AP-X，(4)：Z250

使用されている（写真1の(3)）。ユニフィル S（GC社製）では，数 μm の不定形粒子が多く見られる（写真2の(1)）。ソリデックス-F とライトフィル II-P では，粒子径が1から10 μm の範囲に不定形と球形状粒子のガラスが見られる（写真2の(3)と(4)）。テトリックセラム（ビバデント社製）では，バリウムガラス，イットリビウムトリフロライドおよびバリウムアルミノフルオロシリケート等の不定形粒子，球形状シリカ系酸化物を含んでおり，その平均粒子径が0.7である（写真2の(4)）。これらの不定形粒子を含むコンポジットレジンは，球形状粒子のみからなるものと比較して治療の最終段階で行われる研磨において，光沢度が低いという欠点をもつ。

表1に示すコンポジットレジン以外に，海外では，バリウムガラス不定形粒子とシリカ粒子からなり，その平均粒子径が0.7 μm であるカリスマレストラティブ（ヘラウスクルツアー社製），平均粒子径0.6 μm の不定形ガラスフィラーを含むプロジディー（カー社製）やハーキュライト XRV（カー社製），約5 μm の不定形ガラス粒子を含む TPH スペクトラム（デンツプライ社製）

第6章 歯科用コンポジット材料

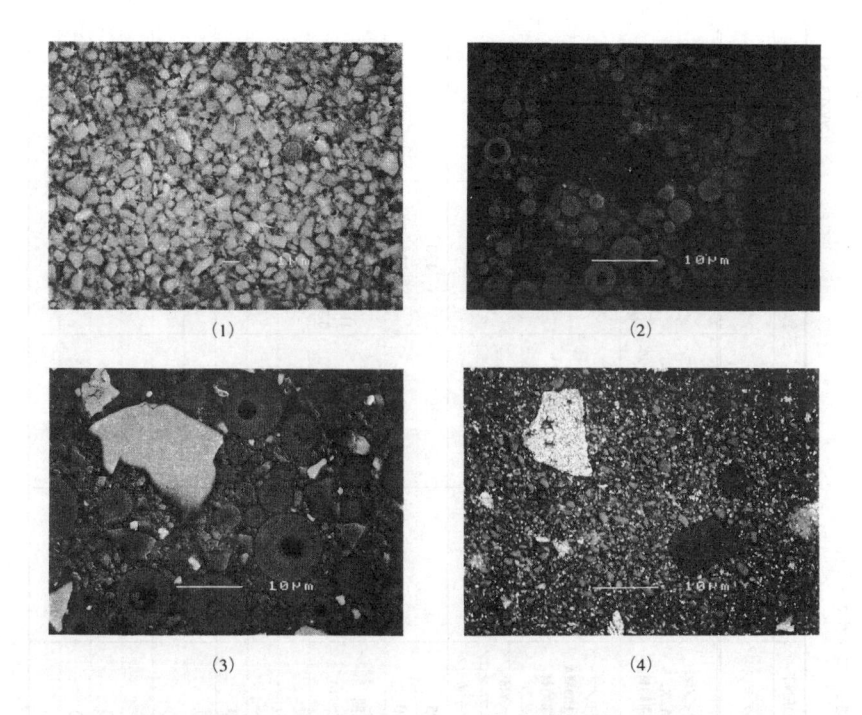

写真2 各種直接充填修復材料コンポジットレジンの切断面のSEM像（その2）
(1)：ユニフィルS，(2)：ソリデックス-F
(3)：ライトフィルⅡP，(4)：テトリックセラム

などが使用されている。

以上のように平均粒子径がサブミクロン粒子のフィラーが用いられたコンポジットレジンが最も多く見られる。これらのコンポジット材料では，多くの材料が曲げ強度が150MPa以上である。歯質の曲げ強度は300MPaとも言われているので，まだ物性面でも向上が望まれている。

最近，新しい直接充填修復材料として，「コンポマー」と称される材料[4]が登場してきた（表2）。この材料はフィラーとしてフルオロアルミノシリケートガラスを用い，マトリックモノマーにカルボン酸やリン酸基を有するメタクリレート系モノマーを配合することによって，メタクリレート基の重合硬化反応に加えて酸性モノマーとフィラーとの酸－塩基反応を利用することを特徴としている。この材料は，従来のコンポジットレジンと比較して機械的強度や審美性の点で劣るものの，本材料は口腔内の水分を利用して，フッ素徐放性という機能を発現する。

表2 コンポマー

(2000.3.15)

		メーカー	Dentsply	VIVADENT	DMG	三金	三金	3M
		製品名	ダイラクト	コンポグラス	アイオノジット・フィル	クシーン	クシーン/CF	F2000 コンポマー
基本組成	ボンディング		PENTA,UDMA, TEGDMA,アセトン, 光重合開始材	カルボン酸モノマー, HEMA,水, 光重合開始材	HEMA,アセトン, 光重合開始材	ピロリン酸モノマー, 光重合開始材, HEMA,エタノール,水	ピロリン酸モノマー, フォスフォゼンモノマー, UDMA,光重合開始材,HEMA,エタノール,水	カルボン酸モノマー, 光重合開始材, HEMA,エタノール, 水,マレイン酸
	ペースト	マトリックス	UDMA,TCB (ブタンテトラカルボン酸とHEMAから成る) 光重合開始材	カルボン酸モノマー, Bis-GMA,UDMA, 光重合開始材	カルボン酸モノマー, ビスフェノールA 誘導体モノマー, 光重合開始材	ピロリン酸モノマー, カルボン酸モノマー, Bis-GMA,UDMA, 光重合開始材	カルボン酸モノマー, Bis-EMA (2.6), UDMA,HEMA, 光重合開始材	カルボン酸モノマー, 親水性モノマー, 光重合開始材
		フィラー	ストロンチウムフルオロシリケートガラス	シリカファイヤー,YbF₃,フィラー,バリウムフルオロアルミノシリケートガラス	フルオロアルミノシリケートガラス	フルオロアルミノシリケートガラス	フルオロアルミノシリケートガラス	フルオロアルミノシリケートガラス
物性	曲げ強度 (MPa)		100	105		120	130	
	圧縮強度 (MPa)		293	260		285	328	
	フッ素徐放量		100週間 $73\mu g \cdot cm^{-2}$	4週間 $30.2\mu g \cdot cm^{-2}$			24週間 $11.43\mu g \cdot cm^{-2}$(ボンド) $0.54\mu g \cdot cm^{-2}$(ペースト)	8週間 $0.41mg \cdot g^{-1}$
	歯質への接着力 (MPa)	エナメル質	9.6	18.2		16.8	18.3	15
		象牙質	14.5			12.8	13.8	20
	X線造影性		○	○	○	○	○	○
適応症	I 級, II 級窩洞		○	○	○	○	○	○
	III 級窩洞		○	○	○	○	○	○
	V 級窩洞, 歯頸部クサビ状欠損		○	○	○	○	○	○
	根面齲蝕		○	○	○	○	○	○
	乳歯, 乳白歯のI 級, II 級窩洞		○	○	○	○	○	○
	支台歯の埋め立て, ベース		○	○	○	○	○	○

カタログ値

2.2.2 間接修復材料

　直接充填修復ができないほど損傷を受けた歯牙や，高い咬合圧のかかる臼歯部の修復には，これまで金属やセラミックス製の歯冠修復物が用いられてきたが，金属アレルギーの問題やたとえ臼歯部でも患者の審美性指向の流れから，コンポジットレジン系材料も利用されるようになってきた。

　表3には市販の間接修復材料歯冠用コンポジットレジンを記載した。本材料は，直接充填修復材料と異なり，口腔外で作られ，主に歯科医よりも技工士が用いる。したがって，直接充填修復で用いられるような光重合や化学重合だけでなく，さらに機械的強度の向上を狙って加熱重合を組み合わせて硬化して用いるものもある。

　従来から，金属冠の上にコンポジットレジン系材料が築盛された，いわゆる歯冠用硬質レジンの他に，最近では，金属による補強を必要としなくても臼歯部の高い咬合圧に耐えうるような高い機械的強度を有する材料も登場してきている。エステニアは，フィラーを92重量％まで高充填させた材料で，「ハイブリットセラミックス」と称する。また，最近ガラス繊維で補強したフレーム用材料と併用してメタルフレームレスブリッジまで作製可能なもの(タルギス／ベクトリス，スカルプチャー／ファイバーコア，ベルグラスHP／コネクト)がある。これらは比較的難しい技工操作が必要であり，適応症例に限界があるなどの問題があり，更なる機械的強度の向上が求められる。

3　歯科用セメント

3.1　歯科用レジンセメント

　前節で述べたコンポジットレジン材料はここ数年で目覚しい進歩がみられたが，適応症例には限界があり，金属やセラミックス製歯冠修復物を歯牙にかぶせて，固定する治療が頻繁に行われる。

　歯科用セメントは，一般に歯冠修復物の固定に用いられる材料であり，従来からリン酸亜鉛セメント，カルボキシレートセメント，ポリアルケノエートセメント(一般にアイオノマーセメントと称する)等がこの固定に用いられている。しかし，これらの材料は基本的に歯質との接着性に乏しいことから，修復物の脱落や，修復後再び齲蝕に侵される（二次齲蝕）という問題点があった。

　このような中から開発されたのがレジンセメントといわれる歯質に接着性を有する材料である。レジンセメントは基本的に，前述したコンポジットレジンと同様に無機あるいは有機フィラー，重合性メタクリレート，重合開始剤，歯牙様に調色するための顔料から構成される。重合性メタ

表3 歯冠用コンポジットレジン

分類	歯冠用硬質レジン				ハイブリッドセラミックス			
メーカー	松風	クラレ	GC	クラレ	Kulzer	VOCLAR・VIVADENT	Jeneric/Pentron	Belle
製品名	SOLIDEX	CESEAD II	GRADIA	ESTENIA	ARTGLASS	TARGIS/VECTRIS	Sculpture/FibreKor	belleGlass HP/CONNECT
項目								
重合方法	光	光	光	光・加熱	光	光・加熱/光・吸引・加圧	光・真空加熱	光・加熱・加圧
ボディレジン マトリックスモノマー	UDMA	UTMA	Bis-GMA	UTMA	UDMA	Bis-GMA	PCDMA	Bis-GMA TEGDMA EDMA
フィラーの種類	マイクロ無機有機質複合特殊構造無機	マイクロ無機有機微粉砕無機	不定形無機有機質複合	超微粒子微粒子ガラス	超微細フィラーレオロジカルアクティブシリカ	バリウムガラスシリカ	バリウムガラス	バリウムガラスシリカアルミナ
構成 フィラーの粒径分布 (μm)				0.02〜2	0.01〜2,平均0.7		平均0.7	
フィラー充填率 (wt%)	(78)	(82)		(92)		80	(78.5)	(76)
無機フィラー充填率 (wt%)	54	60	55	89	67	74		(74)
物性 曲げ強度 (MPa)	(75)	(104)	109	208	134	182	(140)	(151)
曲げ弾性率 (GPa)	(5.7)		6.8	21.9	8.0	11.3	(14.4)	
圧縮強度 (MPa)	(314)	(426)		(613)			(346)	
臨床用途 前装冠	○	○	○	○	○	○	○	○
ジャケット冠	○	○	○	○	○	○	○	○
ラミネートベニア	○	○	○	○	○	○	○	○
インレー、アンレー	×	×	○	○	○	○	○	○
インプラント上部構造体								○
前装ブリッジ								○
メタルフレームレスブリッジ	×	×	×	×	×	○	○	○

(株)トクヤマつくば研究所測定値。ただし、( )内はカタログ値。

第6章 歯科用コンポジット材料

クリレートは，コンポジットレジンと同様なモノマーが用いられるが，被着体への接着性を付与する目的で各種の接着性モノマーが配合されている。図2には，歯牙や歯科用金属合金（コバルト／クロム合金，ニッケル／クロム合金）への接着に寄与する接着性モノマーの構造を示す。これらの接着性モノマーはその構造中にカルボキシル基やホスホノ基等の酸性基を有し，この酸性基が歯牙のカルシウムあるいは金属に作用して接着力を発揮するものと考えられる。さらに金，白金あるいはパラジウム等の歯科用貴金属合金に接着性を高めるための貴金属接着性モノマーも開発され，レジンセメント塗布前に金属被着面に処理される（図2）。これらの貴金属接着性モノマーでは構造中に含まれるイオウ原子が貴金属に作用し，接着性を発現する。歯冠修復材料に

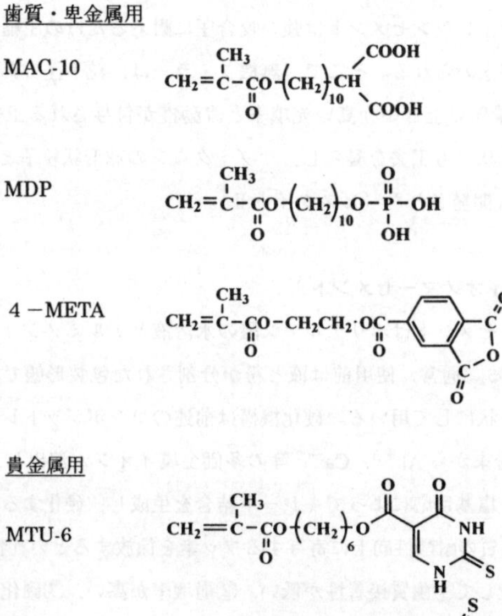

歯質・卑金属用

MAC-10　　$CH_2=C(CH_3)-CO-O-(CH_2)_{10}-CH(COOH)_2$

MDP　　$CH_2=C(CH_3)-CO-O-(CH_2)_{10}-O-P(O)(OH)_2$

4-META　　$CH_2=C(CH_3)-CO-O-CH_2CH_2-OC(O)-C_6H_3(CO)_2O$ (無水フタル酸構造)

貴金属用

MTU-6　　$CH_2=C(CH_3)-CO-O-(CH_2)_6-$ (チオウラシル環)

VTD　　$CH_2=HC-C_6H_4-N(C_3H_7)-$ (チオトリアジン環)

MEPS　　$[CH_2=C(CH_3)-CO-R-O-P(S)-A_3]_n$

図2　接着性モノマー

セラミックスが用いられる場合，その被着面にシランカップリング剤を含むプライマーが塗布される。

レジンセメントの硬化反応には，歯冠修復材料として金属材料を用いた場合に光を照射することが困難であることから，過酸化物／アミン系のレドックス重合組み合わせからなる化学重合反応が用いられるが，光重合反応も可能なように設計されているデュアルキュア型の製品もある。

3.2 市販のレジンセメント

表4に市販のレジンセメントを示す。無機フィラーにはコンポジットレジンと同様に予後の診断を容易にするためX線造影性を示すバリウムアルミノシリケートガラス，シリカジルコニア等が用いられている。レジンセメントは歯冠修復材料と歯牙との隙間を埋める材料であるため，配合される無機フィラーの粒子径はほとんど20μm以下となっている。最近ではさらに微細化される傾向にある。また，レジンセメントは強い咬合圧に耐えるだけの圧縮強度と隙間を隅々まで埋めるための流動性が求められる。そこで，無機フィラーは，粒子径の異なる粒子を組み合わせることにより，70重量％以上という高い充填率と流動性が付与される工夫がなされている。さらに無機フィラーの形状にも工夫を凝らし，サブミクロンの球形状粒子と数μmの不定形粒子の組み合わさった製品も開発された（ビスタイトⅡ）。

3.3 レジン強化型アイオノマーセメント[5]

グラスアイオノマーセメントはポリアルケン酸の水溶液とアルミノシリケート粉末からなる無機・有機複合材料である。通常，使用前は液と粉が分割された包装形態であり，使用する際に両者を混練してペースト状にして用いる。硬化機構は前述のコンポジットレジンやレジンセメントとは異なり，ガラス粉末からAl^{+3}，Ca^{+2}等の多価金属イオンが溶出し，ポリアルケン酸のカルボキシル基との酸－塩基反応によってキレート結合を生成し，硬化する。この材料は生体への親和性が高く，また歯質の耐酸性向上に寄与するフッ素を徐放するという特長を有する。しかし，レジンセメントと比較して①歯質接着性が低い，②崩壊率が高い，③硬化反応中に口腔内の水分の影響を受ける（感水性），④耐久性に劣るという欠点がある。

レジン強化型グラスアイオノマーセメントは，グラスアイオノマーを構成する成分にヒドロキシエチルメタクリレートのような水溶性の重合性モノマーと重合開始剤を配合することにより，前記した酸－塩基反応による硬化とモノマーによるラジカル重合とを組み合わせて感水性等の欠点を克服できるように設計されている。表4には市販のレジン強化型アイオノマーも示す。

第6章 歯科用コンポジット材料

表4 歯科用セメント

分類			コンポジットレジン系レジンセメント				ポリマー系セメント	レジン強化型グラスアイオノマー		アイオノマーセメント
メーカー			トクヤマ	クラレ	松風	3M	サンメディカル	GC	3M	
	製品名		ビスタイトⅡ	バイオフィットオペイクセメント	インパーバデュアル	Rely-X	スーパーボンドC&B	フジリュート	ビトレマーラティングセメント	
形態	形態		2ペースト	2ペースト	粉・液	2ペースト	粉・液・触媒	粉・液	粉・液	粉・液
態	重合方法		光・化学	光・化学	光・化学	光・化学	化学	酸・塩基/化学	酸・塩基/化学	酸・塩基
組	モノマー		MAC-10 D-2.6E, NPG	MDP comonomer	4-AETA comonomer	—	4-META MMA	ポリカルボン酸 monomer	ポリカルボン酸	ポリカルボン酸
成	フィラー/構成元素		Si, Zr	—	Si, Al, Zn, Ba	—	PMMA	フルオロアルミノシリケートガラス	フルオロアルミノシリケートガラス	フルオロアルミノシリケートガラス
物	圧縮強度/MPa		322	266	327	312	265	155	120	120〜170
性	被膜厚さ (μm)		10	30	42	18	60	36	32	15〜30
	X線造影性の有無		有	有	有	有	有(ラジオペーク)	有	有	—
接		エナメル質	23.0	27.0	20.7	10.1	19.3	12.2	9	3〜6
着	接着強度/MPa	象牙質	15.3	6.8	4.3	9.8	16.8	9.2	6.9	3〜6
性		卑金属	22.8	27	22.1	—	21.8	6.0	—	5〜9
		貴金属	22.9	23.6	20.4	19.5	15.2	—	—	—
		セラミックス	20.0	26.3	20.2	25.5	27.5	9.3	10.3	—
接	歯面処理操作ステップ(回数)		2	1	2	2	1	1	歯面処理なし	歯面処理なし
着	水洗の有無		無	無	有	有	有	有	歯面処理なし	歯面処理なし
方	歯科用貴金属合金		サンドブラスト+メタルタイト	サンドブラスト+アロイプライマー	サンドブラスト+スズメッキ	サンドブラスト+プライマー	サンドブラスト+Vプライマー	サンドブラスト+Mプライマー Ⅱ	—	サンドブラスト
法	歯科用卑金属合金		サンドブラスト	サンドブラスト	サンドブラスト	サンドブラスト+プライマー	サンドブラスト	—	—	サンドブラスト
	セラミックとの接着方法		トクソーセラミックスプライマー	リン酸エッチング+クリアフィルポーセレンボンド	ポーセレンプライマー	リン酸エッチング+セラミックプライマー	リン酸エッチング+ポーセレンライナーM	—	—	—
臨	一般合着		○	○	○	○	○	○	○	○
床	歯冠色補綴修復物の装着		○	○	○	○	○	○	△	△
用	ポーセレン破折の修理		○	○	○	○	○	×	×	×
途	接着ブリッジの接着		○	○	○	○	○	×	×	×
	CRコア用ポストの保持		○	○	○	○	○	△	△	△

(株)トクヤマつくば研究所測定値。

4 おわりに

　以上，歯科材料に使用されている無機・有機複合材料を紹介してきた。厚生省の8020運動（80歳で20本の歯を残す）に見られるように，歯が健康に果たす役割が認識され，より「抜かない」「削らない」治療の要請が高まりつつある。こうした中で複合材料に求められる性能はますます高度化していくものと予想される。歯科材料における複合化レベルは未だサブミクロン領域にとどまっているが，今後ナノレベルあるいは分子レベルで高度に規制された複合化が求められるようになろう。ナノレベルあるいは分子レベルでの複合化は飛躍的な物性の向上に寄与し，歯科臨床を大きく変化させることが可能となろう。

文　献

1) 細田ら：日歯保誌, 30, 427-442 (1987)
2) Willems G., *et al., Dent Mat.*, 8：310-319 (1992)
3) 湯浅茂樹, DE, No.128, 33-36 (1999)
4) 千田彰ほか, DE, No.124, 1-18 (1998)
5) 佐藤久志ほか, DE, No.130, 37-40 (1999)

第7章　セグメントポリウレタン―シリカハイブリッド材料

合田秀樹[*]

1　セグメントポリウレタン

セグメントポリウレタンは特異なゴム弾性を持ち機械的強度に優れていることから，接着剤，コーティング剤，シーリング剤，発泡体等，様々な用途に使用されている。セグメントポリウレタンのゴム弾性は，ポリウレタンの高分子鎖がハードセグメント（HS）部位とソフトセグメント（SS）部位の共重合体で構成されるために発現すると言われる[1,2]。HSは，ポリイソシアネートと低分子ジオールや低分子ジアミンから誘導されるウレタン結合やウレア結合を主鎖に持ち，分子間あるいは分子内で水素結合を形成し，凝集力が強い。一方，SS部位は通常，ポリエーテル，ポリエステルなど低T_gの柔軟なポリマー材料が使用されている。このようなセグメントポリウレタンの溶液から誘導されるフィルムや硬化物は，HSが分子間水素結合を生じ凝集して連続相であるSS相から不溶化し，サブミクロンサイズのドメインを形成していることが多い。このようなセグメントポリウレタンのミクロ相分離現象については既に多数の研究報告がなされている[3-8]。つまり，セグメントポリウレタンのゴム弾性は，液状の連続相SSがHSドメイン部分で分子間で水素結合性の架橋を行い，セグメントとしての運動の自由度を保持しながら，マクロな自由度を失ったがために生じている[2-4]。

セグメントポリウレタンを各種用途で競合する他材料（エポキシ樹脂・ポリエステルなど）と比較した場合，幾つかの材料的欠点が浮かび上がる。

(1) 耐熱性：水素結合によって凝集状態を作っているHS部位は通常，100～150℃で，解裂し，ポリウレタンはゴム弾性を失い，溶融状態になる。
(2) 耐光性：光劣化によってウレタン結合が破壊され，ゴム弾性を失う。
(3) 耐水性：水がドメインの凝集状態に作用し，脆弱化したり，白化したりする。
(4) 無機材料密着性：ポリウレタンは有機基材に対して接着性が優れる一方，無機基材に対しての接着性が劣る。

このようなセグメントポリウレタンの欠点をシリカとの複合化によって改善を加えたのがセグメントポリウレタン-シリカハイブリッドである。

---

[*] Hideki Goda　荒川化学工業㈱　研究所　化成品部　主任

2 ゾル-ゲルハイブリッド

近年,注目を集めているゾル-ゲルハイブリッドとは,溶融ポリマーあるいはポリマー溶液中に,一般的にはアルコキシシラン;TMOS(テトラメトキシシラン)やTEOS(テトラエトキシシラン)に代表される金属アルコキシドを共存させておき,ゾル-ゲル硬化反応することによって硬化物(フィルム)中にシリカをナノ～オングストロームスケールで分散する方法である。このシリカの微細分散のメカニズムについては多数の研究が成され,ポリマーと生成するシリカとの間に何らかの相互作用が必要とされている。主にはゾル-ゲル硬化過程で生成する途中に生じるシラノール基(Si-OH)とポリマー中の水素結合性官能基との間の相互作用を利用して,シリカを大きく相分離させることなく,微細分散のまま硬化させるのである[9-12]。

このようにしてできるゾル-ゲルハイブリッドは分散シリカの複合化スケールが可視光波長領域より小さいために透明な硬化物を生成することができる。このゾル-ゲルハイブリッドによって,高分子材料は無機性を帯び,弾性率など力学特性の向上,耐熱性(TGの消失),耐薬品性などが格段に向上する。このようにゾル-ゲル法によってポリマーとシリカとの雑種を生む方法をゾル-ゲルハイブリッドと言う[9-12]。

3 位置選択的ゾル-ゲルハイブリッド

ゾル-ゲルハイブリッドはポリマー材料に無機的な各種性能を付与できる一方,従来高分子材料が持っている各種長所(柔軟性,有機材密着性など)が犠牲になる傾向が強い。ポリウレタンの各用途において,材料の柔軟性(伸び)は最も重要な特性であると言っても過言ではない。しかしながら,高分子材料の柔軟性を保持したハイブリッドは困難であり,大抵は脆さを発現する[13]。筆者らはこのセグメントポリウレタンの特性である柔軟性を維持し,かつ無機特性を付与したゾル-ゲルハイブリッドを目指した結果,シリカを導入する位置を選択することで,セグメントポリウレタンの柔軟性を保つハイブリッド化を実現した[14]。

このセグメントポリウレタン-シリカハイブリッドフィルムにおいて,シリカはHSとのみ結びついて,ドメインを形成している。つまりSS連続相にHS-シリカハイブリッドドメインがミクロ分散した構造を持っている。

第7章　セグメントポリウレタン－シリカハイブリッド材料

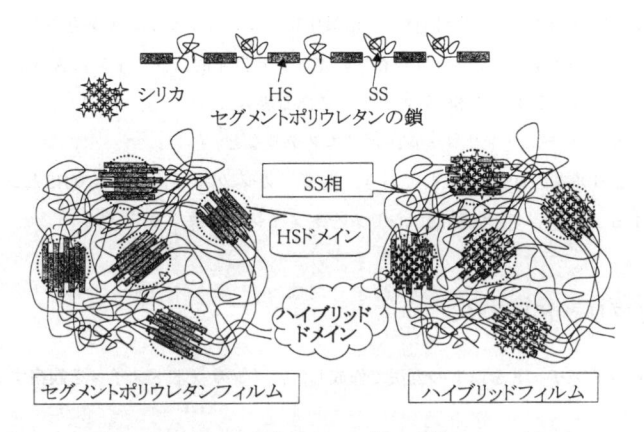

図1　ポリウレタン-シリカハイブリッド膜のイメージ

　図1にあるように，シリカは従来のゾル-ゲルハイブリッドのように，セグメントポリウレタンフィルム全体に均一に存在するのではなく，ドメイン内に局在化して存在していることがこのハイブリッドの特長であり，シリカはSSの運動性に影響を与えることがなく，フィルムの全体的な柔軟性を保つことができる。一方，シリカと結合したHS-シリカハイブリッドドメインは大きく無機性を帯び，種々のゾル-ゲルハイブリッド特性を発現する。

4　位置選択的ゾル-ゲルハイブリッドの形成

　ゾル-ゲルハイブリッドの形成過程において，アルコキシシランはポリマーと相互作用しながらシリカへと硬化する。しかしながら，大抵のポリマーがそうであるように，ポリマーがシリカと相互作用しない（水素結合性官能基を持たない）材料であれば，ポリマーはシリカと作用せず凝集し，シリカは相分離，硬化物は白濁し，ハイブリッド体を形成しない。つまり，ポリマーは，Aタイプ：水素結合性官能基が多く，シリカとの親和性が高い（ハイブリッドを形成する），Bタイプ：水素結合性官能基がなく，シリカと相互作用しない（相分離する）の2種類に大別できる。セグメントポリウレタンのHSはウレタン，ウレア結合が密集しており，大抵の場合Aタイプである。

　シリカをドメイン偏在化させるための手法は以下の2つが存在する。
①セグメントポリウレタンのSSがBタイプである場合
　SSの例：ポリテトラメチレングリコール，ポリブタジエンなど

通常のゾル-ゲルハイブリッドと同様に，溶液中にアルコキシシランを共存させて，造膜と同時ゾル-ゲル硬化させると，シリカは親和性の差により自発的にドメインに誘導される[15,16)]。

②セグメントポリウレタンのSSがAタイプである場合

SSの例：ポリエチレングリコール，ポリエステルなど

アルコキシシリル基のHSに導入しておき，造膜，ゾル-ゲル硬化の過程でHSとシリカが化学結合を形成するようにして，強制的にシリカをドメインに誘導する[17,18)]。

5 ハイブリッドドメイン

位置選択的ハイブリッドを以下の方法で作成し，ハイブリッドドメインを観察する。

5.1 ハイブリッドフィルムの作成

PTMG（ポリテトラメチレングリコール MW2000）ベースのポリウレタン（重量比：HS／SS＝23：77）を，通常の2段階合成法に従って溶液中で合成し，テトラエトキシシランとパラトルエンスルホン酸水溶液（pH＝1）を混合，ハイブリッド溶液とした（PU／シリカ＝100／7）。同溶液を1時間室温で撹拌後，テフロン加工の型に移し，加熱乾燥，硬化して，ハイブリッドフィルム（膜厚0.5mm）を得た。同様に比較のためテトラメトキシシラン縮合体を含まないウレタンフィルムを作成した。

5.2 ドメインの観察

ハイブリッドフィルムのハイブリッドドメインをSEM-EPMAで観察した。SEMによるドメイン位置の解析およびEPMAでのSi原子位置のマッピングを対比させると，シリカがドメイン内にのみ局在化することが確認できる。

5.3 ドメインの変形

ウレタンフィルムおよびハイブリッドフィルムの両端を挟み，フィルムを伸張した時のドメインの平均的形状をSALS（Small Angle Light Scattering）から観察した。セグメントポリウレタンが形成するHSドメインは低伸張時にも簡単に変形していくのに対して，ハイブリッドドメインは強固であり，フィルムを伸張しても変形しにくいことが，この実験より明らかになる。

第7章 セグメントポリウレタン-シリカハイブリッド材料

SEM　　　　　　EPMA（Si）

　　　　ドメイン　　　　　　　Si

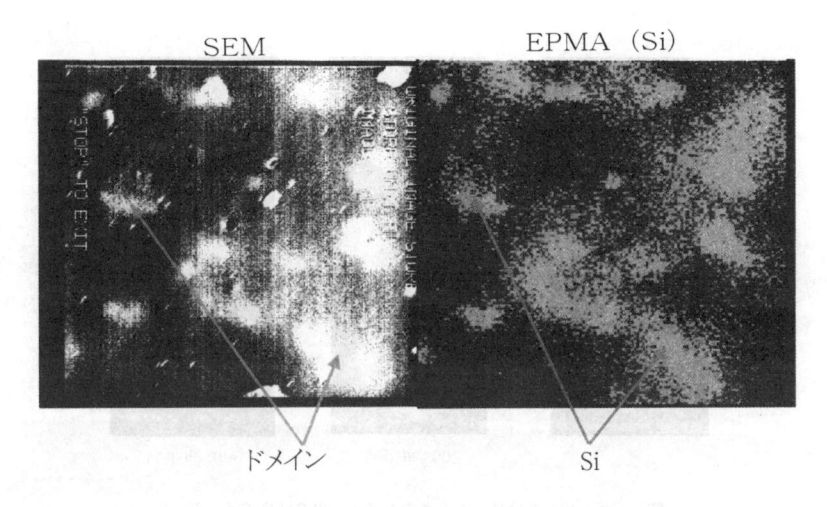

図2　ハイブリッドフィルムのSEM・EPMAイメージ

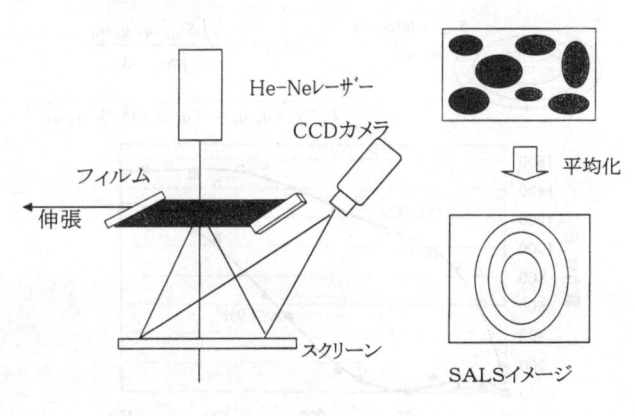

図3　SALSシステム

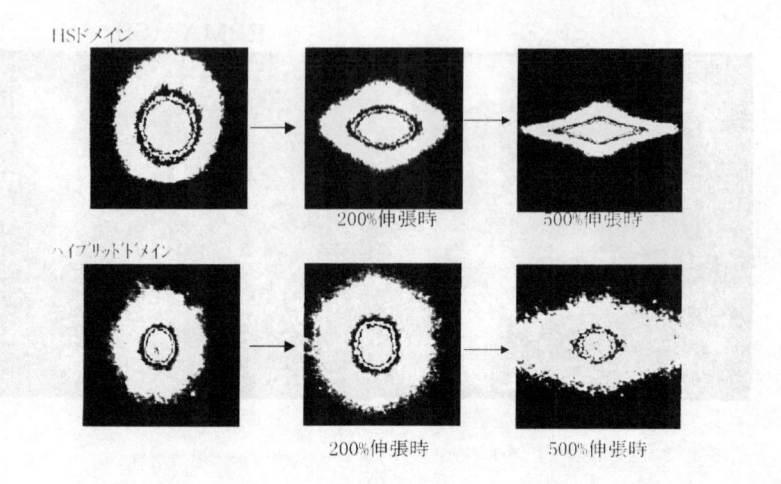

図4 フィルムを伸張したときのドメインのSALSイメージ

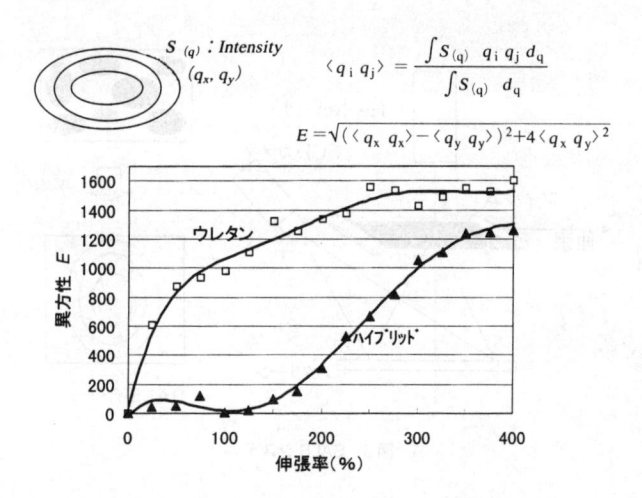

$$\langle q_i q_j \rangle = \frac{\int S_{(q)} \ q_i \ q_j \ d_q}{\int S_{(q)} \ d_q}$$

$$E = \sqrt{(\langle q_x q_x \rangle - \langle q_y q_y \rangle)^2 + 4\langle q_x q_y \rangle^2}$$

図5 SALSイメージから計算したドメインの異方性

さらにSALSイメージからフィルム伸張時のドメインの異方性（変形率）を算出しグラフ化すると図5のようになる。

第7章 セグメントポリウレタン－シリカハイブリッド材料

これらの観察から，ハイブリッドドメインは約200％伸張までドメインの変形は見られない。200％以下の伸張時には，ハイブリッドドメインが強固であるために伸張の応力緩和はドメイン部分では全く成されず，SSのランダムコイルの整列によってのみ成される。このため，ハイブリッドフィルムには200％以上の伸張で，SSの結晶化に伴う白化が見られる。伸張が200％を超え，SSが応力を緩和できなくなった時点から，ハイブリッドドメインは急激な変形を始める。

またSALSから求めた両フィルムのドメインサイズはHSドメイン0.7μmおよびハイブリッドドメイン0.9μmであった。

6 ハイブリッドドメインを持つポリウレタンの特性

本節では上記ハイブリッドとそのベースとなったウレタン（ウレタン1）に加え，新たにウレタン2を追記し，比較に用いる。ここでウレタン2はウレタン1のHS／SS比を上げたもので，ウレタン2のHSドメインの重量がハイブリッドのHS-シリカハイブリッドドメインと一致するように調整している。

表1 フィルムの各セグメント重量比

	ウレタン		シリカ
	連続相	ドメイン	
	SS	HS	シリカ
ウレタン1	77	23	0
ウレタン2	77	30	0
ハイブリッド	77	23	7

6.1 柔軟性保持・高弾性率

フィルムの引っ張り試験の結果を表2にまとめる。ハイブリッドフィルムはウレタン1とほぼ変わらない最大伸張率を持ち，破断強度，弾性率などが大きく向上する。すなわち，連続相であるSS部分にはシリカは作用せず，SSは元のウレタン1同様，自由度が大きいため，フィルムとしての柔軟性（伸張率）は保持できる。このことはハイブリッドをウレタン2と比較するとさらに明確な考察を加えることができる。ハイブリッドフィルムは，ドメイン重量の等しいウレタン2とほぼ同じフィルム力学物性を発現しており，フィルム物性がドメインのHSかシリカかといった質的違いにはあまり依存せず，主にドメイン量に依存していることを示している。

表2 フィルムの力学物性

	100％応力 (g/mm^2)	最大伸張 (倍)	破断強度 (kgf/mm^2)	線形弾性率 (kgf/mm^2)	傾斜2／傾斜1
ウレタン1	230	9.8	1.5	0.24	1.1
ウレタン2	430	8	1.8	0.93	1.6
ハイブリッド	420	8.8	2.1	0.94	2.0

また表2で傾斜2／傾斜1は，フィルム伸張率200～500％のS-Sカーブの平均傾斜をフィルム伸張率0～200％の平均傾斜で割った値である。ハイブリッドにおいてはこの値がウレタン1，2に比べ極めて大きく，ハイブリッドフィルムは高伸張時に高い応力を伴うことが理解できる。この結果は，ハイブリッドが200％以上の伸張でハイブリッドドメインの変形が始まるというSALSのデータとよく一致している。

6.2 耐寒性保持・超耐熱性

セグメントポリウレタンはHS／SS相分離によって，通常2つのTGが現れる。SSのTGを超えて且つHSのTGを超えない状態で，ウレタンはゴム弾性を発現し，各種用途に使用されている。通常，エラストマー材料のゴム温度域は室温を中心に広いほど，低温から高温までの広い温度で使用できるために好ましい。

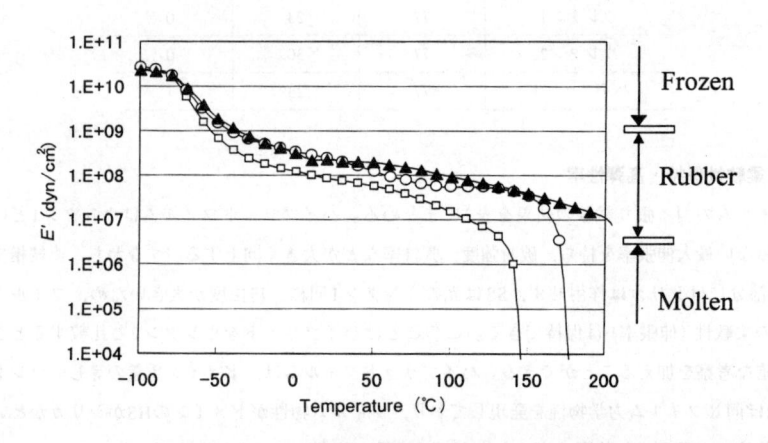

図6 粘弾性測定
（□：ウレタン1 ○：ウレタン2 ▲：ハイブリッド）

第7章　セグメントポリウレタン-シリカハイブリッド材料

　図6のフィルムの動的粘弾性測定結果から，ハイブリッドフィルムのSSのTGはウレタン1あるいは2と変わらず，－60℃付近に存在している。つまり，ハイブリッド化によるSSのTG上昇は見られず，ウレタンの低温側の使用領域を保持することができる。これはシリカがドメインに存在し，HSのみに影響し，SSのセグメント運動に影響を与えていないことを裏付けている。

　一方，高温において，ハイブリッドドメインの中のHSはシリカとのハイブリッド化の効果を発揮し，セグメントのTGの消失し，超耐熱性を実現している。ハイブリッドドメインはシリカの三次元ネットワークによって補強されているため，通常，水素結合が解離される高温においても，ドメインは原型を留め，架橋部として作用し続けることを示している。この結果，ハイブリッドフィルムは溶融することなく，300℃以上で酸化分解-炭化するまでゴム状態を保つことができる。

　本ハイブリッド技術を用いると，ウレタンのSSのTGを上昇させず，HSのTGを消失することが可能であり，結果的に極めてゴム温度域の広い材料を作成することが可能である。

6.3　耐光性

　ポリウレタンにUV光を照射すると，ドメイン内のウレタン結合およびウレア結合はUV光によって光分解されるためフィルムは軟弱化する。図7はハイブリッドフィルムおよびウレタン2に強力なUV光を照射した時の強度変化を表している。ハイブリッドフィルムの場合，シリカによって補強されたハイブリッドドメインを持つため，有機性のウレタン結合やウレア結合が解裂しても高次シロキサンネットワークによってフィルム強度を保つことができる。

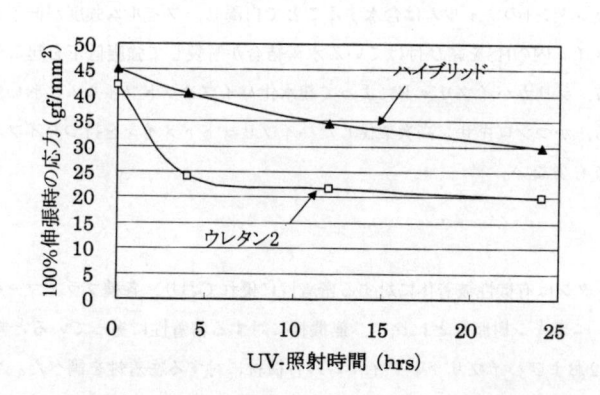

図7　UV光照射（100W　70℃）時のフィルム強度の変化

6.4 親水性，耐水性

ゾル-ゲル硬化によって生成するシリカは多数のシラノールをもっているため，一般的に親水化する傾向が強い。最近，この手法を利用した耐汚染塗料が塗料メーカーで開発されている[19]。

図8にはウレタン1およびハイブリッドのフィルムの水に対する接触角をプロットしている。シリカ量に対して，膜表面の接触角が下がり，表面が親水化する傾向が理解できる。

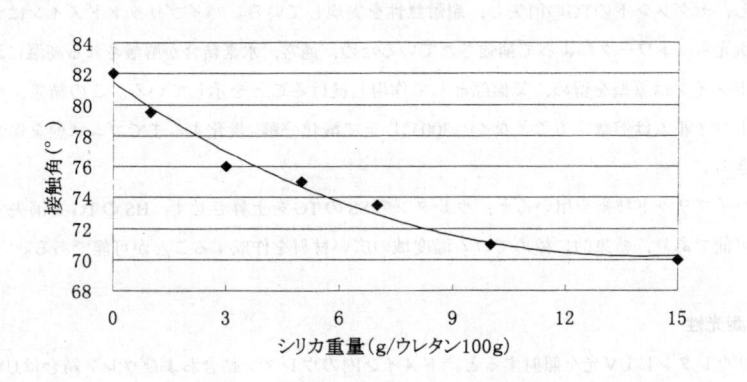

図8 ハイブリッド膜の水に対する接触角の変化

またポリウレタンはボイル・レトルト用グラビアインキのバインダーやそのプライマーとしての用途も多く，フィルムが含水して，白濁し，フィルム強度が落ち点を問題視されている。図9にはウレタン1およびハイブリッドの各フィルムを24時間，水に漬けた時の強度劣化をプロットしている。ウレタン1のフィルムは含水することで白濁し，フィルム強度が低下する。これは水によってドメイン内のHSを結び付けている水素結合が解裂して強度低下を起こしたものと考えられる。一方，シリカハイブリッドによって親水化ハイブリッドフィルムにおいては，含水時も透明性を保ち，かつシロキサン高次架橋したハイブリッドドメインを持つハイブリッドフィルムの強度の低下も少ない。

6.5 密着性

一般的にウレタンは有機性被着体に対する密着性に優れており，各種プライマーや接着剤に利用される一方，エポキシ樹脂などに比べ，無機材に対する密着性に劣っていると言われる。

ウレタン1，2およびハイブリッドフィルムの各機材に対する密着性を調べた。フィルムと基材との間の180度剥離強度の測定結果を表3に記載する。

第7章　セグメントポリウレタン－シリカハイブリッド材料

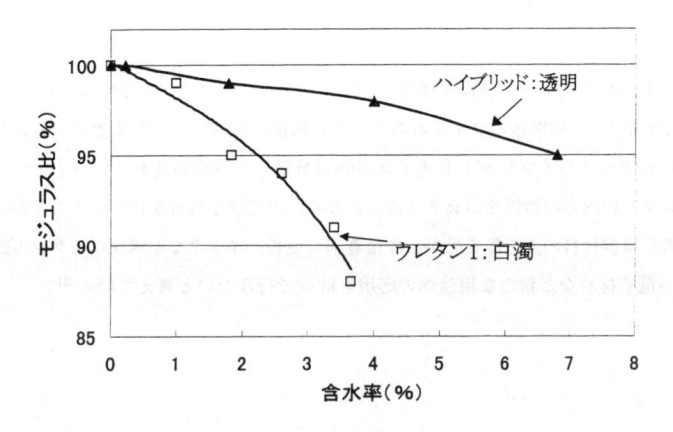

図9　フィルムの含水によるモジュラスの変化（乾燥フィルムのモジュラスを100％とする）

表3　密着性評価（JIS K6850：接着剤引っ張りせん断接着強さ試験）

	基材						
	有機基材					無機基材	
	PP	PET	SBR	PVC	木材	アルミ	強化ガラス
ウレタン1	1.2	2.0	1.3	>10	3.9	2.0	3.5
ウレタン2	1.4	1.8				2.8	3.1
ハイブリッド	1.4	1.8	1.4	>10	3.4	5.2	6.2

ハイブリッドフィルムは各種プラスチック材や木材など有機材に対して，ウレタンの特性を保持しており，ガラス，アルミなど無機材に対する密着性に特長を持っている。

7　まとめ

これまで多数の研究者がゾル-ゲルハイブリッドに挑戦し，多数のポリマーハイブリッド材が開発された。有機性ポリマーの物性をモノマー組成やブレンドによって改質するのではなく，無機材（シリカ）との複合化を行う当技術は斬新な印象を与える。だが，多数の研究者が着手しながらも，実際の工業的な応用例は未だ少ない。それはシリカハイブリッドによって新たに付与される各特性を認めながらも，ポリマーの長所を失いかねない当技術の利用方法に課題があるよう

に思える。

　セグメントポリウレタンの特長を維持したゾル-ゲルハイブリッドを作成するためには，HSドメインが分散した2相構造のフィルムのドメイン部位にのみシリカを位置させることが重要であり，それによってハイブリッドドメインがSSに分散した海島構造を持つハイブリッドフィルムは，ウレタンの固有の特性を減衰させることなく，無機的な特性を付与することができるのである。筆者らは本材料の高機能を生かして接着剤，塗料，インキなどポリウレタンの既存用途の他，電気・電子材料など新たな用途への応用を計って行きたいと考えている[20]。

文　献

1) Samuels, S. L.; Wilkes, G. L.; *J. Polymer Sci.:Symposium*, **43**, 1493(1973)
2) Sung, C. S. P.; Smith, T. W.; Sung, N. H.; *Macromolecules*, **13**, 117(1980)
3) Clough, S. B.; Schneider, N. S. J.; *Macromol. Sci-phys.*, **B2**(4), 553-566(1968)
4) Seymour, R. W.; Estes G. M.; Cooper, S. L.; *Macromolecles*, **3**, 579(1970)
5) Bonart, R. J.; *Macromol. Sci-phys.*, **B2**(1), 115-138(1968)
6) Koutsky, J.; Hien N.; Cooper, S.; *J. Polymer Sci. part B*, **8**, 353(1970)
7) Sung, C. S. P.; Schneider, N. S.; Watton R. W.; Illinger J. L.; *Polym. Prepr. Amer. Chem. Soc. Div. Polym. Chem.*, **15**(1), 620(1974)
8) Schneider, A. S.; Sung C. S. P.; Matton R. W.; Illinger J.L.; *Macromolecules*, **8**, 62(1975)
9) Novak, B.C.; *Adv. Mater.*, **5**, No6, 422(1993)
10) Chujo,Y.; Saegusa,T.; *Adv.Ploym.Sci.*, **100**, 11(1992)
11) Wilkes, G. L.; Orler, B.; Haung, H. H.; *Polym. Prep.*, **26**(2), 300(1985)
12) Haraguchi, K.; Usami, Y.; Ono, Y.; *J.Mater.Sci.*, **33**, 3337(1998)
13) 山崎信介, 物質工学工業技術研究所報告, **4**, 41(1996)
14) Goda,H.; Frank,C. W.; *Polym. Mater. Sci Eng.(PMSE)*, **77**, 532(1997)
15) 合田秀樹, 大島弘一郎, 特開平11-315264
16) 合田秀樹, 大島弘一郎, 特開2000-001647
17) Wang, S.; Ahmad Z.; Mark, J. E.; *Macromol. Rep.*, **A31**, 411(1994)
18) 合田秀樹, 特開2000-63661
19) 牧野賢一, 塗装技術, 8月号, 65(1997)
20) 合田秀樹, ポリマー材料フォーラム講演予稿集, **8**, 299(1999)

第8章　UV硬化型無機・有機ハイブリッドハードコート材

宇加地孝志[*]

1　はじめに

　UV硬化型の有機ハードコート材は，自動車部品，化粧品容器，電子機器ケースなどのプラスチック部品の表面保護や意匠性付与を目的として幅広く使用されてきた。これは，UV硬化型であるがゆえに硬化の際に加熱を必要としないことから，耐熱性に劣るプラスチック基材やプラスチックシートやフィルムといった薄膜にも容易に適用できることや，加熱炉の設置が不要で設備投資が比較的安価に行え，またランニングコストも低く抑えられるというメリットによるところが大きい。特に最近ではプラスチックレンズやプラスチックシート，フィルムなどの光学用途においても，傷つき防止や汚染防止といった目的で需用が伸びつつある。

　こうしたハードコート材には，基材の表面保護という観点から，より高い硬度や優れた耐擦傷性が要求されている。UV硬化型の有機ハードコート材では，架橋密度を上げることで，硬度や耐擦傷性を向上させることができる。しかし，架橋反応がアクリル性二重結合の付加重合によっているため，架橋形成・硬化によるコート材自体の収縮を避けることはできない。これはアクリル性二重結合の場合に限らず，エポキシ環の開環重合であっても程度の差はあるが同様のことが言える。ハードコートが硬化時に収縮することで，基材への密着性が低下したり，基材そのものに歪みを与える場合がある。特に光学用途に用いられるシートやフィルムを基材とする場合には，硬化収縮により基材の変形が生じ，後加工性が低下するだけでなく，基材の光学特性そのものにも悪影響を与えかねない。

　一方，無機系材料によるハードコートは通常，気相蒸着やスパッタ・金属蒸着などの方法によって形成されるが，高純度で緻密な塗膜を形成するためには，高温で長時間の加熱処理を必要とし，熱可塑性プラスチックなどを基材とする場合には基材の損傷が大きく，その適用範囲は自ずと限定される。一方，金属アルコキサイドを加水分解・重縮合させて得られるメタロキサンオリゴマーを原料にして比較的低温で架橋・硬化を行い，薄膜コート層を形成するゾル-ゲル反応

＊　Takashi Ukachi　JSR㈱　筑波研究所　主任研究員

を利用する方法が実用化されている[1]。しかし、低温とは言っても100℃から数100℃のプロセス温度を必要とし、かつ重縮合反応を経由するため硬化時に有機基の脱離に伴う収縮が生じ、厚膜化が困難であるなどの欠点を有している。ゾル-ゲル反応を利用して得られるポリシロキサン系無機コート材の代表的な特性を表1にまとめた。

表1 ゾル-ゲル反応を利用したシロキサン系無機コート材の特徴

無機元素	構造	熱硬化系での特性			特徴	用途
		架橋基	硬化温度	膜厚		
Si	メチルラダー型ポリマー	Si-OH	>250℃	0.2 μm	耐熱・絶縁性	絶縁膜
Si	アミノシラン、エポキシシラン縮合オリゴマー	Si-OH	>120℃	~3 μm	高硬度・耐候性	光学用ハードコート
Si	TEOS縮合オリゴマー	Si-OH	>450℃	<1 μm	耐熱・絶縁性	絶縁膜

2 ハイブリッド化の試み

上記のような有機ハードコートと、無機ハードコートの優れた特徴を合わせ持つ材料の開発を目指して、有機-無機のハイブリッド化が進められている。最も簡便には、無機物あるいは有機物を分散体としてそれぞれ有機あるいは無機のマトリックス中に混合分散させることでハイブリッド化することができる。

無機物を分散体として有機マトリックスに分散させてハイブリッド化する例としては、無機分散体に金属微粒子、半導体微粒子などを用い、有機のポリマーマトリックス中に分散させる方法が古くから試みられ、主として分散体である無機微粒子が特徴的な機能を有する場合に多用されている[2,3]。半導体微粒子として、3次の非線形光学効果を有するCdSを用い、これをポリマーマトリックスに分散させた例などが報告されている[4]。一般にこの方法では、無機成分と有機成分の結合あるいは相互作用が弱く、また微粒子をマトリックス中に安定的に微分散させることが難しいなどの欠点を有している。

一方、主に無機酸化物から形成される多孔質膜をマトリックスとして、その中に有機物を含浸・分散させる方法も多用されている。染料系化合物やタンパク質などが有機物分散体として用いられる場合が多く、光機能材料や生体機能材料としての用途が提案されている[5-7]。無機成分からなる多孔質マトリックスの形成手段としてゾル-ゲル法が用いられる場合が多いが、無機マトリックスは単に有機の機能性化合物を担持する機能を果たしている場合が多く、支持体とし

第8章　UV硬化型無機・有機ハイブリッドハードコート材

ての強度や耐熱性などの機械的特質は要求されるが無機マトリックス固有の機能はあまり期待されていない。

一般に、有機成分と無機成分は相互の溶解性が大きく異なるため、単純に混合しただけでは分子レベルでは相溶しにくく、塗膜形成時の架橋基どうしの反応が不充分となりやすい。この結果、単純混合系では、有機成分と無機成分のそれぞれが有している優れた特性を十分に発揮させることが困難である。このような難点を解消し、有機成分と無機成分のハイブリッド化を促進する目的でゾル-ゲル法へ有機基を導入することが提案されている。これは、ゾル-ゲル法の出発原料である金属アルコキサイドの一部をアルキルアルコキシシランなどで置き換え、無機骨格の側鎖に有機基であるアルキル基を導入する方法である[8, 9]。側鎖に有機基を導入することで、有機成分との相溶性が向上し塗膜の柔軟性も増大する。この結果、厚膜化によるクラックの発生を防止することができ、数10μm程度の厚膜形成も可能である。また、ゾル調製時の無機成分と有機成分の相溶性を向上させる目的で、水素結合のような比較的強い分子間相互作用を有する基を導入し、ハイブリッド化を促進させる試みもなされている[10]。

図1にこれらの方法を模式的に示した。図1(a)では、側鎖にアルコキシシリル基を有するアクリルポリマーを用い、これをアルコキシシランと共重縮合させる材料設計を取り入れることで、

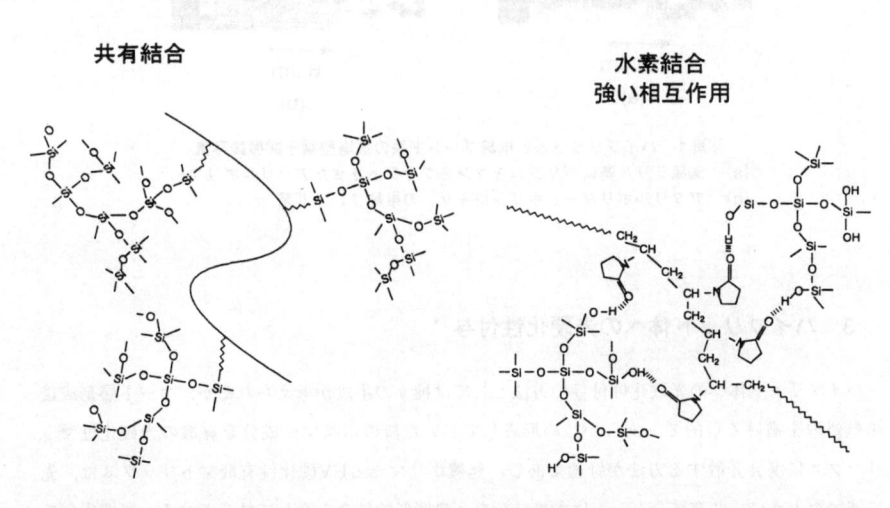

共有結合   **水素結合**
                                                                            強い相互作用

(a) アルコキシシリル基含有有機ポリマーとアルコキシシランの共重合によるハイブリッド化　　(b) 極性基（ウレタン、アミド基等）含有ポリマーとポリシロキサンネットワークのハイブリッド化

図1　無機・有機ハイブリッド体形成の例

233

アクリルポリマーを有機成分とし，ポリシロキサンを無機成分とするハイブリッド体を形成している[9]。こうして得られたハイブリッド体のミクロ構造の電子顕微鏡写真を写真1に示す。アルコキシシリル基含有アクリルポリマーとポリシロキサンを単純に混合した系に比べてより均一なミクロ構造が形成されていることがわかる。また，図1（b）の例では，水酸基やアミノ基，カルボキシル基といった極性基を有する有機ポリマーとポリシロキサンを混合し，有機ポリマーとポリシロキサンの間を水素結合などの比較的強い相互作用で擬似的な結合を形成し，ハイブリッド体を形成する方法[11, 12]を模式的に示した。

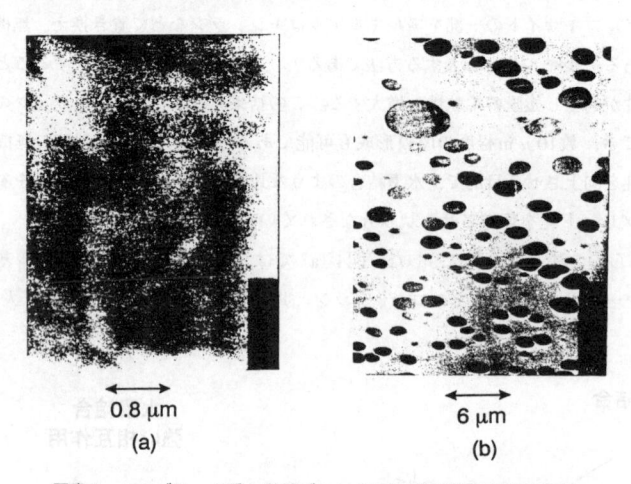

←0.8 μm→ (a)　　　←6 μm→ (b)

写真1　ハイブリッド系と単純ブレンド系の透過型電子顕微鏡写真
（a）　側鎖シリル基にポリシロキサンをグラフトさせたアクリルポリマー
（b）　アクリルポリマーとポリシロキサンの単純ブレンド系

3　ハイブリッド体への光硬化性付与

ハイブリッド体への光硬化性付与の方法としては種々の手段が考えられるが，コート層形成後の熱処理を避ける目的で，あらかじめ形成しておいた無機ポリマー成分を有機の光硬化性マトリックスに混合分散する方法が好適である。無機ポリマーとUV硬化性有機マトリックスは，先に述べたように，共有結合もしくは水素結合などの擬似的結合を介して結合させる。無機成分をポリマーとして用いることで，無機成分の重縮合に伴う体積収縮や遊離基の脱離による塗膜欠陥の生成を回避できる。

さらに，無機成分と有機成分の界面の結合をより強固にする目的で，表面に感光性の有機基を

第8章 UV硬化型無機・有機ハイブリッドハードコート材

導入したポリシロキサンの架橋超微粒子をUV硬化型の有機マトリックスに均一分散させたUV硬化型無機・有機ハイブリッドハードコート材が提案されている[13]。ポリシロキサンの架橋超微粒子への感光性基の導入方法としては，ポリシロキサンのシラン上にアクリル基，アミノ基，イソシアネート基を導入しておき，これらとアクリル基，エポキシ基，カルボキシ基，ヒドロキシ基などを有するアクリル化合物を反応させる方法などが提案されている（表2参照）。感光性基を導入したポリシロキサン架橋超微粒子が，UV硬化型の有機マトリックスに混合分散された材料においては，ポリシロキサン上の感光性有機基の濃度や鎖長をコントロールすることによって有機マトリックスとの相溶性を制御することができるだけでなく，得られた塗膜の柔軟性や硬度も制御することができる。以下ではこのようにして得られたデソライトUV硬化型無機・有機ハイブリッドハードコート材の特性について紹介する。

表2　シリカ粒子への光反応性基の導入

シリカ粒子−Si−OH＋RO−Si−Z−アクリル ⟶ シリカ粒子−Si−O−Si−Z−アクリル

シランへのアクリル基の導入反応：RO−Si−X＋Y−アクリル ⟶ RO−Si−Z−アクリル

		アクリル	多官能アクリル	エポキシ	カルボキシ	ヒドロキシ
シラン上の有機官能基	X	アクリル $-CH_2=CH_2$	アミノ $-NH_2$			イソシアナート $-NCO$
アクリル上の官能基	Y	−	多官能アクリル $CH_2=CHCO-$ (C=O)	エポキシ $H_2C-CHCH_2-$ (O)	カルボキシ $HO-CO-$ (C=O)	ヒドロキシ $HO-$
結合構造	Z	$-CH_2CH_2CH_2O-$ $-O-CH_2CH_2-$	$-NCH_2CH_2C-$ $\|$ H (C=O)	$-NCH_2CH-$ $\|$ H OH	$-N-CO-$ $\|$ H (C=O)	$-N-C-$ $\|$ $\|$ H O
文献		14)	15)	16)	17)	18)

4　デソライトUV硬化型無機・有機ハイブリッドハードコート材の特性

感光性基を導入したコロイダルシリカ超微粒子を無機成分とし，これをUV硬化型有機成分と混合・ハイブリッド化して得られた，デソライトUV硬化型無機・有機ハイブリッドハードコート材は，①塗膜の硬度が高い，②耐摩耗性に優れる，③硬化収縮率が小さい，④塗膜の透明性が高い，⑤塗膜が適度な靭性を持つ，⑥溶剤希釈してあり粘度が低く種々の塗布方法が選択できる，⑦樹脂液の保存安定性に優れる，⑧硬化速度が速く常温で硬化できる，といった種々の優れた特性を有している。

無機・有機ハイブリッド材料の開発と応用

図2にこのUV硬化型無機・有機ハイブリッドハードコート材の構成を模式的に示した。コロイダルシリカからなる無機超微粒子には，光重合反応性を有する感光性基が導入されており，この超微粒子が光硬化性ハードコート材の有機成分中に均一分散されている。UV照射により，光硬化性ハードコート成分と無機超微粒子の感光性基とが重合反応を起こし，化学結合で介された無機超微粒子が有機成分中に均一分散した網目状の架橋塗膜が形成される。無機超微粒子の平均粒子サイズは20nm以下で，可視光の波長に比べ十分に小さく，均一に分散させることで透明性の高い塗膜が得られる。

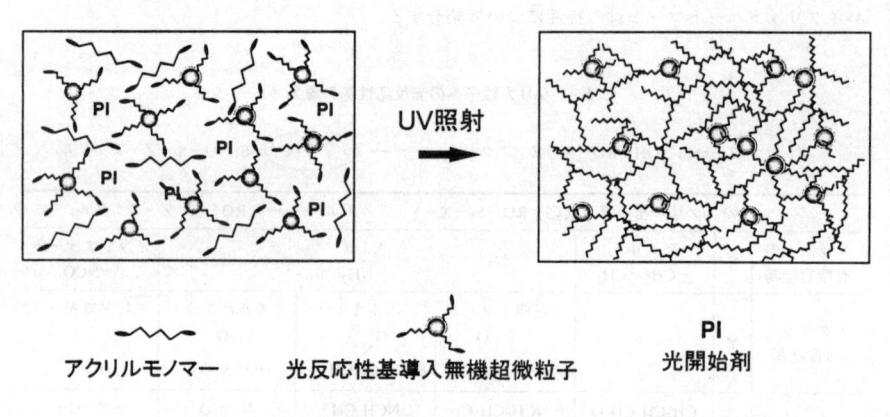

図2　UV硬化型無機・有機ハイブリッドハードコートの構成

図3に種々の粒径のポリシロキサン粒子を用い，感光性基を導入したものと，導入していないものの塗膜の耐摩耗性を比較した結果を示す。図中に，有機成分だけで構成した汎用UV硬化型ハードコートの摩耗量を実線で示した。図から明らかなように，粒子径が1μm未満の粒子を充填した場合には，塗膜の耐摩耗性の向上が認められるが，粒子径が1μmより大きくなると，粒子を充填することでかえって耐摩耗性が低下する。また，いずれの粒子径でも感光性基を導入した粒子を用いた塗膜の方が，感光性基を導入していない非反応性粒子を用いたものに比べて，より優れた耐摩耗性を示していることがわかる。特に粒子径0.01μm（10nm）の粒子に感光性基を導入した場合には，ハイブリッド化していない有機成分だけからなる汎用ハードコートに比べて，摩耗量が1/8以下に減少している。また感光性基を持たない非反応性粒子を入れたものに比べても1/4以下になっており，耐摩耗性が格段に向上している。これは図4に模式的に示したよ

第8章　UV硬化型無機・有機ハイブリッドハードコート材

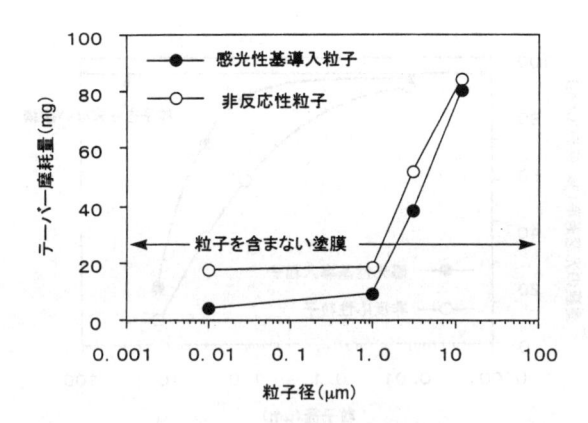

図3　テーパー摩耗量と粒子径の関係
摩耗輪CS-10Fを用い，500g荷重×500回転を10回繰り返した時の摩耗量を示す。

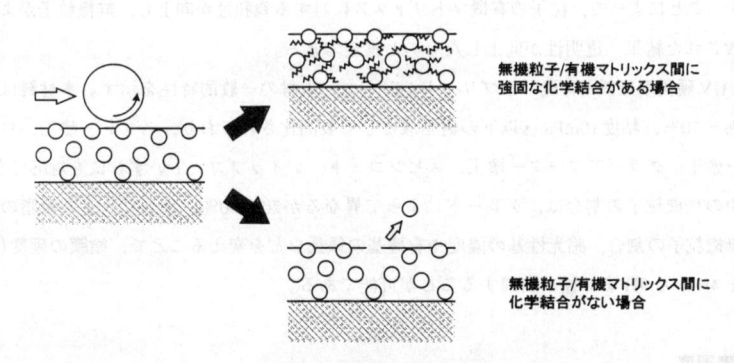

図4　塗膜摩耗の模式図
無機粒子／有機マトリックス界面での強固な結合によって塗膜の耐摩耗性が向上する。

うに，感光性基を導入した無機粒子がUV照射後に有機マトリックスと化学結合を介して結合し，有機マトリックスに対して補強効果を発現しているためと考えられる。

図5には，上記で用いた塗膜の透明性を示した。粒径が0.01μmの無機超微粒子を分散したものは，コントロールである汎用ハードコートと同程度の透明性を有している。また，感光性基を導入した粒子と，導入していない非反応性粒子を充填した塗膜の透明性を比較すると，感光性基を導入した粒子の方が遥かに優れた透明性を与えていることがわかる。無機超微粒子に感光性基

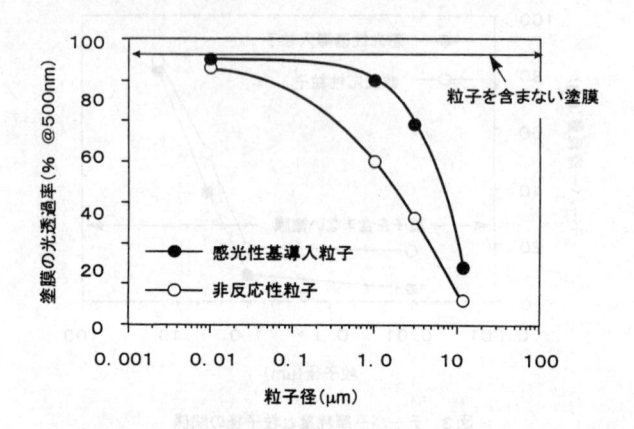

図5 塗膜の光透過率と粒子径の関係
塗膜厚 5μm での波長 500nm の光に対する透過率を示す。

を導入することによって，粒子の有機マトリックスに対する親和性が向上し，無機粒子がより均一に分散された結果，透明性が向上したものと推定できる。

表3にUV硬化型無機・有機ハイブリッドハードコート材の一般的特性を示す。本材料は固形分が50%～70%，粘度10mPa·s以下の樹脂液として製品化されており，スプレー塗工，ロールコーター塗工，グラビアコーター塗工，スピンコート，ディップコートいずれにも対応できる。固形分中の無機粒子の割合は，グレードによって異なるが20～40%，マトリックス樹脂の架橋密度と無機粒子の割合，感光性基の濃度や有機基の鎖長などを変えることで，塗膜の硬度（鉛筆硬度）を4Hから9Hまで種々制御することが可能である。

4.1 鉛筆硬度

表4に高架橋タイプのZ7501とZ7503について，種々の基材に塗布したときの鉛筆硬度の値を示す。鉛筆硬度は通常，基材の影響を受け易いが，本ハイブリッドハードコートではポリカーボネートのように比較的柔らかい基材においても，4Hと高い硬度が得られている。

鉛筆による引っ掻き試験では，単に塗膜の硬度だけでなく，表面滑り性や塗膜の密着性も同時に評価していることになる。塗膜の硬さを定量的に評価する方法として，微小圧子による塗膜圧縮試験が用いられる[19]。これはピラミッド形状をした微小なダイアモンド圧子を塗膜に押し込み，押し込み時の応力，圧痕の大きさ，圧痕の回復の様子などから塗膜の弾性率，ユニバーサル硬さ，塑性硬さなどを評価するものである。こうした評価方法を採用することで，表面滑り性の影響を排除した定量的な塗膜硬さの評価が可能になる。

第8章 UV硬化型無機・有機ハイブリッドハードコート材

表3 UV硬化型無機・有機ハイブリッドハードコート材（Desolite Z7500シリーズ）の特性

グレード名 特徴		Z7501 高架橋・低収縮タイプ	Z7503 高架橋タイプ
樹脂液特性			
主溶剤		MEK	MEK
固形分濃度	%	50	50
粘度	mPa・s@25℃	4	4
タックフリーUV照射量	mJ/cm²	160	160
無機成分濃度	%	40	40
硬化物特性			
光透過率 （5μm厚，@500nm）	%	91	91
屈折率	n_D^{25}	1.49	1.49
鉛筆硬度 （ガラス基板上）		8H	9H
耐摩耗性 CS-10F，500g荷重，500回転	ΔHaze%	20	8
密着性　初期/湿熱後			
ポリカーボネート		○／○	○／○
アクリル樹脂		○／△	○／△
処理PET		○／○	○／○
塩化ビニル		○／○	○／○
耐候性			
QUV：500時間	ΔE	1	1
	ΔYI	1	1
SWM：1000時間		クラック発生なし	クラック発生なし
耐薬品性			
5%NaOH12時間浸漬		○／○	○／○
10%硫酸12時間浸漬		○／○	○／○
不燃性 （ライター着火，10秒）		不燃	不燃

表4 各種プラスチック基材上での鉛筆硬度

塗布膜厚10μm

	Z7501	Z7503
ガラス	8H	9H
アクリル樹脂	5H	5H
ポリカーボネート	4H	4H
PET	4H	4H
ABS	H	H

4.2 耐摩耗性

表5に，スチールウールでの耐スクラッチ試験およびテーバー摩耗試験の結果を汎用UVハードコートと比較して示した。#0000のスチールウールで500g荷重で30往復させた場合のスクラッチ性では，無機・有機ハイブリッドハードコート，汎用UVハードコートともキズはなく，良好な耐スクラッチ性を示している。しかし，テーバー摩耗（摩耗輪としてCS-10Fを用い，荷重500gで500回転後の曇価をΔHaze値で評価）の結果では，汎用UVハードコートは60％のヘーズを示しているのに比べ，無機・有機ハイブリッドハードコートZ7503のヘーズは8％と低く，特に優れた耐摩耗性を示している（写真2）。

表5 無機・有機ハイブリッドハードコートと汎用UVハードコートの各種特性比較

	無機・有機ハイブリッドハードコート		汎用UVハードコート
	Z7501	Z7503	
鉛筆硬度	8H	9H	8H
耐スクラッチ性 #0000スチールウール 500g荷重×30回	No Scratch	No Scratch	No Scratch
テーバー摩耗 ΔHaze％ 摩耗輪：CS-10F 500g荷重×500回	20	8	60
耐候性 QUVパネル1,000時間 ΔE ΔYI	1 1	1 1	200時間で クラック発生

4.3 密着性

碁盤目剥離試験で残膜率が100/100の場合を○として，表3にその評価結果を示した。ポリカーボネート，塩化ビニルはもとより，通常密着性に劣るとされているアクリル樹脂にも良好な密着性を示している。未処理PETに対する密着力は若干劣るものの易接着処理したPETには十分な密着力を示す。また，湿熱試験（60℃×90％RH×10日）後の密着性についても，アクリル樹脂で若干の密着性低下が見られる以外はすべて良好な密着性を保持している。

第8章　UV硬化型無機・有機ハイブリッドハードコート材

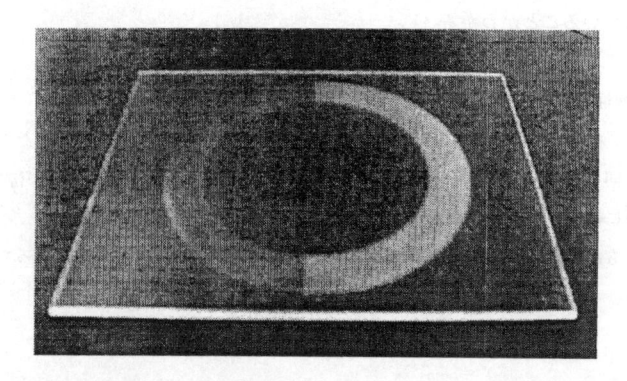

写真2　アクリル樹脂板の左側半分に無機・有機ハイブリッドハードコートZ7503を，右側半分に汎用UVハードコートをそれぞれ7μm厚さで塗布し，摩耗輪CS-10Fを用いて荷重500gで500回，回転摩耗させたときの外観写真

4.4　耐候性

QUV促進劣化による試験結果を表5に示したが，汎用UVハードコートでは200時間が経過した時点で塗膜にクラックが発生するのに対し，無機・有機ハイブリッドハードコートでは1,000時間暴露後でも着色・黄変は殆ど認められず，良好な耐候性を有していることがわかる。

4.5　硬化収縮率

一辺10cm，厚さ50μmのPETフィルム上に5μmの厚さで本ハイブリッドハードコート材をコートし，UV硬化させると，硬化に伴う収縮によってPETフィルムがカールする。このPETフィルムのカールの曲率半径を指標にして硬化収縮性を評価した結果を表6に示す。曲率半径が大きいほどカールが小さく硬化による収縮が少ないことを示している。コントロールである有機成分のみから成る汎用ハードコートと比べて無機粒子をハイブリッド化することによりカールが

表6　塗膜の硬化収縮と靭性の評価

	無機・有機ハイブリッドハードコート		汎用UVハードコート
	Z7501	Z7503	
鉛筆硬度	8H	9H	8H
カール時の曲率半径（cm）	13	6	2.5
亀裂発生時の伸び（％）	2.2	1.6	1.4

大幅に低減していることがわかる。

4.6 塗膜の靭性

上記PETフィルムを延伸し，塗膜にクラックが発生するまでの伸長度を測定した。この結果を表6に示す。同じ硬度を有する汎用ハードコート材に比べて1.5倍以上の伸びが得られている。コート材が単に硬度に優れているだけでなく，一定の靭性をも有していることは，ハードコートを施した後でもある程度の後加工が可能であることを示しており，応用展開にとって欠かせない特徴である。

4.7 不燃性

UV硬化型無機・有機ハイブリッドハードコートを$5\mu m$厚でPET上に塗布し，ライターの直火に10秒間曝したときの燃焼性を評価した。表3にその結果を示したが，汎用のUV硬化型ハードコートを塗布した試験片は容易に着火するのに対して，無機成分を適量含有している無機・有機ハイブリッドハードコートを塗布したもは不燃性である。

上記に見るように，感光性基を導入した無機超微粒子をUV硬化型ハードコートとハイブリッド化することによって，無機系材料の持つ優れた特性を損なうことなく，プロセッサビリティに優れたUV硬化型無機・有機ハイブリッドハードコートを提供することができた。

5 応用と今後の展開

こうしたUV硬化型無機・有機ハイブリッドハードコート材の第一の用途としては，低硬化収縮性と透明性を活かしたフィルム用途があげられる。無機超微粒子を40％近くを含有することから硬化収縮率が低く，基材のカールや残留歪みが問題となる光学フィルム用途に適している。フィルム用途としては，タッチパネル，LCD用スクリーンフィルム，自動車ウィンドや建築窓の遮光フィルムがあげられ，優れた光学的透明性と高い硬度，優れた耐摩耗性や耐候性によって，基材フィルムの保護に好適である。さらに，第二の用途としては射出成形品への応用があげられる。本ハイブリッドハードコートは高硬度でありながら，適度な靭性を備えており，ホットスタンプ適性が良好なことから，化粧品ボトル，車載オーディオケースなど意匠性の高い容器への展開が期待できる。その他にも，シート用途ではポリカーボネートに良好な密着性を持つことから，各種プラスチックウィンド，各種ディスプレーのスクリーン前面板，風防，ゴーグルなど，また耐汚染性にも優れていることから，ユニットバスの壁，天井板など，建材関連の塩ビシートへの応用も可能である。

第8章　UV硬化型無機・有機ハイブリッドハードコート材

本UV硬化型無機・有機ハイブリッドハードコート材は，各種塗工方法に適用できるよう溶剤に希釈した形で供給しているが，一部の用途では基材の耐溶剤性や，工程上の問題から溶剤を使用できない場合がある。無溶剤あるいは微溶剤タイプのハイブリッドハードコート材の開発も進めており，用途の拡大に努めている。また本コート材では無機超微粒子としてシリカ系粒子を用いているが，ここで開発した技術を発展させることで，シリカ系以外の金属酸化物微粒子をハイブリッド化させることも可能である。金属酸化物微粒子を適宜選択することで，硬度や耐摩耗性といった特性以外の新たな機能を付与することも可能である。UV硬化型無機・有機ハイブリッド系ハードコートの技術を応用することで，単なる基材保護のコート材に止まらず，新たな付加価値を有する機能性薄膜を創造する可能性を有している。

文　　献

1) 作花済夫，ゾルーゲル法の科学，アグネ承風社(1988)．
2) S. Yano, T. Furukawa, M. Kodomari, *Rep. Prog. Polym. Phys. Japan.*, Vol.39, 167(1996)．
3) 原口和敏，機能材料，Vol.19(No.10)，42(1999)．
4) 林豊治，新・有機非線形光学材料Ⅰ，244，㈱シーエムシー(1991)．
5) A. Makishima, T. Tani, *J. American Ceram. Soc.*, Vol.69, c72(1986)．
6) R. Reisfeld, *J. Non-Cryst. Solids*, Vol.121, 254(1990)．
7) J. Livage, C. Roux, J. M. DaCosta, I. Despertes, J. F. Quinson, *J. Sol-Gel Scie. Tech.*, Vol.7, 45(1996)．
8) 村上メグミ，和泉圭二，出口武典，森田有彦，峠登，南務，日本セラミックス協会学術論文誌，Vol.97, 91(1989)．
9) 吉田叔則，花岡秀行，永田正樹，坂上俊規，山田欣司，日本化学会誌，571-580(1998)．
10) 矢野彰一郎，機能材料，Vol.18(No.5)，31(1998)．
11) R. Tamaki, K. Naka, Y. Chujo, *Polymer J.*, Vol.30, 60(1998)．
12) 土岐元幸，触媒，Vol.37(No.1)，48(1995)．
13) A. Baba, T. Takahashi, Y. Eriyama, T. Ukachi, Proc. RadTech Asia '97, 522(1997)．
14) USP4455205，USP4478876，USP4624971，特開平5-86308など
15) USP5260350，EP424007，EP424645など
16) USP461958など
17) USP4218508など
18) 特開平5-287215など
19) P.R. Guevin, Jr., *Journal of Coatings Technology*, Vol.67, No.840, PP.61-65 (1995)．

第9章　無機・有機ハイブリッド防カビ剤

大野康晴[*]

1　はじめに

健康で快適な生活環境の充実が求められる中，抗菌・防カビに対してはニーズが定着し，必要不可欠なものとなってきている。特に防カビに関しては，その効果が消費者の目から見ても容易に判別できるため，明確な効果の発現とその持続性が要求されている。

防カビ剤には有機系，無機系のものがある。このうち無機系は耐熱性や耐久性に優れる反面，カビに対する効果は弱く，現在でも有機系防カビ剤が市場の大半を占めている。

しかしながら，有機系防カビ剤は，熱，光（紫外線）により分解が起こりやすく，用途によっては使用できなかったり，効果を発現しないケースも少なくない。また，水や有機溶媒に溶出しやすく効果が持続しないことや，安全性に問題のあるものが少なくないなどの理由により，その使用範囲は限られる。

これら，無機系抗菌剤，有機系防カビ剤の問題点を改良した用途範囲の広い防カビ剤の開発が待ち望まれている。

2　カビノンとは

「カビノン」は，有機系防カビ剤を無機化合物とハイブリッド化することにより，従来の防カビ剤の持つ多くの弱点を大幅に改良した，"無機・有機ハイブリッド防カビ剤"である。

写真1にカビノン800の電子顕微鏡写真を示す。カビノンはインターカレーション技術により，無機層状化合物の層間に有機系防カビ剤を担持させた，平均粒径約5μmの粉末である。

インターカレーションとは無機層状化合物の層間へ，異質の分子や原子，イオンが入り込む現象を言う。図1にインターカレーションのイメージを示すが，これにより有機系防カビ剤に，いくつかの機能（耐久性，徐放性など）を持たせることができた。

---

[*]　Yasuharu Ono　東亞合成㈱　名古屋総合研究所　高機能材料研究所　第5研究グループ主事

第9章　無機・有機ハイブリッド防カビ剤

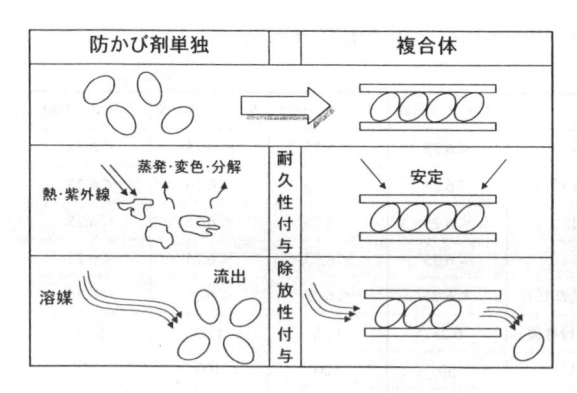

図1　インターカレーションによる機能付与

写真1　カビノン800の電子顕微鏡写真

3　カビノンのグレードと各種性能

3.1　物性

カビノンには現在，防カビタイプの"カビノン800"と，防カビ＆抗菌タイプの"カビノン900, 900V, 940"の4グレードがある。表1にカビノンのグレードと各種物性を示してある。

表1　カビノンのグレードと各種物性

グレード	カビノン800	カビノン900	カビノン900V	カビノン940
外観	白色～淡黄色	白色	白色～淡黄色	淡黄色
平均粒径	$5\mu m$	$4\mu m$	$7\mu m$	$4\mu m$
耐熱温度*	約280℃	約300℃	約280℃	約230℃
効果	防カビ	防カビ・抗菌	防カビ・抗菌	防カビ・抗菌

＊：PPに1％添加し，練り込み成形（30分間滞留）した時の着色開始温度

3.2　防カビ・抗菌性能

表2にカビノンのグレードと各種微生物に対する最小発育濃度（MIC）を示してある。カビノンはほとんどのカビに対して高い効果を示している。

また，カビノン900タイプは大腸菌などの細菌に対しても効果が高く，広範囲の微生物に対し

245

表2 各種微生物に対するカビノンの最小発育阻止濃度（MIC）

(単位：mg/ℓ)

	試 験 菌	カビノン800	カビノン900	カビノン900V	カビノン940
カビ	・*Aspergillus niger*（黒麹カビ）	<6.25	<6.25	<6.25	<6.25
	・*Chaetomium globosum*（ケタマカビ）	<6.25	<6.25	<6.25	<6.25
	・*Penicillium funiculosum*（青カビ）	<6.25	<6.25	<6.25	<6.25
	・*Penicillium citrinum*（青カビ）	<6.25	<6.25	<6.25	<6.25
	・*Cladosporium cladosporioides*（黒カビ）	<6.25	<6.25	<6.25	<6.25
	・*Aureobasidium pullulans*（黒色酵母様菌）	6.25	12.5	12.5	12.5
	・*Gliocladium virens*（ツチアオカビ）	50	100	100	25
	・*Rhizopus oryzae*（クモノスカビ）	100	200	200	200
細菌	・*Eschericha coli*（大腸菌）	―	500	500	500
	・*Staphylococcus aureus*（黄色ブドウ球菌）	―	125	125	125

試験方法：寒天希釈法による

て有効である。

3.3 安全性

表3にカビノンの各種安全性試験結果を示したが，カビノンは高い安全性が確認されている。表中のP.I.I.（一次皮膚刺激性インデックス）は，ウサギの皮膚に対する刺激性を示しており，数値が大きいほど刺激性が強いことを意味している。

カビノン800は刺激性を有するが，ポリプロピレン樹脂に1.5%添加して成形した樹脂の人パッチテストにおいて，刺激性のないことが確認されており，実用レベルで安全なことを示している。

表3 カビノンの安全性データ

	グレード	カビノン800	カビノン900	カビノン900V	カビノン940
安全性	変異原性	陰性	陰性	陰性	試験中
	急性経口毒性 LD_{50}（ラット）	>2000mg/kg	>2000mg/kg	>2000mg/kg	試験中
	皮膚一次刺激性（ウサギ）	中等度刺激性* (P.I.I. = 2.7)	弱刺激性 (P.I.I. = 1.1)	弱刺激性 (P.I.I. = 2.0)	試験中

＊：カビノン800を1.5%添加して成形したプロピレン樹脂は，人パッチテストにおいて，刺激性は認められなかった。

第9章　無機・有機ハイブリッド防カビ剤

4　カビノンの特長

4.1　耐熱性

カビノンは複合化によって従来の有機系防カビ剤の弱点である耐熱性が大幅に改善されているため，高温での成形加工が可能である。

表4にカビノンおよび代表的な有機系防カビ剤の加熱処理後の防カビ剤の残存率を示す。多くの有機系の防カビ剤は250℃までには蒸発や分解を起こしてしまっているが，カビノンはほとんどの有効成分が残っており，耐熱性の高いことを示している。300℃に加熱しても大半の有効成分は残っていた。

また，マスターバッチ化を想定し，ポリプロピレン樹脂にカビノン800を20％添加して，220℃で5分間混練する試験においても樹脂（防カビ剤）の変色は起こらなかった。

表4　各温度における防カビ剤残存率

防カビ剤	200℃	250℃	300℃
カビノン800	＞99％	98％	71％
カビノン900	＞99％	97％	70％
イソチアゾリン系防カビ剤	81％	38％	22％
チアベンダゾール	＞99％	93％	44％
ハロアルキルチオ系防カビ剤	93％	50％	0％

各種防カビ剤1.0gを1時間加熱した時の重量変化より計算した値

4.2　耐候性

カビノンは紫外線に対して安定なため，添加した材料が変色しにくい。

表5にカビノン800およびチアベンダゾールを添加したポリプロピレン樹脂に，紫外線を照射させたときの色差を示す。カビノン添加樹脂は，未添加樹脂との色差はほとんどない。一方，チアベンダゾールを添加した樹脂は，紫外線照射による変色が大きい。

4.3　持続性

カビノンは複合化により徐放効果を持たせてあるため，樹脂中からのブリードアウト現象による防カビ剤の目減りがない。また，広範囲なpH領域で安定なため，防カビ効果が長時間持続する。

表5 防カビ剤添加ポリプロピレン樹脂の耐候性

	耐候性試験前			耐候性試験後			色差
	L_0	a_0	b_0	L	a	b	ΔE
防カビ剤無添加	25.5	−0.3	−4.0	26.3	0.0	−4.3	0.9
カビノン800 1wt%添加	27.0	−0.4	−3.6	26.3	−0.1	−4.4	1.1
チアベンダゾール 0.2wt%添加	42.8	−0.4	−10.3	42.7	−2.7	−4.4	6.3

耐候性試験条件：[紫外線照射（350nm−UV，60℃×4時間），加湿（40℃×4時間）]×3サイクル
耐候性試験後の色彩値を測定

図2にカビノンなどを添加したポリエチレン樹脂中の防カビ剤量の変化を示してある。カビノンはハイブリッド化されているので，樹脂中の防カビ剤は安定に存在し，ほとんど減少しない。一方，有機系の防カビ剤を添加した樹脂では，90日放置後の樹脂中の防カビ剤量は，成形直後の50%以下に目減りしている。この原因は，有機系の防カビ剤が，成形後に樹脂中から徐々に放出されてしまうためである。

写真2にはカビノンなどを添加したポリプロピレン樹脂を，成形直後，60℃の温水中に浸した後，40℃での家庭用酸性洗浄剤での処理後に，それぞれカビ抵抗性試験を行った結果を示してある（ハロー試験：培養14日間）。

有機系防カビ剤を添加した樹脂は，処理後のカビに対する効果がほとんど無くなっているのに対し，カビノン800を添加した樹脂はどちらの処理後においても効果が持続しており，温水や薬品に対しても耐久性が高いことを示している。

図2 樹脂中の防カビ剤の経時変化

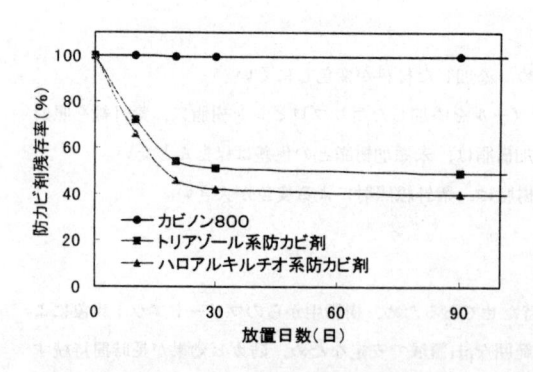

低密度ポリエチレン樹脂にカビノンなどを0.3wt%添加し，220℃で厚さ2mmのプレートに成形。成形後のプレートを室内に放置し，樹脂中の防カビ剤量を測定。（初期の防カビ剤量を100%としてプロット）

第9章　無機・有機ハイブリッド防カビ剤

	未処理	60℃温水 48時間洗浄	40℃酸性洗浄剤 48時間洗浄
カビノン800 0.5%添加			
有機系防カビ剤 （イソチアゾリン系） 0.5%添加			
チアベンダゾール 1.0%添加			

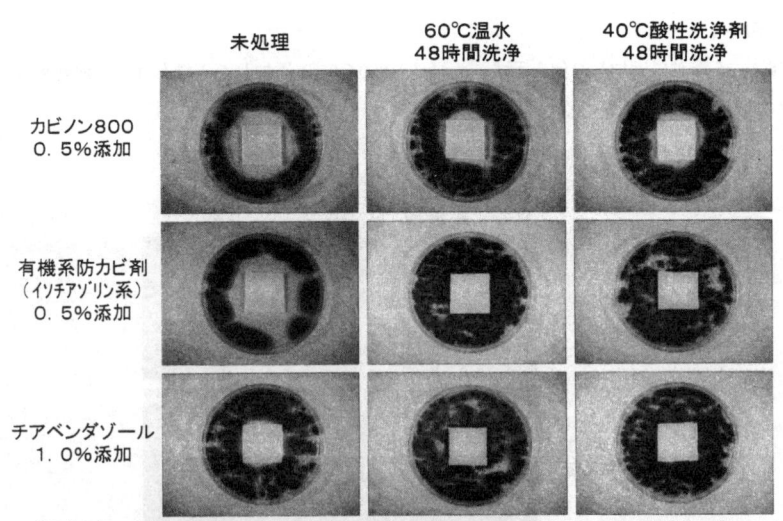

ポリプロピレン樹脂にカビノンなどを添加し，220℃で厚さ2mmのプレートに成形。成形後のプレートを60℃の温水，40℃の家庭用洗浄剤6倍希釈液にそれぞれ48時間浸し（プレート／液＝1／50），その後のカビ抵抗性試験を実施。（被試験カビ：黒カビ，黒麹カビ，青カビ，7日間培養）

写真2　洗浄後の防カビ効果

5　カビノンの応用例

表6にカビノンの期待できる主な用途を示す。

カビノンは，前述の特長を有しているので，幅広い用途に使用可能である。特にプラスチック，繊維への練り込み，粉体塗料などの加工時の耐熱性が要求される用途に有効である。また，ハイブリッド化による効果の持続性の大幅な改善により，長期にわたって効果が要求される用途へ使用することができる。

表6　カビノンが期待できる用途

繊維	衣類，寝具，保護具
日用品	台所用品，洗面，風呂場，靴，靴中敷，スリッパ，トイレタリー
水処理	タンク，パイプ，チューブ，クーリングタワー
家電製品	エアコンフィルター，掃除機，冷蔵庫
ハウジング	壁紙，畳の下敷，カーテン，カーペット
建築・土木	塗料，シーリング材，モルタル，コンクリート，接着剤

5.1 不織布

写真3に不織布に添加した例を示す。カビノン800を0.4％添加した不織布は，初期効果も，持続性も優れているのがわかる。

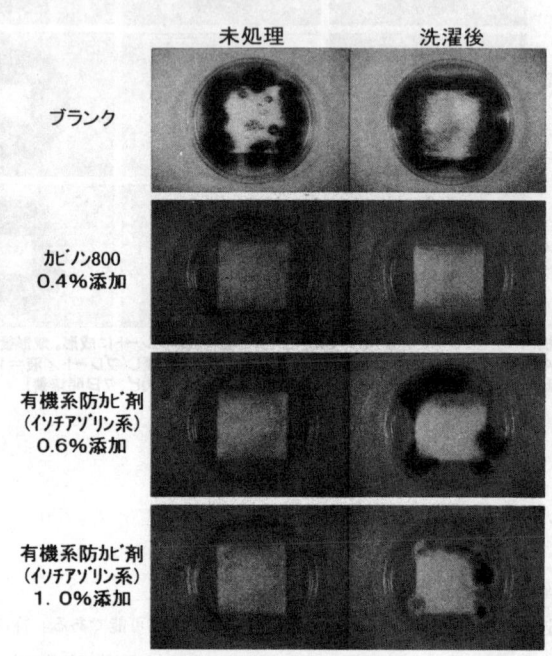

写真3　不織布への応用例

洗濯条件：家庭用合成洗剤を手揉み洗いの濃度で40℃，24時間振とう
被試験カビ：黒麹カビ，青カビ，ケタマカビの3種混合
（ポテトデキストロース寒天培地、7日間培養）

5.2 粉体塗料

写真4には粉体塗料にカビノンを添加し，塗装したプレートのカビ抵抗性試験の結果を示した。粉体塗料では，防カビ剤が高温で長時間さらされるため，従来の有機系防カビ剤の使用は難しい。有機系防カビ剤の添加では防カビ効果は認められなかったが，カビノン800を0.5wt％添加することにより効果が確認されている。

第9章 無機・有機ハイブリッド防カビ剤

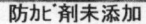

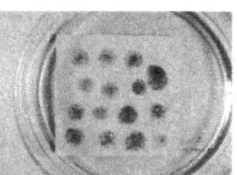

(塗装樹脂:ポリエステル系, 塗装条件:220℃, 20min, 被試験カビ:黒カビ)
写真4 粉体塗料への応用例

5.3 ABS樹脂成形品

写真5にはABS樹脂にカビノンを添加して成形したプレートのハロー試験の結果を示した。一般的に有機系防カビ剤はABS樹脂に対して効果が出難いが, カビノンはABS樹脂に対しても効果を発現するという特長も持っている。

5.4 接着剤

写真6に合板の防カビ性試験結果を示した。カビノン800を接着剤(酢酸ビニル系)に添加す

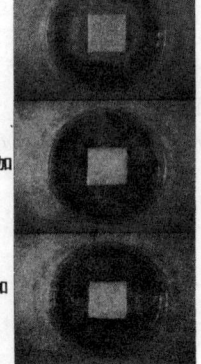

写真5 ABS樹脂への応用例

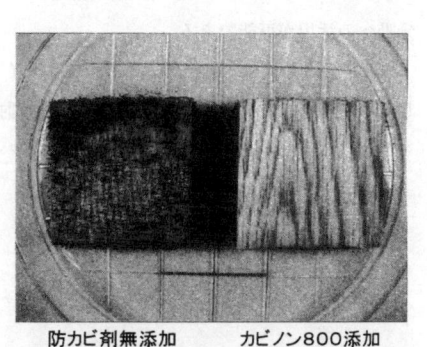

写真6 合板接着剤への応用例

ることによって，合板に防カビ性が付与されている。

5.5 シーリング材

写真7にはシリコンシーリング材にカビノンを添加した例を示してある。カビノン940は防カビ効果の持続性に格段に優れており，流水中に200時間浸しても防カビ効果は持続していた。

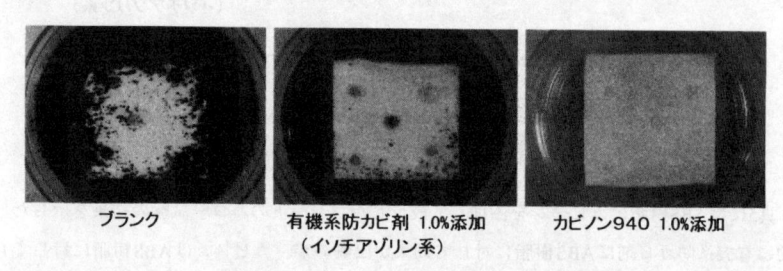

ブランク	有機系防カビ剤 1.0%添加 （イソチアゾリン系）	カビノン940 1.0%添加

カビノン940などをシリコンシーリング材に添加してシート成形し、流水に200時間浸漬後、カビ抵抗性試験を実施。
防カビ試験方法：ISO 846 B法

写真7　シリコンシーリング材への応用例

6　今後の展開

インターカレーションを利用した技術は，有機系防カビ剤への機能付与にとどまらず，様々な分野への活用が可能である。

カビノンとしては，繊維用途に微粒子タイプの検討や，複合体中の防カビ剤の徐放性を調節し，初期効果，持続性をコントロールする検討も行っている。

さらには，他の防カビ剤や防藻剤などとのハイブリッド化の検討も進めている。

第10章 ゾルーゲル法によるガラスへの撥水コーティング

森本 剛[*1]，米田貴重[*2]

1 はじめに

　撥水ガラスが自動車のサイドガラスに搭載され始めてから，約6年が経過した。この6年間で，撥水ガラスを搭載した自動車の数量は確実に増加しており，大きな市場に発展している。また，カー用品店では，一般ユーザーが気軽に処理可能な各種撥水処理剤が市販されており，その市場規模は100億円を越えると言われている。これらは撥水ガラスの最大のメリットである雨天走行時でも良好な視界を確保できるという予防安全性が市場において高く評価されている結果である。
　一方で，撥水ガラスの視認性をさらに向上させるべく，撥水性をさらに向上させることならびに水滴の転落性を向上させることの2つの方向での検討が進められている。前者は完全に水を弾き，水滴が付着しない表面を，後者は水滴が非常に滑り落ち易い表面を，それぞれ実現することでガラス表面に水滴を残さないことを目的とする。本稿では，これまでに実用化されている撥水化技術を紹介するとともに，さらなる高性能な撥水ガラスの実用化に向けての技術的課題について述べる。

2 撥水性の発現

　固体表面で液体が濡れるか否かは，液体分子間の相互作用（表面エネルギーを最小化するために生ずる力）と液体／固体分子間の相互作用の大小関係で決まる。すなわち，液体分子間の相互作用が液体／固体分子間の相互作用より小さければ，液体は固体表面で濡れ広がり，また，逆の場合，液体は固体表面で液滴となって静止する。液体が固体表面に置かれたとき，どういう平衡状態で静止するかを示す尺度として接触角がある。接触角とは図1に示すように，液滴端での接線と固液体界面との角度であり，液体，固体の表面張力および液体，固体の界面張力とyoungの式[1][(1)式]によって関係づけられる。接触角が大きいほど，その液体は固体表面で球状の液

---

*1 Takeshi Morimoto　旭硝子㈱　中央研究所　特別研究員
*2 Takashige Yoneda　旭硝子㈱　中央研究所

滴となり，濡れにくいことになる。

$$\gamma_s = \gamma_l \cos\theta + \gamma_{sl} \quad (1)$$

ここで，θ は接触角，γ_s, γ_l はそれぞれ，固体，液体の表面張力，γ_{sl} は液体／固体の界面張力を示す。また，Zisman[2]は，固体表面での液体の濡れ性を示す物性値として，臨界表面張力 γ_c を提案しており，各種プラスチック表面で，表面張力が既知の種々の液体を用い接触角を測定した結果，液体の表面張力に対して，$\cos\theta$ をプロットすると直線関係があることを発見した。この直線を $\cos\theta \rightarrow 1$ に外挿すれば γ_c が求まり，液体の表面張力 γ_l が，$\gamma_l < \gamma_c$ の場合，その液体は固体表面で濡れ広がり，$\gamma_l > \gamma_c$ の場合，その液体は固体表面である接触角を有する液滴となる。γ_c が小さいほど，その固体表面を濡らすことのできる液体の種類は制限され，同じ液体の場合，γ_c の小さい固体表面に接触するほど，接触角は大きい値となる。以上のことから，撥水ガラスとは，液体が接触角の大きな液滴となるような γ_c の小さい表面を有するガラスと言え，その実現には，γ_c を低減可能なガラス表面の改質技術が不可欠となる。表1に代表的な固体表面の γ_c 値[3]，表2には固体表面の状態と γ_c 値との関係[4]を示す。

ソーダライムガラス表面の γ_c は47dyn/cmと大きく，液体が濡れ広がり易い表面であり，逆にテフロンに代表されるフッ素化合物の γ_c は20dyn/cm以下と小さく，液体が濡れ広がり難い表面と言える。特に，固体表面が $-CF_3$ 基で被覆されると極めて低い γ_c（6dyn/cm）をもつ表面とな

図1　接触角

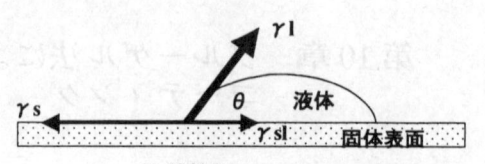

Θ：接触角
γs、γl：固体、液体の表面張力
γsl：固体と液体との界面張力

表1　各種固体表面の臨界表面張力

固体表面	臨界表面張力 (dyn/cm)
テフロン	18
ナフタレン	25
ポリエチレン	31
ポリスチレン	33~43
ナイロン	42~46
ソーダライムガラス	47

表2　表面状態と臨界表面張力

表面状態	臨界表面張力 (dyn/cm)
$-CF_3$	6
$-CF_2H$	15
$-CF_2CF_2-$	18
$-CF_2CFH-$	22
$-CH_3$	22
$-CF_2CH_2-$	25
$-CFH-CH_2-$	28
$-CH_2CH_2-$	31
$-CHClCH_2-$	39
$-CCl_2CH_2-$	40

第10章 ゾル－ゲル法によるガラスへの撥水コーティング

表3 F原子とC-F結合の特性

	H	F	Cl
van der Waal's半径（nm）	0.120	0.135	0.180
電気陰性度（Pauling）	2.1	4.0	3.0
イオン化エネルギー（kcal/mol）	315.0	403.3	300.0
電子親和性（kcal/mol）	17.8	83.5	87.3
分極率（X_2）（10^{-24}cc）	0.79	1.27	4.61

	C-H	C-F	C-Cl
結合長（nm）	0.109	0.131	0.177
結合エネルギー（kcal/mol）	99.5	116.0	78.0
分極率（10^{-24}cc）	0.66	0.68	2.58

り，通常の環境に存在する液体，例えば，水（表面張力 約72dyn/cm），油（n-ヘキサデカンで代表すると表面張力 約29dyn/cm）のいずれにも濡れない撥水撥油性を有する表面が実現されることとなる。ガラス表面の改質剤としてフッ素化合物を用いることは，前記の撥水撥油性に加え，表3に示すF原子およびC-F結合の特性[5]に起因した耐薬品性，耐候性，低摩擦性，非粘着性等の特性も加味できるため，実用耐久性の観点からも利点がある。ガラス表面の改質剤として用いられるフッ素化合物としては，テトラフルオロエチレン，フルオロアルキルアクリレートポリマー，フッ化ピッチ[6]，フッ化炭素等があるが，実用耐久性の点で，ガラスと化学結合可能な構造単位を有するフッ素系シランカップリング剤が好適であり，現在実用化されている多くの撥水ガラスは同材料を応用したものである。フッ素系シランカップリング剤がガラス表面と van der Waals力により吸着しているだけでは，初期特性は発現できても実用耐久性の観点からは不十分であり，ガラス表面とシロキサン結合等の化学結合を形成する必要があり，ガラス表面に対し高い反応性を有していることが望ましい。一般的には，フッ素系シランカップリング剤の反応性が高すぎると，大気中での取り扱いが困難となるため，フッ素系シランカップリング剤のガラス表面との反応速度を制御する必要がある。著者らは，フッ素系シランカップリング剤のガラス表面との反応性部位をこうした観点から分子設計した結果，新規フッ素系シランカップリング剤RfSi(NCO)$_3$を開発し実用化している。同化合物は，常温でガラス表面のシラノール基と反応し強固なシロキサン結合を形成する[7]ため，良好な実用耐久特性を発現する。図2に同化合物で処理したガラス表面のZismanプロットを示す。γ_c = 12.7dyn/cmであり，水，油に対して非常に濡れにくいガラス表面（写真1参照）が得られていることがわかる。

一方，前頁で述べた－CF$_3$基のような表面エネルギーの小さい構造単位をガラス表面に高密度に結合させても到達する接触角としては130°が限界と言われている[8]。したがって，接触角が

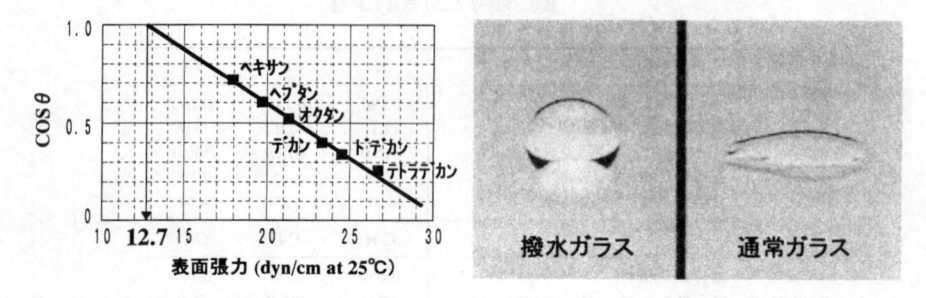

図2　撥水ガラスのジスマンプロット

写真1　撥水ガラスと通常のガラスの比較

150°を越えるような超撥水性表面を実現するには，表面の化学的組成に加え，そのモルホロジーを考慮する必要がある。凹凸表面に関しては Wenzel が（2）式を提案している[9]。

$$\cos \theta_r = r \cdot \cos \theta \tag{2}$$

ここで，θ_r は粗面での接触角，r は見かけの表面積に対する実際の表面積の割合，θ は平滑表面での接触角を意味する。

（2）式は $\theta > 90°$ なる撥水表面では，表面粗さが大きいほど，粗面での接触角は大きくなることを意味している。表面の凹凸があるレベル以上に大きくなると，実際には凹部に水等の液体が浸入できなくなり，空気の巻き込み現象を考慮しなければならなくなる。複合表面の場合の接触角に関しては，Cassie が（3）式[10] を提案している。

$$\cos \theta_c = M \cos \theta_a + N \cos \theta_b \tag{3}$$

ここで，θ_c は複合面の接触角，θ_a, θ_b は物質 a, b 各面での接触角，および M, N はそれぞれの物質 a, b が表面に存在する割合（$M + N = 1$）を意味する。

（3）式において，物質 a を撥水性固体，物質 b を空気と仮定すると，$\theta_b = 180°$（$\cos \theta_b = -1$）となり，（3）式は

$$\cos \theta = M (1 + \cos \theta_a) - 1$$

と表現できる。したがって，$M \to 0$，即ち，撥水表面の表面積を小さくできれば，$\cos \theta \to -1$ となり，完全撥水表面に近づく。言い換えれば，蓮の葉表面のように，水滴を点で支えるような表面構造が実現できればよいことになる。

以上に述べたモルホロジーだけを考慮すればよい領域（Wenzel モード）からモルホロジーに加えて空気の巻き込みを考慮しなければならない領域（Cassie モード）への切り替わりを Dettre らは理論的[11] に説明している。

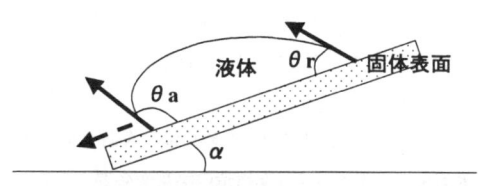

第10章 ゾルーゲル法によるガラスへの撥水コーティング

α:転落角, θa:前進接触角, θr:後退接触角

図3 転落角

一方,水滴の転がり易さを示す転落角とは,図3に示すように水平に保持した基板に水滴を滴下し,基板を徐々に傾けていった時,水滴がころがり始める角度のことを指す。Furmidge[12]は,水滴の転落角と接触角のヒステリシスとの関係について(4)式を提案している。

$$Mg \sin \alpha / w = \gamma_L (\cos \theta_R - \cos \theta_A) \quad (4)$$

Mは水滴の重量,αは転落角,wは水滴の幅,gは重力加速度,θ_Rは後退接触角,θ_Aは前進接触角,γ_Lは液体の表面張力である。即ち,大きなヒステリシスを持つ表面は転落角が大きく,水滴が転がり難いことを意味する。

写真2に示すような凹凸表面が転落角に与える影響を検討した結果を図4に示す。即ち,異なる粒子径を持つシリカ微粒子をシリカマトリックスで固定化した表面を調製し,これら表面をフッ素系シランカップリング剤(RfSi(NCO)$_3$)で処理を行い,AFM観察により見積もった表面粗さ(Ra)と転落角の関係を検討した。図4に示すように,本検討で得られたRaの範囲(Wenzel

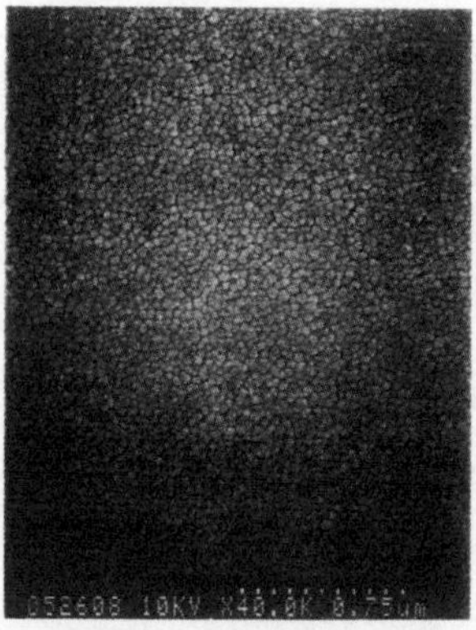

写真2 シリカ凹凸膜のSEM写真

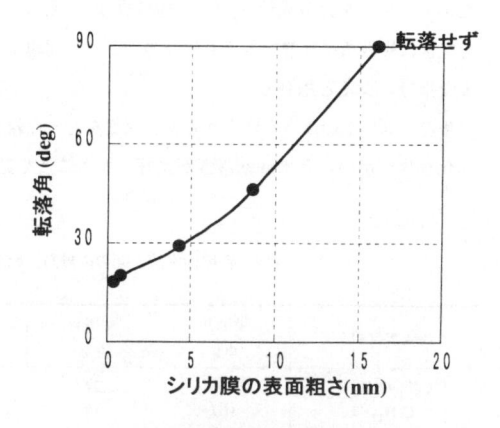

図4 表面粗さと転落角の関係

モード）では，Raが大きいほど，転落性は低下する傾向がある。
　一般的には，撥水粗面がWenzelモードの場合には接触角のヒステリシスは大きいが，Cassieモードでは，その値は小さいと言われている[13]。
　したがって，水滴を可能な限り表面に残さないためには，表面モルホロジー制御によるCassieモードの実現，即ち，水滴を点で支えるような構造の実現が必要となる。
　しかし，一般的にCassieモードを実現するような構造は，透明性，耐摩耗性に課題があり，実用化に向けて，多くの視点から構造制御の試みが行われている。

3 転落性の発現

　前節（4）式で転落角と接触角のヒステリシスの関係を示したが，水滴が非常に滑り落ち易い表面を実現するには，接触角のヒステリシスを小さくすれば良い。接触角のヒステリシスは，表面エネルギー，化学的組成の均一性，表面の粗さおよびその均一性および表面における分子の配向変化等によって支配される。表4はポリフルオロアルキル基含有シランカップリング剤（FAS）とアルキル基含有シランカップリング剤（AS）の接触角，転落角およびその表面エネルギーを解析したものである。FASを塗布した表面とASを塗布した表面を比較すると，接触角の大きい表面ほど転落角が大きくなっている。FAS表面の方が接触角は大きく，水を撥き易い表面であるが，転落角は大きく，水がころがり難い表面となっており，逆にAS表面は接触角が小さいものの水滴の転落性に優れる表面となっている。表4より，接触角は全体の表面エネルギー（γ_s）により決まり，転落角は表面エネルギーの極性成分項（γ_s^p）と相関があることが推定される。表面エネルギーを分散成分（γ_s^d）と極性成分（γ_s^p）に分割して議論することは，表面エネルギーを完全に複数項に分離できるものなのかという問題があるが，撥水材料の設計における一つの重要な指標になると思わる。
　著者らは以上のような観点から材料探索を行った結果，下記構造単位を有する反応性シリコーン化合物を用いると水滴転落性が良好になることを見出した。

表4　各種撥水膜表面の接触角，転落角と表面エネルギー

撥水材料	接触角 (deg)	転落角 (deg)	γ_s (mN/m)	γ_s^p (mN/m)	γ_s^d (mN/m)
$C_8F_{17}C_2H_4-$	110	24	13.3	12.6	0.7
$C_8H_{17}-$	104	18	25.5	25.2	0.3
$C_{18}H_{37}-$	105	16	25.6	25.4	0.2

第10章 ゾルーゲル法によるガラスへの撥水コーティング

$-(Si(CH_3)_2O)_n-(Si(CH_3)(Rf)O)_m-(Si(CH_3)(X))_k-$

ここで，Rfはポリフルオロアルキル基，Xはガラスとの反応性基である。本構造を有する材料はジメチルを有する構造単位によりγ_s^pの低減が可能となり，Rfを有する構造単位により化学的耐久性を確保でき，かつ，Xを有する構造単位がガラスとの化学結合を可能とするため，高い実用的耐久性が得られる。この種の材料は，分子サイズが大きいため，ガラス表面に緻密に結合させることが困難であったが，フッ素系シランカップリング剤と複合化することによりこの問題が解決され，撥水性と転落性を備えた表面を有するガラスの自動車への搭載が既に開始されている。また，本材料系は，目的に応じて，繰り返し単位数（n, m, k）を選択することにより，表面エネルギーの制御が可能であるため，自動車用途に限らず幅広い応用が可能と考えられる。

村瀬らはシリコーン・フッ素系のグラフトポリマーを用いた検討において，異種疎水性化学構造を持つミクロ相分離構造が優れた水滴転落性を発現すること，また，表面にわずかの親水基を導入することでさらに飛躍的に水滴転落性の向上が可能であることを報告している[14]。この理由はミクロ相分離構造により水分子との相互作用が著しく低減でき，さらに親水基が共存することで水の会合性からセグメント内部に歪みが生じ，相互作用が低減するためと考えられている。また，親水基には，水との相互作用を大きくする原因となる静電気発生を抑制する効果もあると推定されている。

こうした転落性の優れた表面を有するガラスが広く実用化されていくには，複合表面が摩耗，紫外線，化学薬品等により変化しないことが必要となり，いかに材料設計・膜設計していくかが今後の課題となる。

4 実用化技術

撥水ガラスの実用耐久性を向上させるには，これまでに述べた撥水材料の分子設計に加え，ガラス表面における撥水材料の結合サイト数が重要となる。撥水材料がガラス表面に対し高い反応性を有していても，ガラス表面に結合する部位が存在しなければ意味をもたないためである。

表5[7]は，フロートガラスのトップ面，ボトム面およびゾルーゲルSiO_2被膜を設けたガラス表面のSi-OH基量を静的二次イオン質量分析法（Static SIMS）で定量した結果であり，ガラスの表面状態により，Si-OH基量に差異のあることがわかる。

図5[7]は，これらガラス表面をフッ素系シランカップリング剤 RfSi（NCO）$_3$で処理した場合の付着密度と耐摩耗性の相関を示している。フッ素系シランカップリング剤の付着密度はX線光電子分光法（XPS）により見積もり，耐摩耗性は撥水性能が消失するまでの摩耗回数で評価した。表5，図5より，ガラスへのフッ素系シランカップリング剤の付着密度が増えるほど，被膜の耐

摩耗性が向上すること，および，フッ素系シランカップリング剤の付着密度はガラス表面のSi-OH基量によって支配されていることがわかる。また，表5，図5をさらに詳細に比較すると，表面Si-OH基量がほとんど差異のないフロート法で得られたガラスのトップ，ボトム面でフッ素系シランカップリング剤の付着量および耐摩耗性に多少の差が認められるが，これは，ガラスボトム面に少量ながら存在するSn-OH基がフッ素系シランカップリング剤の結合サイトとして寄与する結果であると考えらる[7]。

フッ素系シランカップリング剤の結合サイトであるガラス表面のSi-OH基密度を高めるため，ガラス表面にゾルゲルSiO_2薄膜を塗布する[3,7,15-20]と，撥水ガラスの耐久性能が向上することが確認されている。

そこで，表面OH基密度を制御すべく，各種酸化物表面のOH基量について検討した。即ち，

表5 各種ガラス表面でのSiOH基量

表面	$^{45}SiOH/^{28}Si$ SIMSピーク強度比	表面SiOH基量 （AC%）
フロートガラスボトム面	0.24	24.4
フロートガラストップ面	0.26	24.8
シリカ膜表面	0.75	35.2

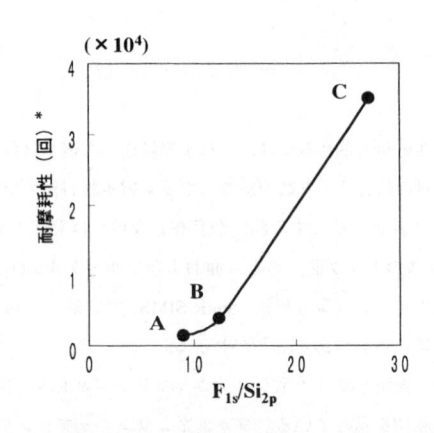

図5 撥水剤の付着量と耐摩耗性との関係
A：フロートガラスのトップ面，B：フロートガラスのボトム面，C：シリカ膜面
*接触角が80度未満になるまでの摩耗回数

第10章 ゾル-ゲル法によるガラスへの撥水コーティング

各種金属の酸化物をスパッタリング法にてガラス基板上に成膜後，2次イオン質量分析（TOF-SIMS）測定を行い，これより得られる $^{17}OH^-/^{16}O^-$ 比より相対的表面OH基量を推算した。また，同測定に用いた各種金属酸化物表面を前述のフッ素系シランカップリング剤 $RfSi(NCO)_3$ で処理し，反応F量をXPS測定から得られるF/M（Mは各種金属元素）値より求めた。これら表面OH基量と反応F量の関係を図6[21]に示す。

図6より，金属酸化物の種類により表面OH基量が異なっており，OH基量の多い表面には，多くの撥水材料が付着可能であることがわかる。

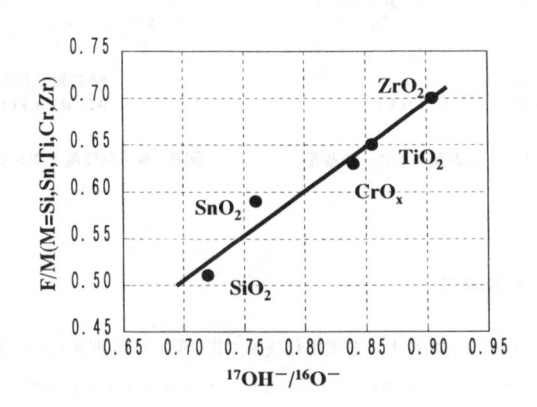

図6 表面シラノール基量と撥水剤の付着量との相関

また，図7は実験に用いた各種金属酸化物のXPS測定による各種金属元素を結合している酸素の結合エネルギー（O_{1s}）と表面OH基の相関を示したものである。図7より各種金属酸化物において，O_{1s}の結合エネルギーが低い酸素ほど，即ち，酸素原子の負電荷密度が高くなるほど生成OH基量が多くなることが示唆される。

図8には酸素の負電荷密度の大小と密接な関係があると考えられる金属元素の電気陰性度と表面OH基量の関係を示す。図8より，酸素との電気陰性度の差が大きい金属，即ち，イオン結合性の強い金属ほど，表面OH基量が多いことがわかる。即ち，撥水材料を緻密に結合させる上で，SiO_2-ZrO_2等の複合酸化物層の導入が重要であることを示している。

これら知見は今後の高耐久膜化の設計指針として重要な意義を持つと思われる。

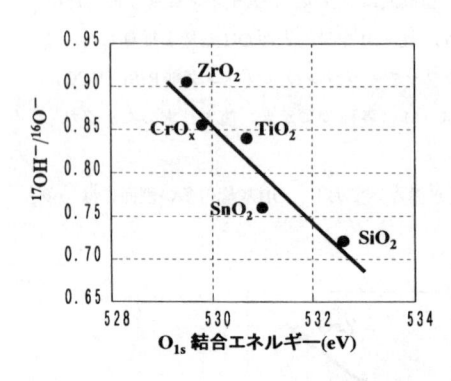

図7 O_{1s}結合エネルギーと表面シラノール基量との関係

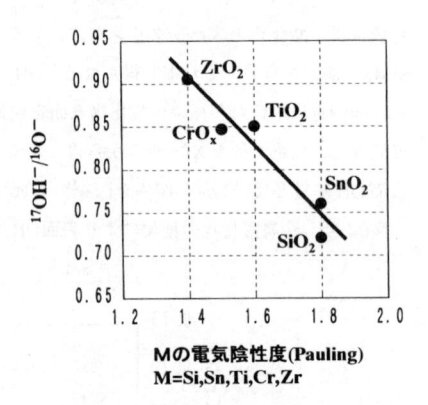

図8 電気陰性度と表面OH基量との関係

5 撥水ガラスの特性

　以上述べてきた材料の設計技術および実用化技術の複合化により開発した撥水ガラスの耐久性能を評価した。撥水ガラスを自動車のフロントガラスやフロントドアに適用したときの寿命は，撥水材料における撥水基の光劣化とワイパー摺動やドア昇降によるモールやスタビライザーとの摩耗による撥水材料のガラス表面からの物理的な脱落により決定される。

　図9～図12に今回開発した撥水ガラス，既に商品化されている撥水ガラスおよび市販されているジメチルシリコーン系撥水剤を塗布して得られた撥水ガラスの耐屋外曝露加速試験（SWOM）と耐摩耗試験の結果を示す。図9と図10は耐屋外曝露加速試験によるそれぞれ接触角と転落角の変化，図11と図12は耐摩耗試験によるそれぞれ接触角と転落角の変化を示している。

　図9より，加速試験500時間経過後，市販の撥水剤を塗布したガラスの接触角は約60度まで低下し撥水性が失われているのに対して，開発した撥水ガラスは同試験1000時間後も接触角100度以上を維持しており，これは従来の撥水ガラスの耐久性を上回る。一方，同屋外曝露加速試験による転落性の変化は図10より，市販の撥水剤を塗布した撥水ガラスでは，試験500時間で転落角が約30度まで大きくなり，水滴の転がり性が悪化しているのに対し，開発した撥水ガラスは1000時間後もほぼ初期の水滴転がり性を維持している。開発した撥水ガラスの耐久性は従来の撥水ガラスと比較して，初期の転落性および転落角の劣化速度において優れている。

　図11より，綿布による摩耗試験で，市販撥水剤を塗布した撥水ガラスは1500回摩耗後，接触角は約70度であり，撥水性はほぼ消失しているが，開発した撥水ガラスは5000回摩耗後もほぼ

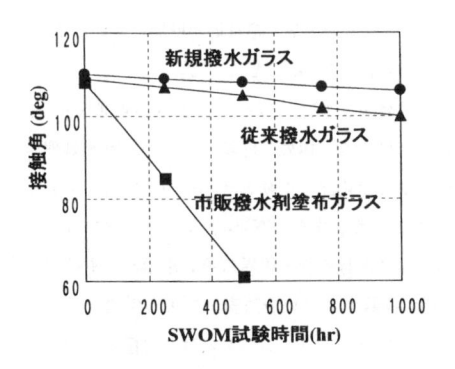

第10章　ゾル−ゲル法によるガラスへの撥水コーティング

図9　加速耐候性試験における接触角の変化

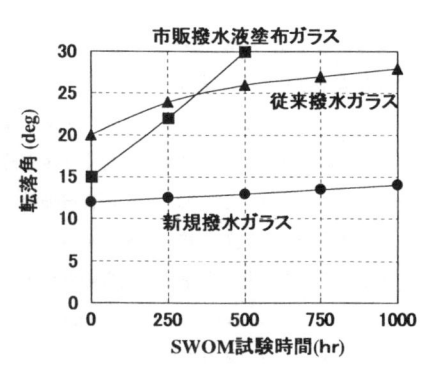

図10　加速耐候性試験における転落角の変化

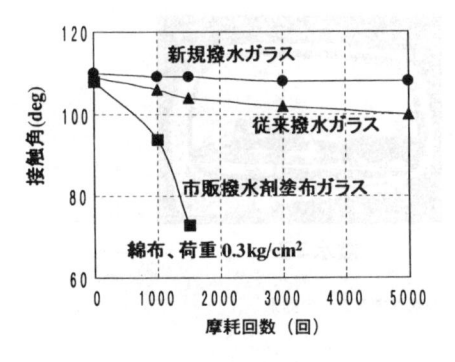

図11　耐摩耗性試験における接触角の変化

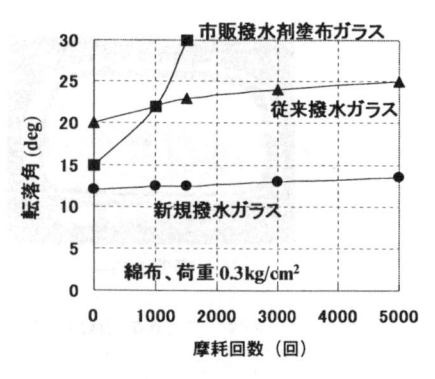

図12　耐摩耗性試験における転落角の変化

初期の撥水性能を維持しており，従来の撥水ガラスと比較しても高いレベルにある。一方，同試験による転落角の変化は図12より，市販の撥水剤を塗布した撥水ガラスは，1500回の摩耗で試験後の転落角が約30°まで劣化しているのに対して，開発品は5000回後でも転落角15°以下という低い値を維持しており，従来の撥水ガラスと比較しても，優れた水滴の転落性の維持が可能であって，実用上十分な耐久性を有する。

　これら耐候性と耐摩耗性等の耐久性は，撥水材料の撥水基がガラス表面に吸着しただけのジメチルシリコーン系より著しく向上しており，従来の撥水ガラスと比較しても格段に性能が向上している。これは撥水剤自体が耐久性を有する以外に，開発品ではガラス基板上に表面OH基が高

密度に存在する中間層が設けられたことにより，導入される撥水基の絶対量が増加していること，および撥水基がガラス表面中間層と化学的に強固に結合していることによる。

　写真3に超音波振動素子とヒーターを兼ね備えた水滴除去撥水ミラーシステムの効果を示す。雨天走行時，ドアミラーに水滴が付くと後方確認がしにくく，極めて危険であるが，撥水処理を施したミラーは裏面の振動素子を超音波振動させることで鏡面を振動させ，鏡面に付着している水滴を噴き飛ばし良好な後方視界を確保することができる。また，写真4はフロントドアガラスに撥水ガラスを装着した場合と通常のガラスの場合の降水時の側方視界の違いを示したものである。撥水ガラスにおいては，時速50km以上で雨滴が飛散するため予防安全対策の手段としてすでに自動車メーカー各社で広く用いられている。前述の撥水ミラーシステムはこの撥水フロントドアガラスと組み合わされて装着されることでさらに十分な機能を発現する。一方，写真5はフ

写真3　自動車用超音波撥水ドアミラーの効果

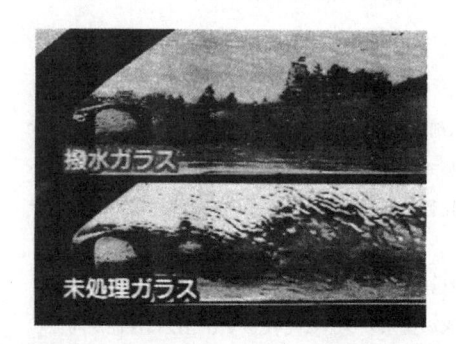

写真4　自動車用撥水フロントドアガラスの効果

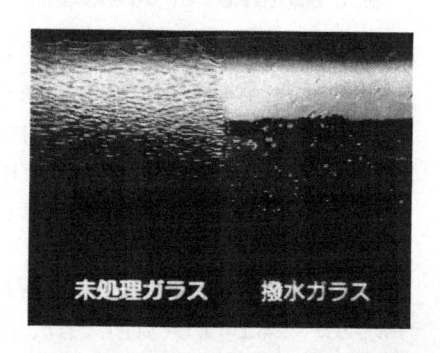

写真5　自動車用撥水フロントガラスの効果

第10章 ゾル－ゲル法によるガラスへの撥水コーティング

ロントガラスの半面を撥水処理した場合と撥水処理しない場合の前方視界の違いを示したものである。降水時でも時速50km以上の走行によりワイパを作動せずに視界が確保できる。しかし，現状小雨や霧雨時などではワイパの使用は必要であるし，使用しないと光線の加減で微細な水滴がレンズ効果で白膜状に光るシャンデリア現象を起こすこともある[22]。撥水ガラスとワイパブレードとのマッチングが悪いとジャダリングと呼ぶワイパの不均一摺動現象も発生するため，新たな工夫を施したワイパブレードも開発されている[23]。撥水技術の深化に加え，こうしたシステムの開発により，近々撥水ガラスのフロントガラスへの搭載が始まる見込みである。

6 おわりに

本稿では高い耐久性能が要求される自動車用撥水ガラスが初期の実用化段階を経て，さらなる高性能化が必要な時期になったことを紹介した。フッ素化合物がガラス表面を覆うと，表面エネルギーが低下し，撥水撥油性，防汚性，非粘着性，耐薬品性，低摩擦性などの性質が付与される[4]。フッ素原子で覆われた撥水ガラスは水をはじくだけではなくカーワックス，泥，排煙，虫の死骸，鳥の糞，指紋，マジックなどガラスの視界を妨げる汚染物の除去が容易なこと，冬期に氷結する霜や雪の除去が容易なこと，またガラスの風化やヤケを防止できること，ガラスの傷つきを防止できることなど多くの特徴を備えている。今後はこれらの機能を生かし自動車用の他に鉄道車両，航空機，船舶など輸送用車両ガラスとして国内外での利用が期待される。また高層ビル，レストラン，ホテル，店舗など常時美観を求められる建築用ガラスにはメンテナンスの費用を低減できるメリットがある。これらの機能をガラス表面で一層効率よく達成し，かつ長期間維持するためには，最適な撥水材料の設計とその特性を生かすための複合化技術の開発が今後も重要な課題となる。フッ素化学をはじめとする有機化学とSol-gel法を駆使した無機化学との複合化による，さらなる高性能な商品の開発が望まれる。

文　献

1) Young T. : *Trans. Faraday Soc., (London)*, **96** A, 65 (1805)
2) H.W.Fox and W.A.Zisman, *J.Colloid Sci.*, 7, 428 (1952)
3) 湯浅 章, セラミックス, **29** (6), 533 (1994)
4) 松尾 仁, 表面, **18** (4), 221-25 (1980)
5) 久保元伸, 表面, **33** (3), 45 (1995)

6) 前田俊之, 科学と工業, **69**(5), 178(1995)
7) 林 泰夫, 米田貴重, 松本 潔, *J.Ceram. Soc. Japan*, **102**(2), 206(1994)
8) 土居依男, 春田直哉, 工業材料, **45**[5], 46(1996)
9) R.N.Wenzel, *J.Phys.Colloid Chem.*, **53**, 1466-7(1949)
10) Cassie A.B.D., and Baxter, S.：*Trans Faraday Soc.*, **40**, 546(1944)
11) R.E.Johnson Jr., R.H.Dettre,*Adv.Chem.Ser.*, **43**, 112(1963)
12) C.G.L.Furmidge,*J.Colloid Sci.*, **17**, 309(1962)
13) R.H.Dettre, R.E.Johnson Jr.,*Adv.Chem.Ser.*, **43**, 136(1962)
14) H.Murase *et al.*, XXIV FATIPEC Congress Book., Vol.B, pp15-38(1998)
15) 甲斐康朗, 菅原聡子, 湯浅 章, 赤松佳則, 自動車技術会学術講演会前刷集, 331(1996)
16) 特公昭61-5667
17) 特開平5-136580
18) 特公平3-30492
19) 特公平3-23493
20) 特公平4-20281
21) Satoshi Takeda, Makoto Fukawa, Yasuo Hayashi, Kiyoshi Matsumoto,*Thin Solid Films*, **339**, 220-224 (1999)
22) 小林浩明, 工業材料, **44**(8), 38-41(1996)
23) 中村一郎, 菅原聡子, 甲斐康朗, 斉藤友子, 日産技報, **37**, 30-32(1995-6)

《CMCテクニカルライブラリー》発行にあたって

弊社は、1961年創立以来、多くの技術レポートを発行してまいりました。これらの多くは、その時代の最先端情報を企業や研究機関などの法人に提供することを目的としたもので、価格も一般の理工書に比べて遙かに高価なものでした。

一方、ある時代に最先端であった技術も、実用化され、応用展開されるにあたって普及期、成熟期を迎えていきます。ところが、最先端の時代に一流の研究者によって書かれたレポートの内容は、時代を経ても当該技術を学ぶ技術書、理工書としていささかも遜色のないことを、多くの方々が指摘されています。

弊社では過去に発行した技術レポートを個人向けの廉価な普及版《CMCテクニカルライブラリー》として発行することとしました。このシリーズが、21世紀の科学技術の発展にいささかでも貢献できれば幸いです。

2000年12月

株式会社　シーエムシー出版

無機・有機ハイブリッド材料　　(B0775)

2000年 6月30日　初　版　第1刷発行
2006年 4月25日　普及版　第1刷発行

監　修　梶原　鳴雪　　　　　　　　　　　Printed in Japan
発行者　島　健太郎
発行所　株式会社　シーエムシー出版
　　　　東京都千代田区内神田1-13-1　豊島屋ビル
　　　　電話03 (3293) 2061
　　　　http://www.cmcbooks.co.jp

〔印刷〕倉敷印刷株式会社　　　　　　　© M. Kajiwara, 2006

定価はカバーに表示してあります。
落丁・乱丁本はお取替えいたします。

ISBN4-88231-882-2 C3058 ¥3800E

☆本書の無断転載・複写複製(コピー)による配布は，著者および出版社の権利の侵害になりますので，小社あて事前に承諾を求めて下さい。

CMCテクニカルライブラリーのご案内

都市ごみ処理技術
ISBN4-88231-858-X　　　　　　　　B751
A5判・309頁　本体4,000円＋税　（〒380円）
初版1998年3月　普及版2005年6月

構成および内容：循環型ごみ処理技術の開発動向／収集運搬技術／灰溶融技術（回転式表面溶融炉 他）／ガス化溶融技術（外熱キルン型熱分解溶融システム 他）／都市ごみの固形燃料化技術（ごみ処理におけるRDF技術の動向 他）／プラスチック再生処理技術（廃プラスチック高炉原料化リサイクルシステム 他）／生活産業廃棄物利用セメント
執筆者：藤吉秀昭／稲田俊昭／西塚栄 他20名

自己組織化ポリマー表面の設計
監修／由井伸彦　寺野稔
ISBN4-88231-856-3　　　　　　　　B749
A5判・248頁　本体3,200円＋税　（〒380円）
初版1999年1月　普及版2005年5月

構成および内容：序論／自己組織化ポリマー表面の解析（吸着水からみたポリマー表面の解析 他）／多成分系ポリマー表面の自己組織化（高分子表面における精密構造化 他）／結晶性ポリマー表面の自己組織化（動的粘弾性測定によるポリプロピレンシートの表面解析 他）／自己組織化ポリマー表面の応用（血液適合性ポリプロピレン表面 他）
執筆者：由井伸彦／寺野稔／草薙浩 他24名

機能性食品包装材料
監修／石谷孝佑
ISBN4-88231-853-9　　　　　　　　B746
A5判・321頁　本体4,000円＋税　（〒380円）
初版1998年1月　普及版2005年4月

構成および内容：［第Ⅰ編総論］食品包装における機能性包材［第Ⅱ編機能性食品包装材料（各論1）］ガス遮断性フィルム 他［第Ⅲ編機能性食品包装材料（各論2）］EVOHを用いたバリアー包装材料／耐熱性PET 他［第Ⅳ編食品包装副資材］脱酸素剤の現状と展望 他［環境対応型食品包装材料］生分解性プラスチックの食品包装への応用 他
執筆者：石谷孝佑／近藤浩司／今井隆之 他26名

プラスチックリサイクル技術と装置
監修／大谷肇治
ISBN4-88231-850-4　　　　　　　　B743
A5判・200頁　本体3,000円＋税　（〒380円）
初版1999年11月　普及版2005年2月

構成および内容：［第1編プラスチックリサイクル］容器包装リサイクル法とプラスチックリサイクル／家電リサイクル法と業界の取り組み 他［第2編再生処理プロセス技術］分離・分別装置／乾燥装置／プラスチックリサイクル破砕・粉砕・切断装置／使用済みプラスチックの高炉原料化技術／廃プラスチックの油化技術と装置／RDF 他
執筆者：大谷肇治／萩原一平／貴島康智 他9名

機能性不織布の開発
ISBN4-88231-839-3　　　　　　　　B732
A5判・247頁　本体3,600円＋税　（〒380円）
初版1997年7月　普及版2004年9月

構成および内容：［総論編］不織布のアイデンティティ 他［濾過機能編］エアフィルタ／自動車用エアクリーナ／防じんマスク 他［吸水・保水・吸油機能編］土木用不織布／高機能ワイパー／油吸着材／人工皮革／手術用ガウン・ドレープ 他［保持機能編］電気絶縁テープ／衣服芯地／自動車内装材用不織布について 他
執筆者：岩熊昭三／西川文子良／高橋和宏 他23名

高分子制振材料と応用製品
監修／西澤　仁
ISBN4-88231-823-7　　　　　　　　B716
A5判・286頁　本体4,300円＋税　（〒380円）
初版1997年9月　普及版2004年4月

構成および内容：振動と騒音の規制について／振動制振技術に関する最新の動向／代表的制振材料の特性［素材編］ゴム・エラストマー／ポリノルボルネン系制振材料／振動・衝撃吸収材の開発 他［材料編］制振塗料の特徴 他／各産業分野における制振材料の応用（家電・OA製品／自動車／建築 他）／薄板のダンピング試験
執筆者：大野進一／長松昭男／西澤仁 他26名

複合材料とフィラー
編集／フィラー研究会
ISBN4-88231-822-9　　　　　　　　B715
A5判・279頁　本体4,200円＋税　（〒380円）
初版1994年1月　普及版2004年4月

構成および内容：［総括編］フィラーと先端複合材料［基礎編］フィラー概論／フィラーの界面制御／フィラーの形状制御／フィラーの補強理論 他［技術編］複合加工技術／反応射出成形技術／表面処理技術 他［応用編］高強度複合材料／導電、EMC材料／記録材料 他［リサイクル編］プラスチック材料のリサイクル動向
執筆者：中尾一宗／森田幹郎／相馬勲 他21名

環境保全と膜分離技術
編著／桑原和夫
ISBN4-88231-821-0　　　　　　　　B714
A5判・204頁　本体3,100円＋税　（〒380円）
初版1999年11月　普及版2004年3月

構成および内容：環境保全及び省エネ・省資源に対する社会的要請／環境保全及び省エネ・省資源に関する法規制の現状と今後の動向／水関連の膜利用技術の現状と今後の動向（水関連の膜処理技術の全体概要 他）／気体分離関連の膜処理技術の現状と今後の動向（気体分離関連の膜処理技術の概要）／各種機関の活動及び研究開発動向／各社の製品及び開発動向／特許からみた各社の開発動向

※ 書籍をご購入の際は、最寄りの書店にご注文いただくか、
㈱シーエムシー出版のホームページ（http://www.cmcbooks.co.jp/）にてお申し込み下さい。

CMCテクニカルライブラリーのご案内

高分子微粒子の技術と応用
監修／尾見信三／佐藤壽彌／川瀬 進
ISBN4-88231-827-X　B720
A5判・336頁　本体4,700円＋税（〒380円）
初版1997年8月　普及版2004年2月

構成および内容：序論［高分子微粒子合成技術］懸濁重合法／乳化重合法／非水系重合粒子／均一径微粒子の作成／スプレードライ法／複合エマルジョン／微粒子凝集法／マイクロカプセル化／高分子粒子の粉砕 他［高分子微粒子の応用］塗料／コーティング材／エマルション粘着剤／土木・建築／診断薬担体／医療と微粒子／化粧品 他
執筆者：川瀬 進／上山雅文／田中眞人 他33名

ファインセラミックスの製造技術
監修／山本博孝／尾崎義治
ISBN4-88231-826-1　B719
A5判・285頁　本体3,400円＋税（〒380円）
初版1985年4月　普及版2004年2月

構成および内容：［基礎論］セラミックスのファイン化技術（ファイン化セラミックスの応用 他）［各論A（材料技術）］超微粒子技術／多孔体技術／単結晶技術［各論B（マイクロ材料技術）］気相薄膜技術／ハイブリット技術／粒界制御技術［各論C（製造技術）］超急冷技術／接合技術／HP・HIP技術 他
執筆者：山本博孝／尾崎義治／松村雄介 他32名

建設分野の繊維強化複合材料
監修／中辻照幸
ISBN4-88231-818-0　B711
A5判・164頁　本体2,400円＋税（〒380円）
初版1998年8月　普及版2004年1月

構成および内容：建設分野での繊維強化複合材料の開発の経緯／複合材料に用いられる材料と一般的な成形方法／コンクリート補強用連続繊維筋／既存コンクリート構造物の補修・補強用繊維強化複合材料／鉄骨代替用繊維強化複合材料／繊維強化コンクリート／繊維強化複合材料の将来展望 他
執筆者：中辻照幸／竹田敏和／角田數 他9名

医療用高分子材料の展開
監修／中林宜男
ISBN4-88231-813-X　B706
A5判・268頁　本体4,000円＋税（〒380円）
初版1998年3月　普及版2003年12月

構成および内容：医療用高分子材料の現状と展望（高分子材料の臨床検査への応用 他）／ディスポーサブル製品の開発と応用／医療膜用高分子材料／ドラッグデリバリー用高分子の新展開／生分解性高分子の医療への応用／組織工学を利用したハイブリッド人工臓器／生体・医療用接着剤の開発／医療用高分子の安全性評価／他
執筆者：中林宜男／岩崎泰彦／保坂俊太郎 他25名

超高温利用セラミックス製造技術
ISBN4-88231-816-4　B709
A5判・275頁　本体3,500円＋税（〒380円）
初版1985年11月　普及版2003年11月

構成および内容：超高温技術を応用したファインセラミックス製造技術の現状と動向／ファインセラミックス創成の基礎／レーザーによるセラミックス合成と育成技術／レーザーCVD法による新機能膜創成技術／電子ビーム，レーザおよびアーク熱源による超微粒子製造技術／セラミックスの結晶構造解析法とその高温利用技術／他
執筆者：佐多敏之／中村哲朗／奥冨衞 他8名

プラスチック成形加工による高機能化
監修／伊澤槇一
ISBN4-88231-812-1　B705
A5判・275頁　本体3,800円＋税（〒380円）
初版1997年9月　普及版2003年11月

構成および内容：総論（成形加工複合化の流れ／自由空間での構造形成を伴う成形加工）／コンパウンドと成形の一体化／成形技術の複合化／複合成形機械／新素材・ポリマーアロイと組み合わせる成形加工の高度化／成形と二次加工との一体化による高度化（IMC（インモールドコーティング）技術の開発／異形断面製品の押出成形法 他）
執筆者：伊澤槇人／小山清人／森脇毅 他23名

機能性超分子
監修／緒方直哉／寺尾 稔／由井伸彦
ISBN4-88231-806-7　B699
A5判・263頁　本体3,400円＋税（〒380円）
初版1998年6月　普及版2003年10月

構成および内容：機能性超分子の設計と将来展望／超分子の合成（光機能性デンドリマー／シュガーボール／カテナン 他）／超分子の構造（分子凝集設計と分子イメージング／水溶液中のナノ構造体）／機能性超分子の設計と応用展望（リン脂質高分子表面／星型ポリマー塗料／生体内分解性超分子 他）／特許からみた超分子のR&D／他
執筆者：緒方直哉／相田卓三／柿本雅明 他42名

プラスチックメタライジング技術
著者／英 一太
ISBN4-88231-809-1　B702
A5判・290頁　本体3,700円＋税（〒380円）
初版1985年11月　普及版2003年10月

構成および内容：プラスチックメッキ製品の設計／メタライジング用プラスチック材料／電気メッキしたプラスチック製品の規格／メタライジングの方法／メタライジングのための表面処理／プラスチックメッキの装置の最近の動向／プラスチックメッキのプリント配線板への応用／電磁波シールドのプラスチックメタライジング技術の応用／メタライズドプラスチックの回路加工技術／他

※書籍をご購入の際は、最寄りの書店にご注文いただくか、㈱シーエムシー出版のホームページ（http://www.cmcbooks.co.jp/）にてお申し込み下さい。

CMCテクニカルライブラリー のご案内

絶縁・誘電セラミックスの応用技術
監修／塩嵜 忠
ISBN4-88231-808-3　　　　　　　　B701
A5判・262頁　本体2,700円＋税（〒380円）
初版1985年8月　普及版2003年8月

構成および内容：［基礎編］電気絶縁性と伝導性／誘電性と強誘電性［材料編］絶縁性セラミックス／誘電性セラミックス［応用編］厚膜回路基板／薄膜回路基板／多層回路基板／セラミック・パッケージ／サージアブソーバ／マイクロ波用誘電体基板と導波路／マイクロ波用誘電体立体回路／温度補償用セラミックコンデンサ／他

執筆者：塩嵜忠／吉田真／篠崎和夫 他18名

炭化ケイ素材料
監修／岡村清人
ISBN4-88231-803-2　　　　　　　　B696
A5判・209頁　本体2,700円＋税（〒380円）
初版1985年9月　普及版2003年9月

構成および内容：［基礎編］"有機金属ポリマーからセラミックスへの転換"の発展過程／特徴／セラミックスの前駆体としての有機ケイ素ポリマー／有機ケイ素ポリマーの熱分解過程／炭化ケイ素繊維の機械的特性／［応用編］炭化ケイ素繊維／Si-Ti-C-O系繊維の開発／SiCミニイグナイター／複合反応焼結体／耐熱電線・耐熱塗料／他

執筆者：岡村清人／長谷川良雄／石川敏功 他7名

ポリマーアロイの開発と応用
監修／秋山三郎・伊澤槇一
ISBN4-88231-795-8　　　　　　　　B688
A5判・302頁　本体4,200円＋税（〒380円）
初版1997年4月　普及版2003年4月

構成および内容：［総論］構造制御／ポリマーの相溶化／リサイクル／［材料編］ポリプロピレン系／ポリスチレン系／ABS系／PMMA系／ポリフェニレンエーテル系［応用編］自動車材料／塗料／接着剤／家電・OA機器ハウジング／EMIシールド材料／電池材料／光ディスク／プリント配線板用樹脂／包装材料／弾性体／医用材料 他

執筆者：野島修一／秋山三郎／伊澤槇一 他33名

プラスチックリサイクルの基本と応用
監修／大柳 康
ISBN4-88231-794-X　　　　　　　　B687
A5判・398頁　本体4,900円＋税（〒380円）
初版1997年3月　普及版2003年4月

構成および内容：ケミカルリサイクル／サーマルリサイクル／複合再生とアロイ／添加剤／［動向］欧米／国内／関連法規／［各論］ポリオレフィン／ポリスチレン他［産業別］自動車／家電製品／廃パソコン他［技術］分離・分別技術／高炉原料化／油化・ガス化装置／［製品設計・法規制・メンテナンス］PLと品質保証／LCA／他

執筆者：大柳康／三宅彰／稲谷稔宏 他30名

透明導電性フィルム
監修／田畑三郎
ISBN4-88231-780-X　　　　　　　　B673
A5判・277頁　本体3,800円＋税（〒380円）
初版1986年8月　普及版2002年12月

構成および内容：透明導電性フィルム・ガラス概論／［材料編］ポリエステル／ポリカーボネート／PES／ポリピロール／ガラス／金属蒸着フィルム／［応用編］液晶表示素子／エレクトロルミネッセンス／タッチパネル／自動預金支払機／圧力センサ／電子機器包装／LCD／エレクトロクロミック素子／プラズマディスプレイ 他

執筆者：田畑三郎／光谷雄二／磯松則夫 他25名

高分子の難燃化技術
監修／西沢 仁
ISBN4-88231-779-6　　　　　　　　B672
A5判・427頁　本体4,800円＋税（〒380円）
初版1996年7月　普及版2002年11月

構成および内容：各産業分野における難燃規制と難燃製品の動向（電気、電子部品、鉄道車両、電線・ケーブル、建築分野における難燃化／自動車・航空機・船舶／繊維製品等）／有機材料の難燃現象の理論／各種難燃剤の種類、特徴と特性（臭素系・塩素系・リン系・酸化アンチモン系・水酸化アルミニウム・水酸化マグネシウム 他

執筆者：西沢仁／冠木公明／吉川高雄 他15名

ポリマーセメントコンクリート／ポリマーコンクリート
著者／大濱嘉彦・出口克宜
ISBN4-88231-770-2　　　　　　　　B663
A5判・275頁　本体3,200円＋税（〒380円）
初版1984年2月　普及版2002年9月

構成および内容：コンクリート・ポリマー複合体（定義・沿革）／ポリマーセメントコンクリート（セメント・セメント混和用ポリマー・消泡剤・骨材・その他の材料）／ポリマーコンクリート（結合材・充てん剤・骨材・補強剤）／ポリマー含浸コンクリート（防水性および耐凍結融解性・耐薬品性・耐摩耗性および耐衝撃性・耐熱性および耐火性・難燃性・耐候性 他）／参考資料 他

繊維強化複合金属の基礎
監修／大蔵明光・著者／香川 豊
ISBN4-88231-769-9　　　　　　　　B662
A5判・287頁　本体3,800円＋税（〒380円）
初版1985年7月　普及版2002年8月

構成および内容：繊維強化金属とは／概論／構成材料の力学特性（変形と破壊・定義と記述方法）／強化繊維とマトリックス（強さと統計・確率論）／強化機構／複合材料の強さを支配する要因／新しい強さの基準／評価方法／現状と将来動向（炭素繊維強化金属・ボロン繊維強化金属・SiC繊維強化金属・アルミナ繊維強化金属・ウイスカー強化金属） 他

※書籍をご購入の際は、最寄りの書店にご注文いただくか、㈱シーエムシー出版のホームページ（http://www.cmcbooks.co.jp/）にてお申し込み下さい。

FM

CMCテクニカルライブラリーのご案内

ハイブリッド複合材料
監修／植村益次・福田 博
ISBN4-88231-768-0　　　　　　B661
A5判・334頁　本体4,300円+税（〒380円）
初版 1986年5月　普及版 2002年8月

構成および内容：ハイブリッド材の種類／ハイブリッド化の意義とその応用／ハイブリッド基材（強化材・マトリックス）／成形と加工／ハイブリッドの力学／諸特性／応用（宇宙機器・航空機・スポーツ・レジャー）／金属基ハイブリッドとスーパーハイブリッド／軟質軽量心材をもつサンドイッチ材の力学／展望と課題 他
執筆者：　植村益次／福田博／金原勲 他10名

光成形シートの製造と応用
著者／赤松 清・藤本健郎
ISBN4-88231-767-2　　　　　　B660
A5判・199頁　本体2,900円+税（〒380円）
初版 1989年10月　普及版 2002年8月

構成および内容：光成形シートの加工機械・作製方法／加工の特徴／高分子フィルム・シートの製造方法（セロファン・ニトロセルロース・硬質塩化ビニル）／製造方法の開発（紫外線硬化キャスティング法）／感光性樹脂（構造・配合・比重と屈折率・開始剤）／特性および応用／関連特許／実験試作法 他

高分子のエネルギービーム加工
監修／田附重夫／長田義仁／嘉悦 勲
ISBN4-88231-764-8　　　　　　B657
A5判・305頁　本体3,900円+税（〒380円）
初版 1986年4月　普及版 2002年7月

構成および内容：反応性エネルギー源としての光・プラズマ・放射線／光による高分子反応・加工（光重合反応・高分子の光崩壊反応・高分子表面の光改質法・光硬化性塗料およびインキ・光硬化接着剤・フォトレジスト材料・光計測 他）プラズマによる高分子反応・加工／放射線による高分子反応・加工（放射線照射装置 他）
執筆者：　田附重夫／長田義仁／嘉悦勲 他35名

ハニカム構造材料の応用
監修／先端材料技術協会・編集／佐藤 孝
ISBN4-88231-756-7　　　　　　B649
A5判・447頁　本体4,600円+税（〒380円）
初版 1995年1月　普及版 2002年4月

構成および内容：ハニカムコアの基本・種類・主な機能・製造方法／ハニカムサンドイッチパネルの基本設計／製造・応用／航空機／宇宙機器／自動車における防音材料／鉄道車両／建築マーケットにおける利用／ハニカム溶接構造物の設計と構造解析、およびその実施例 他
執筆者：　佐藤孝／野口元／田所真人／中谷隆 他12名

水素吸蔵合金の応用技術
監修／大西敬三
ISBN4-88231-751-6　　　　　　B644
A5判・270頁　本体3,800円+税（〒380円）
初版 1994年1月　普及版 2002年1月

構成および内容：開発の現状と将来展望／標準化の動向／応用事例（余剰電力の貯蔵／冷凍システム／冷暖房／水素の精製・回収システム／Ni・MH二次電池／燃料電池／水素の動力利用技術／アクチュエーター／水素同位体の精製・回収／合成触媒）
執筆者：　太田時男／兜森俊樹／田村英雄 他15名

メタロセン触媒と次世代ポリマーの展望
編集／曽我和雄
ISBN4-88231-750-8　　　　　　B643
A5判・256頁　本体3,500円+税（〒380円）
初版 1993年8月　普及版 2001年12月

構成および内容：メタロセン触媒の展開（発見の経緯／カミンスキー触媒の修飾・担持・特徴）／次世代ポリマーの展望（ポリエチレン／共重合体／ポリプロピレン）／特許からみた各企業の研究開発動向 他
執筆者：　柏典夫／潮村哲之助／植木聡 他4名

生分解性プラスチックの実際技術
ISBN4-88231-746-X　　　　　　B639
A5判・204頁　本体2,500円+税（〒380円）
初版 1992年6月　普及版 2001年11月

構成および内容：総論／開発展望（バイオポリエステル／キチン・キトサン／ポリアミノ酸／セルロース／ポリカプロラクトン／アルギン酸／ＰＶＡ／脂肪族ポリエステル／糖類／ポリエーテル／プラスチック化木材／油脂の崩壊性／界面活性剤）／現状と今後の対策 他
◆執筆者：赤松清／持田晃一／藤井昭治 他12名

有機非線形光学材料の開発と応用
編集／中西八郎・小林孝嘉
　　　中村新男・梅垣真祐
ISBN4-88231-739-7　　　　　　B632
A5判・558頁　本体4,900円+税（〒380円）
初版 1991年10月　普及版 2001年8月

構成および内容：〈材料編〉現状と展望／有機材料／非線形光学特性／無機系材料／微粒子系材料／薄膜、バルク、半導体系材料〈基礎編〉理論・設計／測定／機構〈デバイス開発編〉波長変換／EO変調／光ニュートラルネットワーク／光パルス圧縮／光ソリトン伝送／光スイッチ 他
◆執筆者：上宮崇文／野上隆／小谷正博 他88名

※ 書籍をご購入の際は、最寄りの書店にご注文いただくか、
㈱シーエムシー出版のホームページ（http://www.cmcbooks.co.jp/）にてお申し込み下さい。

CMCテクニカルライブラリーのご案内

炭素応用技術
ISBN4-88231-736-2　B629
A5判・300頁　本体 3,500 円＋税（〒380 円）
初版 1988 年 10 月　普及版 2001 年 7 月

構成および内容：炭素繊維／カーボンブラック／導電性付与剤／グラファイト化合物／ダイヤモンド／複合材料／航空機・船舶用 CFRP／人工歯根材／導電性インキ・塗料／電池・電極材料／光応答／金属炭化物／炭窒化チタン系複合セラミックス／SiC・SiC-W 他

◆執筆者：嶋崎勝乗／遠藤守信／池上繁 他 32 名

分離機能膜の開発と応用
編集／仲川 勤
ISBN4-88231-718-4　B611
A5判・335頁　本体 3,500 円＋税（〒380 円）
初版 1987 年 12 月　普及版 2001 年 3 月

構成および内容：〈機能と応用〉気体分離膜／イオン交換膜／透析膜／精密濾過膜〈キャリア輸送膜の開発〉固体電解質／液膜／モザイク荷電膜／機能性カプセル膜〈装置化と応用〉酸素富化膜／水素分離膜／浸透気化法による有機混合物の分離／人工胃臓／人工肺 他

◆執筆者：山田純男／佐田俊勝／西田治 他 20 名

快適性新素材の開発と応用
ISBN4-88231-706-0　B599
A5判・179頁　本体 2,800 円＋税（〒380 円）
初版 1992 年 1 月　普及版 2000 年 12 月

構成および内容：〈繊維編〉高風合ポリエステル繊維（ニューシルキー素材）／ピーチスキン素材／ストレッチ素材／太陽光蓄熱保温繊維素材／抗菌・消臭繊維／森林浴効果のある繊維〈住宅編、その他〉セラミックス系人造木材／圧電・導電複合材料による制振新素材／調光窓ガラス 他

◆執筆者：吉田敬一／井上裕光／原田隆司 他 18 名

高純度金属の製造と応用
ISBN4-88231-705-2　B598
A5判・220頁　本体 2,600 円＋税（〒380 円）
初版 1992 年 11 月　普及版 2000 年 12 月

構成および内容：〈金属の高純度化プロセスと物性〉高純度化法の概要／純度表〈高純度金属の成形・加工技術〉高純度金属の複合化／粉体成形による高純度金属の利用／高純度銅の線材化／単結晶化・非昌化／薄膜形成〈応用展開の可能性〉高耐食性鋼材および鉄材／超電導材料／新合金／固体触媒〈高純度金属に関する特許一覧〉 他

クロミック材料の開発
監修／市村 國宏
ISBN4-88231-094-5　B591
A5判・301頁　本体 3,000 円＋税（〒380 円）
初版 1989 年 6 月　普及版 2000 年 11 月

構成および内容：〈材料編〉フォトクロミック材料／エレクトロクロミック材料／サーモクロミック材料／ピエゾクロミック金属錯体〈応用編〉エレクトロクロミックディスプレイ／液晶表示とクロミック材料／フォトクロミックメモリメディア／調光フィルム 他

◆執筆者：市村國宏／入江正浩／川西祐司 他 25 名

コンポジット材料の製造と応用
ISBN4-88231-093-7　B590
A5判・278頁　本体 3,300 円＋税（〒380 円）
初版 1990 年 5 月　普及版 2000 年 10 月

構成および内容：〈コンポジットの現状と展望〉〈コンポジットの製造〉微粒子の複合化／マトリックスと強化材の接着／汎用繊維強化プラスチック（FRP）の製造と成形〈コンポジットの応用〉プラスチック複合材料の自動車への応用／鉄道関係／航空・宇宙関係 他

◆執筆者：浅井治海／小石眞純／中尾富士夫 他 21 名

紙薬品と紙用機能材料の開発
監修／稲垣 寛
ISBN4-88231-086-4　B582
A5判・274頁　本体 3,400 円＋税（〒380 円）
初版 1988 年 12 月　普及版 2000 年 9 月

構成および内容：〈紙用機能材料と薬品の進歩〉紙用材料と薬品の分類／機能材料と薬品の性能と用途〈抄紙用薬品〉パルプ化から抄紙工程までの添加薬品／パルプ段階での添加薬品〈紙の 2 次加工薬品〉加工紙の現状と加工薬品／加工用薬品〈加工技術の進歩〉

◆執筆者：稲垣寛／尾鍋史彦／西尾信之／平岡誠 他 20 名

機能性ガラスの応用
ISBN4-88231-084-8　B581
A5判・251頁　本体 2,800 円＋税（〒380 円）
初版 1990 年 2 月　普及版 2000 年 8 月

構成および内容：〈光学的機能ガラスの応用〉光集積回路とニューガラス／ファイバー〈電気・電子的機能ガラスの応用〉電気用ガラス／ホーロー回路基盤〈熱的・機械的機能ガラスの応用〉〈化学的・生体機能ガラスの応用〉〈用途開発展開中のガラス〉 他

◆執筆者：作花済夫／栖原敏明／髙橋志郎 他 26 名

※書籍をご購入の際は、最寄りの書店にご注文いただくか、㈱シーエムシー出版のホームページ（http://www.cmcbooks.co.jp/）にてお申し込み下さい。